镁钙系耐火材料

陈树江　田　琳　李国华　田凤仁　著

北　京

冶金工业出版社

2012

内容提要

本书在对镁钙系耐火材料综合论述的基础上，侧重对镁钙系耐火材料防水化这一关键问题进行了深入探讨，对镁钙砂水化动力学研究、镁钙砖与钢水作用机理研究、人工神经网络在镁钙系耐火材料研究开发中的应用等基础理论进行了研究，对镁钙系耐火材料生产工艺及制品也做了较为系统的介绍。

本书对从事碱性耐火材料特别是镁钙系耐火材料研究、开发的工程技术人员有较高的参考价值和较强的实用性。

图书在版编目（CIP）数据

镁钙系耐火材料/陈树江等著．—北京：冶金工业出版社，2012.3

ISBN 978-7-5024-5884-3

Ⅰ.①镁…　Ⅱ.①陈…　Ⅲ.①镁—耐火材料　②钙—耐火材料　Ⅳ.①TQ175

中国版本图书馆 CIP 数据核字（2012）第 030759 号

出 版 人　曹胜利
地　　址　北京北河沿大街嵩祝院北巷 39 号，邮编 100009
电　　话　(010)64027926　电子信箱　yjcbs@cnmip.com.cn
责任编辑　宋　良　美术编辑　李　新　版式设计　孙跃红
责任校对　石　静　责任印制　张祺鑫
ISBN 978-7-5024-5884-3
北京鑫正大印刷有限公司印刷；冶金工业出版社出版发行；各地新华书店经销
2012 年 3 月第 1 版，2012 年 3 月第 1 次印刷
169mm×239mm；12.5 印张；241 千字；190 页
39.00 元

冶金工业出版社投稿电话：(010)64027932　投稿信箱：tougao@cnmip.com.cn
冶金工业出版社发行部　电话：(010)64044283　传真：(010)64027893
冶金书店　地址：北京东四西大街 46 号(100010)　电话：(010)65289081(兼传真)
（本书如有印装质量问题，本社发行部负责退换）

前　言

随着我国对洁净钢、优质钢需求量的不断增加及冶炼条件的日益苛刻，对耐火材料质量要求越来越高，既要满足使用寿命，又要环保、功能化、不污染并能净化钢液。镁钙系耐火材料具有耐高温、抗渣侵、抗热震、高温真空下稳定、净化钢液等优良性能，是冶炼洁净钢、优质钢最合适的耐火材料，也是今后重要的发展方向，受到冶金行业的高度重视。虽然镁钙系耐火材料具有一系列优良性能，但遇水及水气易水化问题，给生产、储存、使用带来很大困难，严重阻碍了该材料的发展，很多人对此既想研究又不知从何入手。在这种情况下，急需有一本能系统、全面介绍镁钙系耐火材料的著作。

本书是作者在多年深入系统研究镁钙系耐火材料基础上形成的，期间完成多项国家攻关项目、省市攻关项目及企业合作项目，通过博士及硕士研究生陈树江、田琳、李国华、张红鹰、马莹、赵伟、罗伟、万巨秋等大量实验研究，归纳总结而成。本书系统、全面地对镁钙系耐火材料进行了论述，深入研究镁钙系耐火材料防水化技术及各种制品性能、结构，理论与实际高度结合，将相图基础知识、动力学、热力学、表面化学、人工神经网络应用到镁钙系耐火材料研究开发中，对开发新型碱性耐火材料有重要指导意义。

书中内容按绪论、镁钙系耐火材料用原料、基础研究、镁钙系耐火材料研究及生产技术几个层次编排。绪论中包括镁钙系耐火材料发展、特性及防水化技术、存在问题、发展方向及应用。原料中包括各种含氧化镁、氧化钙天然原料及合成原料。基础研究包括相图分析、热力学、动力学、防水化技术研究及人工神经网络应用等。镁钙系耐火材料研究及生产技术包括定型镁钙耐火材料(包括烧成与不烧),不定型镁钙系耐火材料(包括镁钙涂抹料、浇注料和干打料)。可供从事耐火材料研究、开发、设计、生产和应用的工程技术人员参考,也可供大专院校相关专业的师生参考。

北京科技大学孙加林教授和中国建筑材料研究院袁林教授级高工对本书进行了认真审阅,提出了许多宝贵意见和建议;辽宁营口青花集团耐火材料有限公司潘波博士,提供了一些素材,在此一并表示感谢。

限于自身的水平,书中难免出现这样或那样不合适的地方,恳请读者提出指正。本书的出版如能为同行提供一些启发和帮助,将十分欣慰。

本书由辽宁科技大学学术专著出版基金资助出版。

作 者

2011年12月

目　录

1　绪　　论

随着钢铁工业的发展及对洁净钢需求量的增加，炼钢技术日益趋向高级化和洁净化，冶炼条件日益苛刻，对耐火材料的质量要求越来越高，既要满足使用寿命，又要环保、具有功能化，不污染钢液，能净化钢液。因此，迫切需要开发具有耐高温性、良好抗渣侵性、耐结构剥落性、净化钢液等特性的耐火材料，以适应各种苛刻的使用条件。

钢的洁净度与耐火材料的材质、品种、质量和使用密切相关。一般耐火材料对钢液或多或少都会造成一定污染，不适应洁净钢冶炼的要求。而镁钙系耐火材料不仅不污染钢液，还有净化钢液的功能，同时具有良好的耐高温性、抗渣性、耐热震性、高温真空下的稳定性，是一种优质的碱性耐火材料，是冶炼洁净钢最合适的耐火材料，受到钢铁企业普遍重视。随着我国不锈钢和洁净钢生产的快速发展，镁钙系耐火材料进入了新的发展阶段。

我国白云石、镁白云石、镁砂资源相当丰富，纯度高，分布广，几乎每个省都发现有白云石资源；菱镁矿资源储量达35亿吨，占世界总量22.5%，位居世界第一，具有开发镁钙系耐火材料得天独厚的优势。工业开发出抗水化性优良镁钙砂及其系列制品，对生产优质钢有重要实际意义，具有显著的经济效益和社会效益。

目前，精炼钢包的AOD、VOD炉用烧成镁钙砖、不烧镁钙砖、不烧镁钙碳砖，连铸中间包内衬用镁钙系涂抹料、喷涂料、镁钙系干式料，钢包用镁钙系浇注料，大型干法水泥窑烧成带用烧成镁钙砖、镁钙锆砖等，得到成功的应用。可以预期未来这一类材料将有更广泛的应用前景。

1.1　镁钙系耐火材料的发展

20世纪50年代以前：白云石作为一种矿物，首先由多洛米欧于1799年识别出来；1856年Bessemer发表了近代炼钢法；1872年英国George、Snelus就试验使用了石灰耐火材料，因CaO易水化而失败。从1878年开始，人们将天然白云石作为一种耐火材料，用于酸式转炉的内衬，其目的是从铁中去除磷，但20世纪30年代前还没有生产出满意的烧成砖。从第二次世界大战后开始正式生产白云石耐火材料，但产量很少。

20世纪50年代：出现氧气顶吹转炉炼钢法，稳定性白云石耐火材料用于转炉炉衬，曾起过积极作用，但生产的白云石砖质量与20世纪30年代生产的差不多，常发生水化和粉化。对含游离CaO耐火材料曾有一阵研究热，但没有达到工业开发效果，随后又冷了下来。

20世纪60～70年代：进入60年代，碱性转炉炼钢法在全世界范围内迅速取代原来占主导地位的平炉炼钢法，作为炼钢用的镁钙系耐火材料变得十分重要，许多研究者又继续对镁钙系耐火材料进行了研究，特别是在联邦德国、波兰和东欧的一些国家以及意大利、西班牙等国；到了70年代，对镁钙系耐火材料进行了工业试验和应用，并导致了新工艺的出现。

20世纪80～90年代：从80年代开始，日本开发了氧化钙砖并用于炼钢，随后研究逐渐多了起来。随着钢铁冶炼技术的不断进步，钢材质量不断提高，洁净钢、优质钢需求量增多。这一阶段各国已普遍采用了连铸炼钢技术，特别是炉外精炼技术，对耐火材料质量要求越来越高，除要求耐火材料能承受各种苛刻的使用条件外，还不能污染钢液，因而镁钙系耐火材料显示出了其他耐火材料无法相比的优良特性，得到了进一步广泛开发。

我国在含游离CaO耐火材料研究方面起步较晚，但发展较快。20世纪70年代，首先完成了二步法制取镁白云石砂的研究，随后相继建成了镁白云石、白云石耐火制品生产线。

在原料方面，由过去单一的焦炭竖窑一步煅烧白云石熟料，发展成二步煅烧白云石熟料、人工合成二步煅烧镁白云石熟料及电熔镁白云石熟料，并采用多种煅烧方法，如烧油竖窑、隧道窑、回转窑等，生产的镁钙砂质量不断提高。

在制品方面，由过去单一的沥青结合白云石砖，发展为轻烧油浸白云石砖、沥青结合镁白云石砖，到烧成镁白云石砖和镁钙砖、不烧镁钙砖、无水树脂结合镁白云石碳砖等。

“七五”期间，镁碳砖在我国得到大力开发和推广，取得重要成果，我国制订出碱性耐火材料镁质、镁钙质并举的总体战略思想。

“八五”期间，国家把合成优质镁钙砂和优质镁钙碳系列耐火材料制品研究列为重点科技攻关项目，并取得了一些成果。

“九五”期间，重点进行工业化应用研究，适合于特殊需要的防水化的高质量合成镁钙砂及镁钙制品正在研究开发中。

“十五”期间，重点是镁钙系耐火材料推广应用。如钢包内衬镁钙系浇注料，连铸中间包内衬镁钙系干式料，AOD、VOD精炼钢包用高钙镁钙砖及大型干法水泥窑烧成带用镁钙砖等，同时进行着深入的基础理论研究。

“十一五”期间，主要是镁钙系耐火材料的绿色生产，进一步提高某些品种防水化性能，扩大应用领域。

1.2　镁钙系耐火材料的特性

镁钙系耐火材料是以 MgO、CaO 为主要成分的耐火材料，属碱性耐火材料，具有如下一些特性：

（1）耐高温性。主要成分 MgO、CaO 均为高熔点（分别为 2800℃ 和 2570℃）氧化物，两者共熔温度也在 2300℃ 以上。这类材料具有良好的耐高温性。

（2）抗渣性。镁钙系耐火材料具有良好的抗渣性，特别是随着渣碱度的提高，炉渣侵蚀量迅速下降，侵入砖中的炉渣与砖中的 CaO 反应生成 C_2S、C_3S，使炉渣黏度变高，润湿角增大，阻碍炉渣向砖内部渗透，不致形成厚的胶质层。对于低碱度炉渣，镁钙砂中的 CaO 先行溶解，使渣高碱度化、高黏度化而更难溶解，镁钙砂颗粒能提高抗渣性。

（3）抗热震性。镁钙系耐火材料含有较多游离 CaO，在高温下，蠕变大，塑性好，可以缓冲因温度波动产生的热应力，具有良好的抗热震性，适合于炉外精炼中温度变化剧烈的工作环境。

（4）高温真空下的稳定性。高纯镁白云石砖在高温真空下很稳定，失重速率很小，这一点明显优越于镁铬砖，更适于用在具有高温真空工作环境的炉外精炼中。

（5）净化钢液。镁钙系材料中含有较多游离 CaO，易与钢液中的［S］、［P］等夹杂物反应，使其迁移到炉渣中，具有除杂质、净化钢液功能。这是其他耐火材料无法与之相比的显著特性，在洁净钢、特殊钢冶炼中是首选的最佳耐火材料。

（6）易水化性。氧化钙遇水或水气就会生成氢氧化钙

$$CaO + H_2O \longrightarrow Ca(OH)_2,\ \Delta H = +65.63\text{kJ/mol}$$

这是一个自发的反应，只要遇水或水气，反应就是不可避免的。由于 CaO 的水化生成 $Ca(OH)_2$ 在［001］方向膨胀，使镁钙砂粉化，砖出现裂纹或开裂。

1.3　镁钙系耐火材料的防水化技术

虽然镁钙系耐火材料具有一系列优良性能，但其易水化性，限制了该材料的应用，要大力开发镁钙系耐火材料，必须解决水化问题，目前，国内外研究镁钙系耐火材料的防水化方法大致包括：

（1）表面处理。

1）用磷酸处理镁钙砂，使砂表面生成磷酸盐化合物覆盖表面，隔绝空气，起到防水化作用。

2）用一定浓度的有机硅溶液润湿镁钙砂表面，然后干燥，在砂表面形成覆盖层，起到防水化作用。

3）将 CO_2 和水气通过镁钙砂和镁钙砖表面，形成碳酸盐化合物覆盖层，起到防水化作用。

4）在镁钙砖表面喷涂一层无水有机物、脱水沥青、无水树脂等保护膜，使砖表面不与大气接触，起到防水化作用。

（2）添加物。在制造镁钙砂时，加入少量添加物，如 BaO、SrO、Al_2O_3、B_2O_3、Y_2O_3、SiO_2、TiO_2、ZrO_2、CaF_2、稀土氧化物及复合物等。这些添加物与 CaO 作用，或生成低熔点物质，或生成固溶体，改善微观结构，促进烧结，起到防水化作用。

（3）烧结法。高温烧成或二步煅烧，使 CaO 晶粒长大，充分烧结，致密化，减少粒界面积，起到防水化作用。

（4）密封包装。将制品用手工包装、热塑包装、抽真空包装等，尽量不使制品表面与大气接触，起到防水化作用。

（5）生产工艺控制。从材料生产工艺的各个环节把关，尽量减少镁钙砂或砖坯的水化，如选用高密度原料、砖料预热、无水结合剂、合理颗粒级配、轻烧油浸、浸蜡等，起到防水化作用。

上述各种防水化方法都能不同程度减轻镁钙系耐火材料的水化问题，目前普遍采用添加剂法，抽真空包装或浸蜡处理。从防水化实效来讲，一般都采取综合方法，从原料到成品都要考虑水化问题。

1.4 镁钙系耐火材料的水化测试方法

目前，测试水化的方法，大致有如下几种：

（1）蒸压法。试样在一定温度和水气压力条件下，与水蒸气反应一定时间后，测定试样质量增加率和粉化率。计算公式如下：

$$\text{质量增加率（增重率）} = \frac{m_2 - m_1}{m_1} \times 100\% \qquad (1-1)$$

式中 m_1——试样水化前质量，g；

m_2——试样水化后质量，g。

$$\text{粉化率} = \frac{m}{m_1} \times 100\% \qquad (1-2)$$

式中 m_1——试样水化前质量，g；

m——试样水化后小于 1mm 部分的质量，g。

（2）煮沸法。试样在煮沸条件下，与热水反应一定时间后，测定试样质量增加率。

（3）恒温恒湿法。试样在恒温恒湿箱中，一定温度和湿度下，经一定时间后，测定质量增加率。

（4）自然放置法。试样自然放在大气或水中，经一定时间后，测定质量增加率。

（5）成型体观察法。从试样成型体外表观察裂纹、龟裂等变化情况，衡量水化程度大小。

具体采用哪种方法，应根据实际情况而定。第一种方法，条件比较苛刻，短时间可看出结果；后两种方法，反应比较慢，长时间能看出结果。笔者认为，采用第二、第三种方法较好。

1.5 镁钙系耐火材料存在的问题及发展方向

虽然镁钙系耐火材料具有一系列优良特性，同时它也具有极难解决的问题：遇水易水化、膨胀而粉化。解决好水化问题，会使这一材料有更好的应用前景。

1.5.1 镁钙系耐火材料存在的问题

目前镁钙系耐火材料生产和使用中的问题为：

（1）防水化技术研究。

水化仍然是影响镁钙系耐火材料应用的核心问题。水化问题不解决，就无法得到应用。这里所说的水化，包括生产中水化，储存运输中水化和使用中水化。目前还没有完全抗水化的合成镁钙砂，镁钙砂及其制品不能长时间储存和运输，多多少少存在水化造成的损坏问题。虽然经过多年研究，采用多种抗水化措施，但这一问题还是没有得到彻底解决。抗水化还是一个重大研究课题。

（2）抗水型镁钙砂的工业生产。

我国目前生产的合成镁钙砂虽然也采用二步煅烧工艺，但是以压坯隧道窑煅烧或压球竖窑煅烧制得的，致命的弱点是经粉碎后，颗粒几乎全部形成新表面，多棱角，抗水化性差，给储存、运输、生产和使用造成了很大困难，难以推广应用。回转窑生产比较理想，但成本较高，也难以推广。优质抗水型镁钙砂生产厂家少，生产能力有限，不能满足需要。能否大量工业生产出抗水化性能优良的合成镁钙砂，对这一类材料的推广应用将起重要作用。

（3）镁钙系不定形耐火材料的工业应用。

遇水不水化的含游离 CaO 的镁钙系散状材料，如转炉、电炉喷补料，电炉炉底料，中间包喷涂料、涂抹料等，我国只有部分应用，还没有完全工业化，与发达国家比有一定差距。特别是在钢包工作衬浇注料方面，还没有工业应用，需要进一步深入研究。

（4）高效结合剂的生产。

一般镁钙制品生产，用石蜡为结合剂，制品表面还要浸蜡、浸油，在生产和使用过程中常常造成污染，给环境带来危害。对生产镁钙系耐火制品所用结合剂，除要求在制砖时起结合剂作用，不能带进水分外，在储存过程中还能起防水化作用，特别是对环境不能产生污染。目前急需开发优质、低价、无污染结合剂。

（5）基础研究。

目前对优质合成镁钙系耐火材料防水化技术缺少深入研究，对不同 CaO 含量镁钙系耐火材料与钢液作用机理缺少系统的研究。

1.5.2 镁钙系耐火材料的发展方向

镁钙系耐火材料今后的发展方向为：

（1）发展高 CaO 含量的镁钙系耐火材料。

镁钙系耐火材料具有一系列优良性能，特别是具有净化钢液功能，CaO 含量高的镁钙系耐火材料对钢液的净化效果优于 CaO 含量低的镁钙耐火材料。因此，从净化钢液的角度考虑，应开发 CaO 含量高于 30% 的高钙镁钙耐火材料，用于各种精炼设备。另外，我国的天然白云石资源比较丰富，应尽可能多地利用天然白云石，发展高 CaO 含量的镁钙系耐火材料，特别是发展纯白云石耐火材料。

（2）开发高档镁钙系耐火材料。

目前，我国生产的镁钙耐火材料还不能完全满足炼钢工业的需要。如 AOD 炉的风口及附近区域，有些钢厂在这些部位仍使用镁铬砖或国外进口的镁钙砖。因此，应尽快开发适用于 AOD 炉风口区等关键部位的高档镁钙砖。选用高纯度、高密度的优质镁钙原料，通过适当添加剂、优化生产工艺等，提高镁钙砖的耐高温腐蚀性、耐机械磨损性和热震稳定性等高温性能。

（3）开发连铸中间包用干式镁钙捣打料。

连铸中间包是连铸工艺的最后一个容器，钢液通过中间包进入结晶器，如果中间包中耐火材料污染了钢液，将无法排出。因此，为了满足洁净钢冶炼的需要，必须开发镁钙系耐火材料，只要妥善解决施工及烘烤技术，干式镁钙捣打料会广泛应用于连铸中间包工作衬。

（4）开发钢包用镁钙质浇注料。

由于含游离 CaO 的耐火材料易水化，使它的生产和使用受到很大的限制。特别是以水为载体的镁钙质不定形耐火材料，由于水化问题没有解决，一直没得到广泛应用。要继续深入开展镁钙耐火原料的防水化技术的科技攻关，该项技术一旦突破，就能够开发镁钙质浇注料，在各种精炼钢包中将具有很大的应用市场。

（5）开发水泥窑用镁钙耐火材料。

目前，许多国家已在水泥回转窑烧成带和过渡带等区段广泛使用镁钙砖，取代镁铬砖，避免了因使用镁铬砖对环境造成污染。无铬化是今后的发展趋势，根据我国的国情，利用我国丰富的天然白云石资源，开发水泥回转窑用镁钙砖，具有重要实际意义。

（6）开发镁钙耐火材料系列产品。

根据不同的使用条件，开发不同使用性能及不同氧化钙含量的镁钙系耐火材料，使之形成系列化。随着镁钙系耐火材料性能的不断提高，应用领域将逐步扩大。

今后发展的总体方向是：工业生产出抗水化性优良、高纯、高密、不同 CaO 含量的合成镁钙砂；应用合成的镁钙砂生产出具有良好使用效果的烧成和不烧镁钙系绿色耐火材料；开发优质、低价、无污染结合剂；采取综合防水化措施，将开发的镁钙系耐火材料应用于冶炼洁净钢、特殊钢的精炼炉及连铸中间包中；加强用后镁钙系耐火材料再利用研究。

1.6 镁钙系耐火材料的应用

由于镁钙系耐火材料具有一系列优良性能，特别是具有净化钢液的功能，已成为耐火材料中一个重要的系列品种，非常适于现代冶炼技术发展及苛刻的冶炼条件对耐火材料的要求，其用量将越来越大。镁钙系耐火材料原料资源丰富，奠定了发展该系列耐火材料的坚实基础。目前，镁钙系耐火材料主要用于连铸中间包内衬、炉外精炼钢包 AOD、VOD 炉、电炉、转炉及大型干法水泥窑烧成带中等。未来这一类材料将有更广泛的应用前景。

随着钢液洁净度的增加，钢材的各种性能也显著提高，这也加速了洁净钢的开发与应用。目前洁净钢的生产主要集中在两个方面：（1）尽量减少钢中夹杂元素的含量；（2）严格控制钢中夹杂物的数量、尺寸、分布、形状和类型。对于始终与钢液有着紧密接触的耐火材料，不仅要适应日益苛刻的冶炼条件，还应尽量减少带入钢液中的外来夹杂物，这越来越受到钢铁冶炼方面的高度重视。因此，选择适合的耐火材料，是未来的一个重要研究方向。

炼钢的一般过程为：铁水预处理→转炉（电炉）→二次精炼→连铸。对钢液污染最显著的环节是后两个环节。在这两个环节中，钢包和中间包是钢液最后经过的耐火材料容器。钢包的主要作用是盛放钢液、控制夹杂物形态、调整成分和调节温度。随着连铸技术的发展，出钢温度的提高，钢液在钢包中停留时间的延长以及钢包的多功能化，对耐火材料的要求越来越高。以前耐火材料使用叶蜡石，由于其 SiO_2 含量高，在冶炼过程中会增加钢液的总氧含量。这是由于耐火材料中的 SiO_2 会引起钢中的［Al］氧化所致：$3SiO_2 + 4[Al] \rightarrow 3[Si] + 2Al_2O_3$。有资料表明，当降低耐火材料中的 SiO_2 含量后，由耐火材料引起的钢液总氧含量从 11×10^{-6} 降低到 5×10^{-6}。高铝质耐火材料会向钢液中引入 Al_2O_3 夹杂，成为永久性夹杂，造成对钢液的污染。因此，防止钢液再氧化和夹杂物上浮技术是很重要的。随着钢液的净化，耐火材料材质将从酸性、中性向碱性变化。这种演变过程，必将有利于推广使用性能优良的镁钙系耐火材料。

1.6.1 镁钙系耐火材料在转炉炼钢中的应用

镁钙系耐火材料在转炉上应用的部位主要是炉底、熔池和前后两个大面。自20世纪60年代以来，我国研制了各种镁质白云石烧成砖，在转炉上实行了多种镁钙系耐火材料综合砌炉，取得了很好的效果，提高了转炉的炉龄，增加了钢的产量。80年代后期，我国开始大量应用镁碳砖，使镁钙系耐火材料受到强烈冲击。不可否认，镁碳砖是一种性能更为优异的耐火材料，但与之相比，镁钙系耐火材料也有一定的优势：它价格低，一般是镁碳砖的1/3～1/2，该材料中的CaO与炉渣中的SiO_2反应能生成高熔点矿物$2CaO \cdot SiO_2$和$3CaO \cdot SiO_2$，使炉渣变稠，容易在炉衬上形成挂渣层，从而保护炉衬，同时也使炉衬工作面更容易与补炉料黏结在一起，提高了补炉效果。我国研制的合成镁白云石熟料及烧成油浸砖形成了规模。在转炉中使用的多种镁钙系耐火材料综合砌筑，取得了前所未有的效果。1983年，首钢与洛阳耐火材料研究院合作研制成功无水树脂结合镁白云石碳砖，应用在首钢30t转炉的炼池、耳轴、渣线及炉帽等部位，取得平均炉龄大于1350炉结果。1987年始，上海二耐与山东镁矿合作生产的烧成油浸镁白云石砖，用于宝钢300t转炉上，平均炉龄达1105炉，超过日本进口同类产品水平（1030炉）。1992年，鞍山焦耐院与太钢大关山白云石矿合作生产全电熔镁白云石碳砖，在太钢50t转炉上使用，平均寿命1537炉，最高达2038炉。日本特别注重对镁钙碳系列产品的研究和开发，认为优质镁白云石碳砖的使用效果并不比优质镁碳砖差，利用优质镁碳砖和镁钙碳砖综合砌炉，使大型转炉炉衬寿命达到2000～3000炉，吨钢单耗降到了1kg。近些年，日本对合成镁钙砂进行处理，研制了具有抗水化性及抗侵蚀性、抗热震性的镁钙系浇注料、喷补料。1997年，宝钢钢包衬试用烧成镁钙砖，包衬平均寿命达到47炉。俄罗斯新利佩茨克钢铁股份公司，开发成功白云石耐火材料生产及包衬制作工艺，1993年时，原先180t钢包传统包衬平均寿命采用耐火黏土、石英黏土及莫来石时分别为8.2炉、7.7炉及16.3炉；1995年采用焦油白云石后，包衬寿命达到42.7炉，最高寿命达55炉，且脱硫率高达60%左右，耐材吨钢成本减少50%～60%。美国伯利恒钢铁公司雀点钢厂两座280t转炉，16个300t钢包，采用树脂结合高纯白云石砖内衬时，最高使用寿命为115次。美国托马斯钢铁公司小型工厂45t钢包衬，砌筑贝克尔公司生产的镁钙耐火材料，其寿命创造了美国的非正式记录。日本名古屋钢厂已在270t钢包渣线处投入使用了镁钙质浇注料，近来在此基础上，引入5%～10% Al_2O_3，又开发出了$MgO-CaO-Al_2O_3$系浇注料，提高了渣渗透性，改善了热震稳定性。焦油白云石耐火材料在一些国家（如日本）虽然最近

10年用量有所减少，但在西方各国一直是钢厂用得最广的材料。如德国、英国、瑞典、加拿大、波兰等，在铸钢和钢液炉外精炼用钢包中，广泛应用了镁钙耐火材料砖衬。

在很长一段时间里，镁钙材料还在转炉的某些部位使用，如一些转炉的炉底，前后两个大面等侵蚀轻和易补炉的部位。现在，尽管镁钙系耐火材料在炉衬上已基本不用了，但含CaO的喷补料和前后大面的修补料正逐渐扩大使用。

1.6.2 镁钙系耐火材料在连铸中的应用

连铸是现代炼钢的一个重要环节，连铸比率的高低在某种程度上反映了炼钢的水平，同时也是影响炼钢质量和生产效率的一个重要因素。中间包是钢液经过的最后一个耐火材料容器，它的冶金作用受到了广泛的重视。中间包工作衬用耐火材料与钢液和渣的物理和化学侵蚀而形成的夹杂物一旦进入结晶器，很容易进入铸坯，对钢的最终质量有很大影响。连铸中间包担负着许多功能，包内钢液的成分和纯净度必须保持不变，因此，对耐火材料质量要求越来越高。如对中间包涂料而言，既要求其不能污染钢液，又要具有良好的抗渣侵蚀性、保温性等。研制优质耐火材料，对提高中间包寿命，降低耐火材料消耗，提高生产率和连铸坯质量，十分重要。

中间包工作层所用材料尤为关键。一般工作层使用的材料包括硅质绝热板、碱性涂抹料、干式振动料。硅质绝热板仅在少数钢厂使用，使用寿命较低，对钢的内部质量有不利影响，已淘汰。为提高钢液洁净度和中间包寿命，出现了以MgO为主要化学组成的碱性中间包工作衬。随着CaO防水化技术的日益成熟，含CaO的碱性中间包工作衬开始在生产中得到应用，因此中间包用耐火材料应首选含游离CaO的碱性材料。游离的CaO对钢液有净化作用，有助于脱除硫、磷等夹杂，对冶炼所需的高碱度渣的侵蚀和渗透抵抗能力好，其应用比率逐渐提高。镁钙质涂料已开始在国内某些钢厂使用，显示出一定优越性。干式振动料是最近几年才推广应用的，但发展很快，施工方便，适应性强，尤其是使用寿命较高。在干式料中引入CaO，要比在浇注料、涂抹料中引入容易得多，可以避开CaO的水化问题，为镁钙质材料在中间包上的应用开辟了空间，可望成为将来中间包工作衬的主要耐火材料。

于萍霞等研制的镁钙质中间包涂料在宝钢的工业试验结果表明，该涂料施工性能好，烘烤不裂，抗钢液和熔渣侵蚀，易解体，不污染钢液。钢铁研究总院研制的镁钙质涂料，在某钢厂23t中间包上使用，取得良好效果。攀钢耐火材料有限责任公司研制的中间包镁钙喷涂料，CaO的来源采用石灰石和合成镁钙砂混合，在攀钢40t中间包上使用效果良好。辽宁科技大学田凤仁、陈树江等研制的防水型优质镁钙涂抹料，在抚顺钢厂实验取得良好效果。日本在连铸中间包中采用两层或三层内衬材料，与钢液接触的一层采用镁钙混合料，以保证钢液纯度。宝钢开发的镁钙质涂料，CaO 含量为 50%，连浇时间在 10h 以上，对中间包保温和稳定连铸质量起到了良好作用。

1.6.3 镁钙系耐火材料在炉外精炼中的应用

目前，镁钙系耐火材料（主要是烧成镁钙砖、不烧镁钙砖和不烧镁钙碳砖）在炉外精炼中用量是最大的，主要用于冶炼不锈钢的 AOD（氩氧脱碳炉）和 VOD（真空吹氧脱碳炉）中。

炉外精炼技术的发展可以追溯到 1933 年，佩林（Perrin）用高碱度合成渣炉外脱硫。20 世纪 50 年代的钢液真空处理技术，1956 ~ 1959 年开发的 DH 法和 RH 法，60 年代开发的 RH - OB、VAD、VOD 和 AOD 炉，70 年代开发的 LF、CLU 炉等技术，日趋成熟。以后，各种炉外精炼装置不断涌现。目前，炉外精炼的方法已有 30 多种，其中使用较多的方法有 DH、RH、AOD、VOD、LF、VAD、CAS 和 ASEA - SKF 等，已经成为提高钢液质量的关键手段，即炼钢—炉外精炼—连铸生产过程中的关键环节。虽然各种炉外精炼方法的工艺不同，但它们却存在着许多共同点：通常应用真空、惰性气氛或还原性气氛等，为钢液精炼创造了一个理想的精炼气氛条件；采用电磁力、惰性气体或者机械搅拌的方法搅拌钢液；采用加热设施，如电弧加热、埋弧加热、等离子加热或者增加钢液中的化学热等，来补偿精炼过程中钢液的温度损失。

炉外精炼是将转炉或电炉初炼过的钢液转移到另一容器（一般是钢包）中进行精炼的炼钢过程，又称二次精炼或二次炼钢。炉外精炼把传统的炼钢方法分为两步，即初炼和精炼。

初炼包含熔化、脱磷、脱碳和主合金化（氧化气氛中）等过程，精炼包含脱气、脱氧、脱硫、深脱碳、去除夹杂及成分微调等（在真空、惰性气体或还原气氛中）过程。

对钢材质量要求的日益提高，使精炼钢包工作环境变得苛刻，如高温 1600 ~ 1700℃，有的高达 1800℃；真空度 66Pa；炉渣成分、碱度变化范围大，碱度从 0.3 ~ 0.5 到 4 ~ 10；精炼时间长，可达 160 ~ 230min；热震作用等，这种苛刻的工作环境，对耐火材料要求也越来越高。许多发达国家在发展炉外精炼技术的过程中，都把耐火材料研究与发展作为十分重要的关键课题。

1.6.3.1 AOD 炉

AOD 法的基本原理是利用气体稀释的方法，使 CO 分压降低。高压氩氧混合气体的吹入，使钢液与气泡及渣接触机会增加，有利于碳、硫、非金属夹杂等的快速脱除。在冶炼过程中，AOD 炉炉渣组成和性质变化很大，碱度从初期的 0.6

左右变化到后期的4.0～4.5，耐火材料受到从强腐蚀性的酸性渣到碱性渣的侵蚀作用。引起耐火材料损毁的主要原因有：气体搅拌产生涡流，造成钢液和熔渣的剧烈湍动和冲刷；精炼温度高（1700～1750℃）、波动大，引起热剥落和结构剥落；间歇式操作，炉衬工作面温度波动相当大；在高温下，碱度变化较大的炉渣导致炉衬的渗透和熔蚀。因此，AOD炉用耐火材料应具有较高的高温强度，良好的抗热震性、抗渣性和耐冲刷磨损性。

镁铬系耐火材料和镁钙系耐火材料是AOD炉所使用的主要耐火材料。AOD炉用耐火材料的典型内衬剖面，如图1－1所示。从使用不同材质耐火材料炉衬的AOD炉的使用寿命（表1－1）来看，不同材质的耐火材料各有千秋。综合考虑，镁钙系耐火材料更具有优势，镁钙系耐火材料在AOD精炼炉上应用已成为发展趋势。AOD炉炉衬使用的主要品种有烧成镁白云石砖和电熔不烧镁白云石砖。烧成镁白云石砖以优质烧结镁白云石砂为主要原料，先经高压成型，再经1600℃以上高温煅烧而成。电熔不烧镁白云石砖以电熔镁白云石砂为原料，先经高压成型，再经低温干燥处理而成。由于电熔镁白云石砂熔炼充分，晶格完整，活性较低，所以，电熔镁白云石砖具有较高的耐侵蚀性和抗水化性。

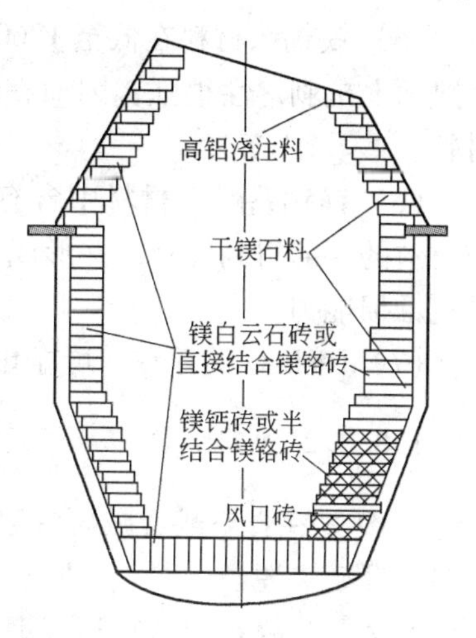

图1－1　AOD炉的典型内衬剖面

表1－1　不同材质AOD炉衬的使用寿命

国　家	钢包容量/t	内衬材质	寿命/次	吨钢内衬耐材消耗/kg
德　国	20	直接结合白云石砖	100	<10
	10	再结合镁铬砖	21	7.7
日　本	55	镁白云石砖	70	<8.0
	90	镁白云石砖	222	8.0
英　国	10	电熔镁铬砖	60	—
美　国	—	直接结合白云石砖	40～50	—
意大利	10	电熔镁铬砖	43	—

AOD炉内衬用镁钙系耐火材料在技术上与镁铬系耐火材料相比，所具有的优点是：

（1）原料资源丰富，价格低廉，不含铬，因此不会使钢液增加铬夹杂。它不仅对不含铬钢液，而且对含铬钢液的铬含量的控制都非常重要。

(2) 主要成分 MgO 和 CaO 的熔点高（分别为 2800℃和 2570℃），蒸气压低，热力学性质稳定。

(3) MgO－CaO 结合比 MgO－MgO 结合的两面角大，有利于提高抗炉渣渗透性和抗炉渣侵蚀性。镁钙系材料的抗热震性比镁铬系材料好。

(4) 镁钙系材料抗氧化还原反应性很强，即使在 AOD 炉中及其高温下也是如此。

(5) 镁钙系材料在低至 1260℃温度下呈现明显的蠕变性能。说明该类材料在热面上抗剥落性很强，因而在使用时可以成为一种具有最大抗蚀损性的致密材料。

(6) 镁钙系耐火材料中含有反应性很高的 f－CaO（游离氧化钙），能使该类材料的裂缝得到修补，并形成一种很致密的不渗透的工作表面，因而具有很高的抗蚀损能力。

(7) f－CaO 的存在，可净化钢液，尤其适于冶炼纯净钢。

1.6.3.2 VOD 炉

VOD 是在真空或者减压气氛下，通过向钢液中吹入氧气进行脱碳，并进一步进行脱硫、脱磷、脱气、脱氧和调整成分的精炼设备。它主要用于精炼不锈钢及特殊钢。先将钢液装在精炼钢包里，然后将其放在真空槽中或者使精炼钢包自身成为真空容器。在精炼钢包底部设置搅拌钢液用的多孔塞对钢液进行搅拌。

为了适应 VOD 操作条件，其内衬（主要是渣线部位）用耐火材料应具备以下条件：

(1) 在使用中，耐火材料的组织结构劣化少。

(2) 在高温操作条件下，该耐火材料应具有抗熔渣渗透能力，即使渗入也不致降低耐火材料的强度，而且抗 VOD 炉熔渣的侵蚀性能亦高。

(3) 应具有良好的抗热震性能。

近年来，用白云石作为制造炉外真空处理装置，尤其是 VOD 处理钢液设备内衬用优质耐火材料的原料，其使用量急剧增加，并可使包衬寿命提高 1～2 倍以上。VOD 法钢包用镁钙质内衬蚀损的主要原因是耐火材料所产生的龟裂，这是由于抗热震性低以及与熔渣相互作用所致。在配料中使用最佳颗粒尺寸的电熔 MgO 和电熔 CaO 砂后，便可消除上述现象，耐火材料内衬的寿命延长约 50%。

图 1－2 示出了 VOD 精炼钢包内衬使用的耐火材料。渣线部位、侧壁、底部使用镁钙系或镁铬系耐火材料。

在欧洲，镁白云石砖广泛用做 VOD 钢包内衬，而日本通常局限使用精炼无铬特种钢的钢包内衬。这表明 VOD 钢包内衬的选材存在操作条件、精炼钢包类型和材料费用的问题。

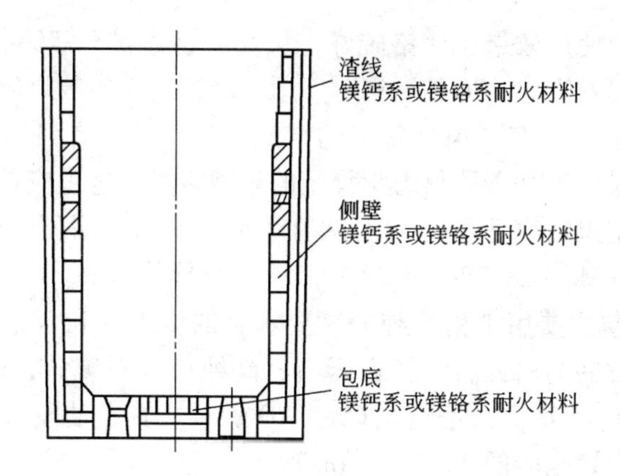

图1－2　VOD设备的典型内衬剖面

在不锈钢精炼中，不论选用何种工艺过程，采用镁钙质（特别是镁白云石质）耐火材料，不论是从技术上还是经济上都是一个最佳方案。

在镁钙质耐火材料中，由于CaO在高温下具有缓冲应力的作用，因而镁钙砖亦具有高温挠性而带来的良好的耐热剥落性，并且渗入的熔渣向砖内的渗透也较小。CaO含量越高，镁钙砖耐热剥落和耐结构剥落的能力也就越高。在镁钙材料中，复合ZrO_2，CaO与ZrO_2反应生成大量的CaO·ZrO_2，能有效阻止裂纹产生，也能明显改善抗热剥落性。

镁钙质耐火材料在VOD钢包中应用存在的问题，除了本身易于水化外，还有在再加热时会发生不可逆收缩，当使用温度过高时就更加严重，因而存在易产生接缝损毁的弊病。控制VOD工艺操作温度不超过1750℃，是提高白云石砖使用寿命的一个重要途径。由于镁钙砖抗VOD钢包渣蚀能力很高，因而只要能防止过高的冶炼温度（高于1750℃），就可以在VOD钢包高度蚀损部位使用烧成镁钙砖。

VOD精炼钢包过去使用镁铬砖，现在西欧国家以使用不烧（镁）白云石砖为主，含少量碳。从长远来看，在不锈钢精炼系统中，镁钙系耐火材料有取代镁铬质耐火材料的趋势。日本有资料表明，镁白云石砖比镁铬砖好。VOD炉应使用不含碳的或含少量碳的镁白云石砖或白云石砖。

我国某大型无缝钢管厂在精炼炉中使用不烧镁钙碳砖，取得比烧成镁钙砖寿命长一倍的效果。太钢在18t AOD精炼炉使用全电熔镁白云石碳砖，平均炉龄39.4炉，最高达45炉。

近年来，镁白云石砖的使用越来越广泛，特别在AOD炉上取得了较好效果。世界不锈钢产量呈不断上升趋势，75%以上不锈钢生产采用AOD法。目前AOD炉用耐火材料主要为白云石砖、镁白云石砖和镁铬砖。美国用镁铬砖，德国用烧成白云石砖，意大利主要采用不烧白云石砖，日本用镁白云石砖，欧洲用纯白云石砖。镁白云石砖使用效果比镁铬砖好，从发展趋势看，镁钙砖将取代镁铬砖。日本大石泉等研究发现，冶炼不锈钢时，用不烧镁钙碳砖效果较好。

VOD 炉在高温下，有侵蚀性很强的熔渣产生，并且有强烈的涡流。为减少耐火衬增碳，应采用不含碳的热力学稳定的耐磨材料。这里应首选烧成白云石或白云石镁砖。日本黑崎窑业研究所的试验结果表明，从耐侵蚀性能和经济效益看，镁白云石砖（MgO 78.7%，CaO 19.5%）比镁铬砖好。

VAD 精炼钢包主要用于精炼纯净度要求高的碳素钢和合金钢，渣线部位一般用镁铬砖，现发展为白云石、镁白云石、高纯白云石碳砖，使用寿命 30~40 次，而镁铬砖低于 15 次。大冶钢厂 60t VAD 炉轻烧真空油浸镁钙碳砖渣线的侵蚀速率仅是高强度镁碳砖的 33.1%~42.7%。

我国南方某钢厂 100t LF-VD 精炼钢包，用于精炼帘线钢，在包壁的非渣线部位使用国产 CaO 含量 33%~35% 的不烧镁钙砖，使用寿命在 80 次以上，最高达到 94 次。而使用国外同类进口砖的平均使用寿命为 81 次，最高使用寿命为 84 次。我国北方某钢铁公司 225t 钢包包壁使用不烧镁钙碳砖，平均使用寿命达到 116.8 次，比使用铝镁碳砖提高了 37.5 次，并且减少了钢液中的［O］含量和夹杂物数量，降低了夹杂物粒径，有益于提高钢液质量。某钢管公司在 150t LF-VD 精炼钢包渣线使用不烧镁钙碳砖，取得了令人满意的使用效果。华东某不锈钢公司 120t VOD 炉的工作衬使用不烧镁钙砖和不烧镁钙碳（碳含量为 3%~5%）砖，使用效果良好。另一钢铁公司在 90t ASEA-SKF 精炼钢包的渣线使用不烧镁钙碳砖，也取得了较好的使用效果。我国西部某钢铁公司新投产的不锈钢项目，120t AOD 炉的炉帽和精炼钢包的包壁使用不烧镁钙砖。其中部分使用国产砖，取得了良好的使用效果，有望取代进口砖。山东某钢厂用 90t LF 钢包精炼帘线钢，包衬材料也在试用不烧镁钙砖和不烧镁钙碳砖。

镁钙系耐火材料目前已成为精炼炉的理想炉衬材料，出现了镁钙系耐火材料在精炼炉上的应用热，尤为盛行于欧洲各国。目前镁钙系耐火材料在精炼钢包上的使用主要是生产不锈钢，几乎全部的 AOD 炉都用白云石砖代替镁铬砖。美国和日本也在向这方面发展。我国近十多年来的发展也很快，其中具有一定规模的生产厂家有营口某耐火材料公司和太原某耐火材料公司。营口某耐火材料公司生产的烧成镁钙质耐火制品的 CaO 含量为 15%~40%，该系列产品在韩国浦项 90t AOD 精炼炉上使用，使用寿命保持在 230 炉以上；在太钢 40t AOD 炉上使用，2000 年时平均寿命为 80 次，最高达 92 次；2002 年达到 100 次以上，属于国产砖 AOD 炉炉龄的较好水平。太钢认为该产品用于 AOD 精炼炉比预反应镁铬砖耐侵蚀、抗剥落。目前上海某厂的 AOD 精炼炉也使用该产品，使用寿命已超过 50 炉。在日本，日新周南 80t VOD 炉使用营口某耐火材料公司的镁钙质制品，平均寿命为 40 次。VOD 炉应使用不含碳的或含少量碳的白云石或镁白云石砖。从长远来看，在不锈钢精炼系统，镁钙系耐火材料有取代镁铬质耐火材料的趋势。

随着镁钙系不定形耐火材料技术的发展，质量不断提高，应用领域逐步扩大，人们在钢包用浇注料上也进行了大量研究并取得了不少成果，有望在高温精炼炉中应用。含游离 CaO 的浇注料对洁净钢冶炼用不定形耐火材料有重要意义，是耐火材料的重要发展方向。但是长期以来，镁钙质浇注料却没有广泛应用，其原因主要有：

（1）镁钙系材料易于水化，尤其是 CaO 的水化。$CaO + H_2O \rightarrow Ca(OH)_2$伴有很大的体积膨胀，从而导致施工体在养生特别是烘烤过程中产生开裂，严重时会导致无法使用；

（2）如果以活性氧化铝或硅灰等做结合剂，由于容易从主原料中溶出 Mg^{2+}，使硅灰等活性物质凝聚，导致硬化速度过快，施工时间太短，操作时间得不到保证，难以获得致密的施工体；

（3）浇注体含有的水分需要在冶炼现场进行排除，为保证使用效果，需要在线长时间烘烤，对生产效率有一定的影响；

（4）使用过程中还会产生过度收缩，容易被熔渣渗透等诸多问题。

镁钙质浇注料是新型不定形耐火材料有待突破的一个难点。近年来，已有不少研究者从不同角度努力提高其性能，发挥其独特的优点，延长其使用寿命。

关于镁钙系不定形材料在炉外精炼中应用的报道目前仅限于日本。新日本钢铁公司名古屋厂开发了镁钙铝质浇注料，在 270t 钢包渣线使用，取得了很好的效果。使用的镁钙质浇注料，寿命达到 230 次，蚀损率比原用镁锆英石质浇注料降低了 20%；而添加 7.5% Al_2O_3的镁钙质浇注料（即镁钙铝质浇注料）的蚀损率又比不添加 Al_2O_3的镁钙质浇注料降低了 25%。国内镁钙质浇注料目前仍处于研究开发阶段。

1.6.4 镁钙系耐火材料在水泥窑中的应用

镁钙系耐火材料在建材行业也有较大市场，以前水泥窑烧成带主要用镁铬砖或镁尖晶石砖，由于这些耐火材料使用在烧成带均出现过问题，特别是六价铬离子易溶于水，毒性大，致癌，从环保角度考虑，须限制其使用。近年来开发出了镁钙系及镁钙锆系耐火材料。在工业化的欧洲以及北美的一些水泥窑工厂，白云石砖已经取代了镁铬砖使用，并且还在日本及许多亚洲国家中得到应用。基于环境保护理念，无铬砖的使用受到重视。

水泥回转窑烧成带常用的碱性砖主要有 3 个系列，即镁铬砖、尖晶石砖和镁钙砖。镁铬砖有较高的抗高温性能、抗 SiO_2侵蚀和抗氧化还原作用，同时有较高的高温强度和抗机械破坏能力以及较好的结窑皮性能，但是在水泥窑内使用时，在碱（或硫）的作用下，稳定的 Cr^{3+} 转化为氧化能力极强的 Cr^{6+}。这些具有水溶性的、能毒害人畜并能致癌的六价铬酸盐化合物通过水泥窑的废气和粉尘排放，对人体的皮肤、呼吸神经、肺等造成严重危害，特别是用后的废砖在存放过程中受水淋而外渗，污染环境，尤其是污染水源。自20世纪80年代以来，出于消除铬公害和保护环境的要求，镁铬砖开始逐步被淘汰。镁钙砖和尖晶石砖逐渐成为发达国家新型水泥干法窑用的主要碱性耐火材料。镁钙砖具有优良的挂窑皮性能，对水泥熟料的侵蚀具有良好的抵抗能力，目前已应用于具有稳定窑皮的水泥回转窑烧成带。镁钙砖之所以能取代镁铬砖，也取决于它本身所具有的优良属性。镁钙砖中的CaO，在使用中易与熟料中的C_2S反应形成C_3S，挂牢窑皮。CaO均匀分布砖中，砖与窑皮间的接触面积也就几乎覆盖整个砖面。需要指出的是，如果窑处于间歇性的运转状态（开停频繁），那么，由于镁钙材料固有的水化性，使得其在停窑期间会吸潮水化，使砖体开裂剥落。另外，如果水泥窑中的SO_2较高，易与CaO反应形成$CaSO_4$或CaS，引起砖体积膨胀，使砖产生结构剥落。在镁钙材料中加入少量的ZrO_2，可提高砖的抗水化性和抗剥落性。抗剥落性的提高可以更好地保持窑衬上已形成窑皮的稳定性。研究表明，镁钙锆砖具有良好的抗水化性、挂窑皮稳定性、抗热震稳定性好及抗熟料及碱侵蚀性好等性能。镁钙锆砖可以替代直接结合镁铬砖，是新型干法水泥回转窑烧成带理想的无铬碱性砖。

迄今为止，镁钙质耐火材料在我国水泥回转窑中的应用仍未得到推广，仅有少数几家工厂做了一些试用。开发性能优异的镁钙系列产品，具有广阔的应用前景。

2 镁钙系耐火材料原料

制备优质镁钙系耐火材料必须利用优质镁钙原料。镁钙系耐火材料原料的基本特征是组成中除 MgO 外，还含有游离 CaO。原料的许多重要性质就与 MgO、CaO 数量及其比例以及它们与其他杂质氧化物之间的共存关系相关联。这类原料包括用天然白云石煅烧的白云石砂、人工合成镁白云石砂、镁钙砂及镁钙锆砂等，可采用各种含 MgO、CaO 的矿物制备。

2.1 天然含 MgO、CaO 矿物

2.1.1 菱镁矿石

菱镁矿石化学分子式为 $MgCO_3$，理论组成为：MgO 47.81%，CO_2 52.19%；三方晶系，菱面体晶胞。菱镁矿是世界上主要的 MgO 资源，产量最大的国家是中国、俄罗斯、斯洛伐克、奥地利、朝鲜，约占世界总产量的 85% ~ 90%。我国是世界上镁资源最为丰富的国家之一。主要分布在辽宁的宽甸、海城、大石桥、庄河、凤城等地，在山东、河北、湖南、江苏等地也有一定的储量。

菱镁矿石加热至 640℃ 以上时，开始分解成氧化镁和二氧化碳。在 700 ~ 1000℃煅烧时，二氧化碳没有完全逸出，成为一种粉末状物质，称为轻烧氧化镁（也称苛性镁、煅烧镁、α－镁、菱苦土），其化学活性很强，具有高度的胶黏性，易与水作用生成氢氧化镁。菱镁石或轻烧氧化镁经 1500 ~ 2300℃ 煅烧时，二氧化碳完全逸出，氧化镁形成方镁石致密块体，称为重烧氧化镁（又称硬烧镁、死烧镁、β－镁、僵烧镁等）。

2.1.2 方解石与石灰石

方解石的主要成分为碳酸钙 $CaCO_3$，理论组成为：CaO 56%，CO_2 44%；常会混入镁、铁、锰、锌等。方解石属三方晶系，菱面体结晶，有时也呈粒状和板状。方解石加热至 850℃ 左右开始分解，放出 CO_2气体；900℃ 左右反应剧烈。

石灰石是石灰岩的俗称，为方解石微晶或潜晶聚集块体，无解理，多呈灰白、黄色等，质坚硬，纯度一般较方解石差。

2.1.3 水镁石

水镁石（brucite）是镁的氢氧化物，化学组成 $Mg(OH)_2 \cdot xH_2O$，三方晶系，层状结构，是目前已发现矿物中含氧化镁量最高的。我国水镁石矿主要分布在陕西、吉林、辽宁等省，总储量约 2500 万吨。水镁石是蛇纹岩或白云岩中的典型低温热液蚀变矿物，具有良好的阻燃、抑烟性能，无毒、无味、无腐蚀性，热稳定性好。

2.1.4 海水镁与盐湖镁

除了从天然菱镁矿生产镁砂外，还可从海水、盐湖中通过一定工艺提取氧化镁。

2.1.4.1 海水镁

海水镁砂的生产始于 1855 年，近年来又获得快速发展，产量、质量和生产工艺都有很大改善。海水用之不尽，其产品纯度高，MgO 含量均在 97% 以上，化学成分易于调节，体积密度高达 $3.30 \sim 3.49 g/cm^3$。在缺少天然菱镁石资源的地方，海水是获取优质 MgO 的重要途径。

从海水中提取 MgO，主要经过如下步骤：

（1）制取消石灰。

$$CaMg(CO_3)_2 \xrightarrow{950℃左右} MgO + CaO + 2CO_2 \uparrow$$

$$CaO + H_2O \longrightarrow Ca(OH)_2$$

（2）将消石灰加入海水中，与 $MgCl_2$、$MgSO_4$ 作用生成 $Mg(OH)_2$ 沉淀。

$$MgCl_2 + Ca(OH)_2 \longrightarrow Mg(OH)_2 \downarrow + CaCl_2$$

$$MgSO_4 + Ca(OH)_2 \longrightarrow Mg(OH)_2 \downarrow + CaSO_4$$

由于 $Mg(OH)_2$ 在水中的溶解度很低，形成沉淀物被回收。

（3）将提取的 $Mg(OH)_2$ 在 1600～1850℃高温下煅烧，即得到海水镁砂。

$$Mg(OH)_2 \xrightarrow{\triangle} MgO + H_2O$$

2.1.4.2 盐湖镁

我国西北和西南不少盐湖中含有水氯镁石（$MgCl_2 \cdot 6H_2O$），将卤水浓缩液（$MgCl_2$）喷入 1000℃的热解塔中，使 $MgCl_2$ 与蒸汽反应生成 MgO 和盐酸，经洗涤脱除可溶性盐，制成 $Mg(OH)_2$，再经高温煅烧即可得到盐湖镁砂。

海水镁砂和盐湖镁砂均属优质镁砂，其共同弱点是都有约 0.5% 左右的强熔

剂 B_2O_3，因此降硼是生产这类镁砂的关键性技术之一。目前高纯海水镁砂 B_2O_3 含量低于0.1%，降硼的技术措施一是减少氢氧化镁对硼的吸附量，二是高温煅烧脱硼。

2.1.5 白云石

白云石是碳酸钙与碳酸镁的复盐，分子式为 $CaMg(CO_3)_2$，理论组成：CaO 30.41%，MgO 21.87%，CO_2 47.72%，CaO/MgO 比为1.39；密度2.85g/cm^3，硬度3.5～4；三方晶系，菱面体，多呈块状、粒状集合体。依 CaO/MgO 比值不同，白云石原料可分为：白云石、钙质白云石、白云石质灰岩、镁质白云石和高镁白云石。白云石的晶体结构与方解石类似。我国白云石分布广泛，几乎各个省都有，蕴藏量大，质量优，其中山西、河北、山东、四川、湖南等省储量丰富。白云石应用价值高，可用做冶金熔剂、耐火材料、建筑材料和玻璃、陶瓷的配料等。

2.2 镁砂、钙砂与白云石砂

2.2.1 镁砂

镁砂主要分为轻烧氧化镁、重烧氧化镁、电熔氧化镁。

（1）轻烧氧化镁，亦称苛性苦土，活性镁砂，是一种由天然菱镁矿石、水镁石和由海水或卤水中提取的氢氧化镁 $Mg(OH)_2$，经700～1000℃温度下煅烧所获得的轻烧氧化镁，具有很高的比表面积，化学活性很大。其主要煅烧设备有沸腾炉、悬浮炉、隧道窑、反射窑、回转窑等。轻烧氧化镁主要作为耐火材料生产用高纯镁砂，中档镁和电熔氧化镁的原料，也可作为镁建材、镁化工用原料。

（2）重烧氧化镁，是将天然菱镁石或轻烧氧化镁球在竖窑或回转窑中，于1500～2300℃温度范围内煅烧，通过一系列物理化学变化，使 MgO 通过晶体长大和致密化，转变为几乎为惰性的烧结镁砂，亦称重烧镁砂。烧结镁砂是生产镁质耐火制品的重要原料，这种重烧镁具有很高的耐火度。

（3）电熔镁砂，又称电熔氧化镁，是用较纯净的天然镁石和轻烧氧化镁，在高温电弧炉内加热熔融，熔体自然冷却，得到的晶粒发育良好，晶体粗大，直接结合程度高，结构致密，而少量硅酸盐和其他结合矿物相呈孤立状分布的镁砂；比烧结镁砂更耐高温，在氧化气氛中，能在2300℃以下保持稳定，高温结构强度、抗渣性和常温下抗水化性均较烧结镁砂优越。电熔镁砂除作为耐火材料高技术产品的原料外，还应用于电力工业、航天工业和核工业等。

2.2.2 钙砂

以石灰石为原料获取相对稳定的氧化钙砂或称钙砂，制备方法主要是高温煅烧或电熔，使 CaO 结晶充分长大，致密化，具有一定的耐水化性；或引入添加剂，在 CaO 颗粒表面形成覆盖膜，防止其水化。我国辽南地区有用电熔方法熔制钙砂，结晶发育良好，CaO 晶粒粗大。但这种砂抗水化性仍不理想，空气中存放也很快就粉化了。所以，开发具有良好抗水化性、耐侵蚀性的钙砂仍是耐火材料工作者的一个重要课题。CaO 熔点 2570℃，高温下极为稳定，即使有 SiO_2 存在，也能与其反应生成高熔点的 C_2S 和 C_3S，高温强度高，即使进入液相，黏度也很高，抗酸性熔渣、抗热冲击能力都强于 MgO；但抵抗含铁熔渣的侵蚀能力不如 MgO。CaO 吸收铁氧将生成低熔点的 C_2F（熔点 1436℃）和 C_4AF（熔点 1415℃）。CaO 由于有吸收金属液中 P、S 和 Al_2O_3、SiO_2 等夹杂物的作用，含游离 CaO 的镁钙耐火材料在冶炼洁净钢方面的应用备受重视。

2.2.3 白云石砂

白云石砂由煅烧天然白云石制得，也称烧结白云石，是生产镁钙耐火制品和冶金补炉料等的重要原料。白云石在加热过程中主要发生矿物分解、新生矿物的形成、晶体长大和烧结等物理化学变化。

白云石烧结的特点主要取决于煅烧温度、时间和杂质组成及含量。白云石在 1700～1800℃ 温度下煅烧后，方钙石、方镁石晶粒尺寸长大，使体积稳定，密度提高，一般可达 3.0～3.4g/cm^3，有抗水化能力。为达到一定的体积密度，可以采取提高煅烧温度或者延长烧结时间的方法来实现。天然白云石煅烧过程中产生的杂质氧化物 SiO_2、Al_2O_3、Fe_2O_3 等与 CaO 反应，形成一系列含钙化合物，并随温度升高伴有液相产生，最终实现天然白云石在液相参与下的烧结。白云石中的 Al_2O_3 和 Fe_2O_3 是最有害的杂质成分，它们基本都会形成低熔点的矿物相，尤其是 Al_2O_3。当然，这些低熔点矿物质在游离 CaO 表面形成保护膜，可以提高烧结白云石的抗水化能力。

烧结白云石主晶相是方镁石（含量约在 30%～65%）和方钙石（含量在 25%～60% 之间），它们均是高熔点氧化物，两者含量在 90%～97%，其他低熔矿物如 C_4AF、C_3A 等总量在 3%～10%，优质白云石的杂质总量在 5% 以下。

目前对烧结白云石的水化问题尚无有效的技术措施，还难以贮存和运输，基本都是厂家就地煅烧使用。

2.3 合成镁钙砂

2.3.1 合成镁白云石砂

合成镁白云石砂是在充分分析白云石化学组成、$CaO-MgO-Fe_2O_3-Al_2O_3-SiO_2$ 五元系高温下的相关系与熔融关系基础上，针对各矿物相的特点和制造与使用中的作用，以菱镁石、白云石为原料，人工控制其组成与结构而开发的一种镁钙砂。实践表明，合成镁白云石砂与普通白云石砂相比，有许多优越性。

依据相组成特征分析，首先确立合成镁白云石砂 $w(MgO)/w(CaO)$ 比和杂质总量。针对我国原料资源的情况，一般按 $w(MgO)/w(CaO)=(75\pm2)/(20\pm2)$，杂质 Fe_2O_3、Al_2O_3、SiO_2 总量低于 2.5%（或 3.5%）级别，选取原料，采用二步煅烧工艺制造合成砂。其典型的工艺流程见图 2－1。

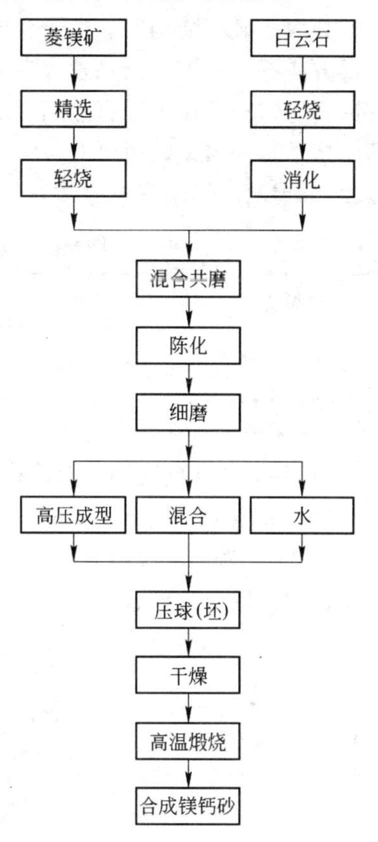

图 2－1 合成镁白云石砂工艺流程

在上述工艺流程中，菱镁石原料是否精选或精选方法（浮选、热选等），应视原料的纯度和对合成砂的化学成分要求而定。菱镁石、白云石的轻烧温度，应视原料产地不同而异，依据各地实践，有如下经验表达式：

菱镁石轻烧温度 = 原料分解温度 + (250 ± 20)℃

一般菱镁石在 900 ~ 1000℃ 轻烧，而白云石在 1000 ~ 1100℃ 轻烧，能保持较好的活性，对轻烧粉的消化与陈化，起到了热化学破碎作用。经轻烧后的 MgO、CaO 晶粒在 1 ~ 3μm，遇水消化将进一步细化。再经细磨，将大大提高其分散度。这是二步煅烧活化烧结的关键之一。辽南某企业采用这种工艺制得 MgO + CaO 含量高于 97%，CaO 含量在 20% ~ 25% 的合成砂。经防水化处理可以在空气中保存一年不粉化。高压压球（坯）和高温煅烧也很关键，压球（坯）密度一般在 1.85 ~ 2.10g/cm³之间，最高可达 2.35g/cm³。煅烧可以在回转窑、竖窑和隧道窑内进行，目前国内主要采用竖窑煅烧，煅烧温度波动在 1650 ~ 1700℃，制得合成砂的颗粒体积密度在 3.28 ~ 3.35g/cm³之间。如果采用回转窑煅烧，还可以进一步提高合成砂的煅烧温度。如果能将煅烧温度提高至 1800℃ 以上，可制得抗水化型的优质合成镁白云石砂。合成镁白云石砂也可以采用一步煅烧工艺，即将高纯镁精矿与白云石进行超细磨，－320 目含量在 90% 以上，成型压力达 137MPa 以上，竖窑煅烧温度为 1700 ~ 1800℃。

合成镁白云石砂原料经优化后组成更合理，成分更均匀，制造工艺更科学合理，因此，它的许多性质较传统的烧结白云石砂更优越。首先，合成砂化学纯度高，MgO/CaO 比值合理（通常控制在 75/25），矿物组成更加理想。主晶相方镁石、方钙石含量在90%以上，纯度高者达95%甚至97%以上。而基质相以高熔点的硅酸三钙（C_3S，2070℃分解）为主，低熔点的 C_4AF 和 C_2F 含量一般均较少。其次，显微结构好。由于合成砂原料经轻烧、充分混合、细磨和高温煅烧，使得方镁石，方钙石结晶发育良好，方镁石晶粒间直接结合程度高，连成网络；方钙石均匀充填在方镁石晶间空隙内，为其所包围。基质相 C_3S 粒状或不规则状晶体多是集聚出现。少量 C_4AF 和 C_2F 分布在上述晶体之间，呈不规则孤立状。表2-1表明煅烧温度对方镁石、方钙石晶粒大小的影响。

表2-1 MgO、CaO 在不同煅烧温度下的结晶粒度 (μm)

煅烧温度/℃	1350	1650	1750	1800
方镁石(MgO)	6~12	7~15	18~24	21~32
方钙石(CaO)	3~7	6~10	7~13	8~14

表2-1中数据表明，合成镁白云石砂中方镁石、方钙石结晶粒度随煅烧温度的提高而增加，但方钙石的增长速率不如方镁石。

图2-2为合成镁白云石砂显微结构照片。由图可以看出，方镁石与方钙石分布均匀，后者被前者包围；还可以看到方钙石小立方体脱溶相沉积于方镁石晶体之内，说明CaO在高温下固溶于MgO之中，而在冷却过程中沉析出来。

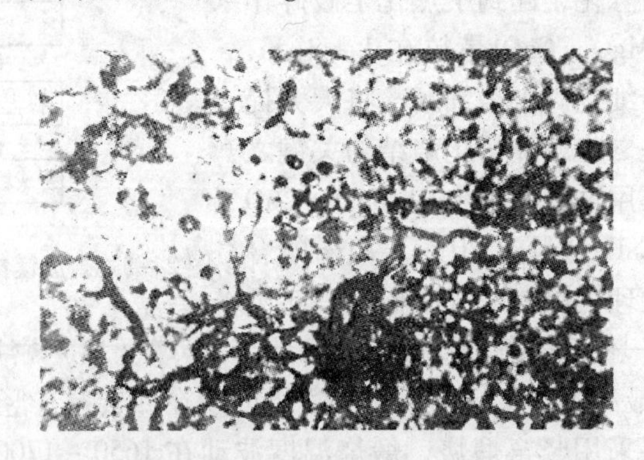

图2-2 镁白云石砂的显微结构（单偏光，400×）

合成镁白云石砂化学矿物组成和显微组织结构的特点，决定了它在性能上耐高温，高温强度高，抗渣侵蚀能力强，抗水化性能好；主晶相MgO（熔点2800℃）、CaO（熔点2570℃）和主要基质相 C_3S（2070℃分解为CaO和液相）均为高熔点矿物，决定了材料具有较高的耐高温性能。较高的煅烧温度使方镁石晶粒发育成多角形，直接结合程度增强，其高温抗折强度相应提高。镁白云石砂中易水化的CaO由于均匀充填在MgO晶间的空隙内或被包裹在MgO晶粒内，在一定程度上屏蔽了CaO的水化通道，提高了合成砂的抗水化性能。

2.3.2 合成高钙镁钙砂

2.3.2.1 高钙镁钙砂制备

合成镁钙砂原料的选取必须考虑资源的合理利用、原料的纯度与活性等问题。为制备优质镁钙砂，在选取较纯原料的基础上，还必须严格控制工艺过程的杂质种类和含量。在 MgO 和 CaO 混合物中，首先与 Al_2O_3 和 Fe_2O_3 反应的是 CaO，反应产物为 C_4AF。这一反应使 MgO - CaO 系统的最低共熔点由 2370℃迅速降至1320℃。虽然这种液相能够促进镁钙质耐火材料的烧结，但由于它是稳定的液相，会明显降低材料的抗侵蚀性，故在 MgO - CaO 系统中应严格控制 Al_2O_3 和 Fe_2O 的含量。对于原料中的 SiO_2，若仅从 CaO - MgO - SiO_2 系相图来看，SiO_2 含量对于镁钙质耐火材料的高温性能不会有明显的副作用，少量的 SiO_2 加入到任意 CaO 含量的镁钙系耐火材料中，液相出现的温度都不低于 1850℃。但实际上 SiO_2 含量高会与镁钙质耐火材料中的 CaO 反应生成 C_2S 和 C_3S，从而降低高钙耐火材料中的游离 CaO 含量，另外生成的 C_2S 在冷却过程中发生晶型转变并伴随体积变化，致使物料粉碎。

要制备高钙镁钙制品（一般 CaO 含量高于 30%），必须有高钙镁钙原料（一般 CaO 含量高于 40%）。我们采用辽宁大石桥产的轻烧白云石粉、方解石粉以及轻烧氧化镁等原料（其具体理化指标见表 2 - 2）。制备 CaO 含量高于 40% 的系列高钙镁钙砂，研究其结构与性能。

表 2 - 2 原料的理化指标 (%)

原料种类	w(MgO)	w(CaO)	$w(SiO_2)$	$w(Fe_2O_3)$	$w(Al_2O_3)$	灼减
轻烧白云石	35.47	50	3.04	0.32	0.51	10.7
方解石	0.32	54.93	1.02	0.08	0.31	43.34
轻烧氧化镁	94.05	1.04	0.67	0.57	0.15	3.6

轻烧白云石属多孔聚集体，难以烧结，且 CaO 极易水化形成 $Ca(OH)_2$ 并产生体积膨胀，使成型坯体开裂粉化。所以，轻烧白云石必须预先充分消化，消化方式可采用干式消化、湿式消化或加热消化。

本工艺采用干式消化，根据原料的烧失量及化学反应方程式估算，使其完全消化需水 20% ~25%，考虑到消化过程中水气的蒸发，约需加入 30% 的水。根据表 2 - 2 中原料的化学组成，分别用白云石和轻烧氧化镁、白云石和方解石进行配比，制备出 CaO 含量分别为 A（40%）、B（50%）、C（60%）、D（70%）和 E（80%）五种镁钙砂，具体配比见表 2 - 3。将配好的原料在陶瓷球磨机中加水 8% 混合均匀后，放入 200t 液压机中成型，压制成 ϕ50mm × 50mm 的圆柱形试样。

表 2-3 配料组成 (%)

合成镁钙砂	白云石	方解石	轻烧氧化镁
A：40	72.46	—	27.54
B：50	88.68	—	1.32
C：60	82.72	17.28	—
D：70	54.96	45.04	—
E：80	30.93	69.07	—

烧成是耐火制品生产中的最后一道工序。在烧成过程中，会发生一系列物理化学变化。随着这些变化的进行，气孔率降低，体积密度增大，使坯体变成具有一定尺寸、形状和结构强度的制品。将制好的镁钙试样在大石桥某耐火厂1780℃隧道窑内烧成，推车时间为120min/车，其烧成温度曲线见图 2-3。

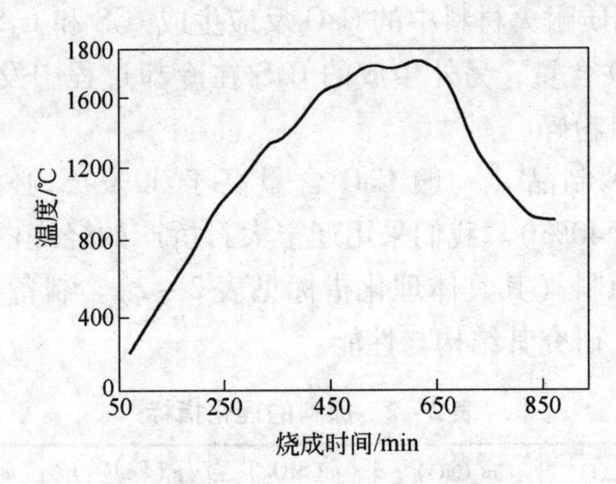

图 2-3 烧成温度曲线

2.3.2.2 结果分析

A 体积密度

当材料有较高的体积密度时，可减少外部侵入介质（液相或气相）对耐火材料作用的总面积，所以体积密度是评价耐火材料质量的重要指标。CaO 含量对合成砂体积密度的影响，见图 2-4。

由图 2-4 可知，在相同的实验条件下，镁钙砂的体积密度是随着 CaO 含量的增加而降低。这是因为，在烧结过程中，白云石和方解石在加热过程中分解，分解作用分两部分进行，反应的方程式为：

$$CaMg(CO_3)_2 \longrightarrow MgO + CaCO_3 + CO_2\uparrow$$

$$CaCO_3 \longrightarrow CaO + CO_2\uparrow$$

在 900~1000℃之间的分解产物 CaO、MgO 呈游离态，发育不完全，结构疏

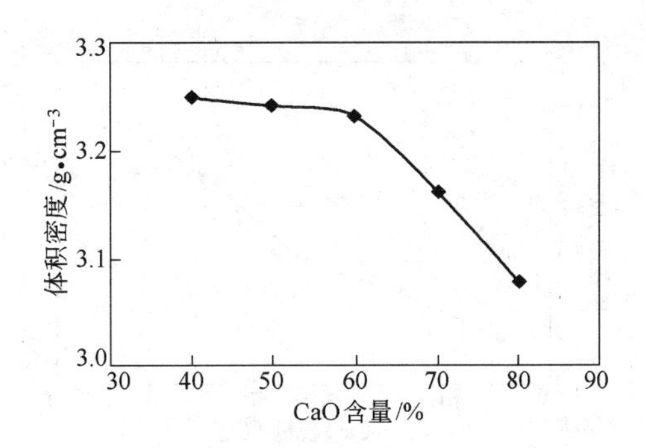

图 2-4 CaO 的含量对合成砂体积密度的影响

松，密度较小。此时分解出来的 CaO、MgO 会与砂中的杂质进行反应，方程式如下：

$$2CaO + SiO_2 \longrightarrow \beta-2CaO \cdot SiO_2$$

$$MgO + xCaO + 2SiO_2 \longrightarrow xCaO \cdot MgO \cdot 2SiO_2 \quad (x=1,3)$$

当温度上升到 1200℃ 时，$xCaO \cdot MgO \cdot 2SiO_2$ 逐渐减少至消失，$\beta-2CaO \cdot SiO_2$ 则逐渐增多。当温度继续上升到 1250℃ 并有 f-CaO 存在时，系统中出现 $3CaO \cdot SiO_2$：

$$\beta-2CaO \cdot SiO_2 + CaO \longrightarrow 3CaO \cdot SiO_2$$

但 C_3S 只有在温度高于 1250℃ 以上时才稳定存在，当温度低于 1250℃ 时又发生逆向反应；在冷却过程中，$2CaO \cdot SiO_2$ 又将发生晶型转变并伴随约 12% 的体积膨胀，造成试样的体积密度下降。另一方面，MgO 的密度为 3.50 ~ 3.9g/cm^3，而 CaO 密度只有 3.32g/cm^3，随着 CaO 含量的增加，试样的体积密度也自然降低。

当镁钙砂中的 CaO 含量高于 60% 时，镁钙砂的体积密度下降比较明显，这是因为：A、B 镁钙合成砂是由白云石和轻烧镁粉混合制得，而 C、D 和 E 镁钙合成砂是由白云石和方解石混合制得，方解石灼减为 43.34%，在加热分解过程中产生气体 CO_2，造成试样的气孔率增大，体积密度减小，而轻烧镁粉则几乎没有灼减，所以随着方解石粉加入量的不断增加，试样的体积密度下降得越来越明显。

B 抗水化性

按照水煮法将破碎好的试样干燥后称量，放到 100℃ 的开水中水煮 1h 后，测得其水化前后的重量变化，按式（1-1）计算质量增加率，其结果如图 2-5 所示。

由图 2-5 可知，在相同的实验条件下，镁钙砂的抗水化性随着 CaO 含量的增加而逐渐变差。镁钙砂中的主要成分为 MgO 和游离 CaO，MgO 和 CaO 同属

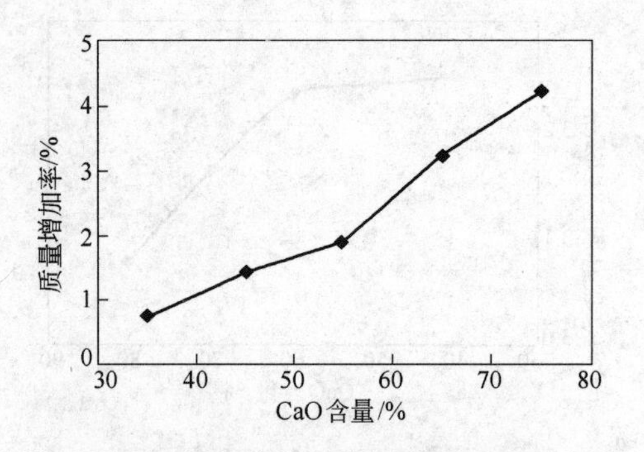

图2-5 CaO含量对质量增加率的影响

NaCl型的晶体结构，但 Mg^{2+} 半径（0.080nm）较 Ca^{2+} 半径（0.108nm）小，Mg^{2+} 可以完全被包围在 O^{2-} 中，且 O^{2-} 是相互接触的，因此，MgO形成紧密的方镁石结晶体。而 Ca^{2+} 半径较大，将 O^{2-} 略微推出，结构开放，容易与 H_2O 反应，所以CaO的抗水化能力远不如MgO。镁钙砂中的水化主要是CaO的水化，所以，f-CaO含量越高，抗水化性越差。

C 显微结构分析

图2-6和图2-7分别为CaO含量为40%和80%的镁钙砂的显微结构照片。

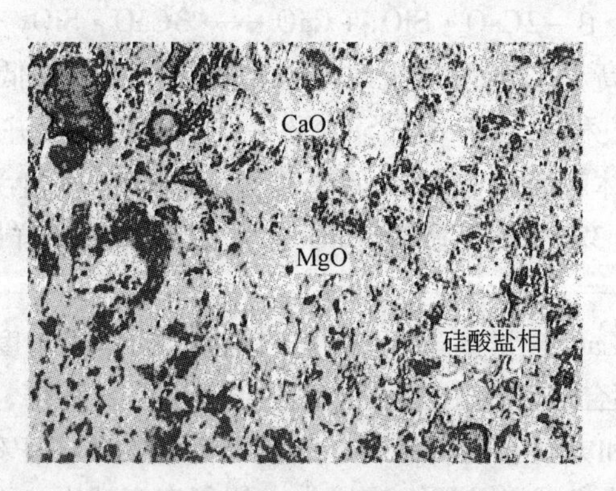

图2-6 CaO含量为40%的镁钙砂（反光，200×）

从图2-6和图2-7可以看出，高钙镁钙合成砂的主要矿相为方镁石和方钙石以及少量的硅酸盐相。图2-6中主晶相方镁石连续分布，方钙石颗粒呈孤岛状分布于方镁石之间，高熔点矿相方镁石、方钙石直接结合，有少量的硅酸盐液相存在于方镁石晶间。图2-7中主晶相为方钙石，它们之间连续分布，直接结合，而方镁石则呈孤岛状分布于方钙石之间。

通过上面分析可知：

(1) CaO含量的增加会降低合成砂的致密程度，CaO含量越多，合成砂的

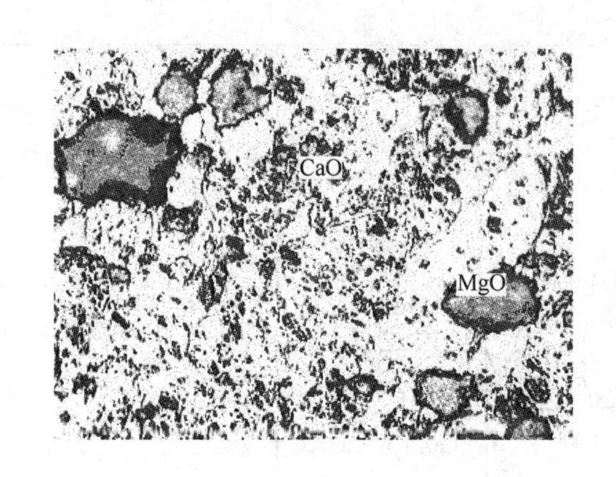

图 2－7　CaO 含量为 80% 的镁钙砂（反光，200×）

体积密度越小。

（2）高钙镁钙砂的抗水化性随着 CaO 含量的增加而降低，对于 CaO 含量为 40%、50%、60%、70% 和 80% 的镁钙砂而言，40%、50% 的镁钙砂抗水化性较好，60%、70%、80% 的镁钙砂抗水化性较差。

（3）随着 CaO 含量的增加，显微结构发生变化，由 MgO－MgO 直接结合结构变成 CaO－CaO 直接结合结构，气孔增多。

2.3.3　合成镁钙锆砂

2.3.3.1　镁钙锆砂制备

含 f－CaO 的镁钙耐火材料易水化，加入 ZrO_2后形成锆酸钙（$CaZrO_3$）化合物，可以固定一部分 CaO，提高材料的抗水化性，同时可改善其他性能。图 2－8 为 CaO－ZrO_2二元系统相图，当 CaO 的摩尔分数不大于 10% 时，属于稳定或部分稳定的 ZrO_2质耐火材料范围；CaO 的摩尔分数为 10%～50% 时，属于 ZrO_2－$CaZrO_3$系耐火材料范围；而 CaO 的摩尔分数为 50%～100% 时，则属于 $CaZrO_3$－CaO 系耐火材料。其中当 CaO 的摩尔分数为 20%～50% 时，在 1310℃ 下长时间缓慢冷却可析出 $CaZrO_3$和 $CaZr_4O_9$矿物；当 CaO 的摩尔分数为 50% 时（CaO/ZrO_2的摩尔比为 1），生成 $CaZrO_3$二元化合物；当 CaO 的摩尔分数大于 50% 时，对应的矿物组成则为 $CaZrO_3$和 f－CaO。

虽然 $w(CaO)/w(ZrO_2)$之比不高于 1 时不含游离 CaO，可以避免材料的水化，但也失去了游离 CaO 净化钢液的作用，而且生产成本也很高。作者选择 $w(CaO)/w(ZrO_2)$之比大于 1 的组成范围，保留部分游离 CaO。试验原料选用辽宁大石桥的轻烧白云石、轻烧氧化镁和高纯氧化镁粉，以及市售单斜氧化锆和锆英石。各原料的化学组成见表 2－4，具体配比见表 2－5。

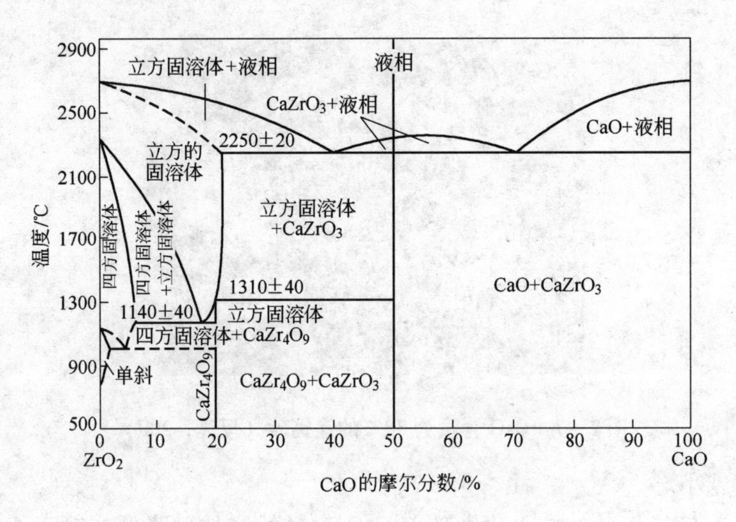

图 2－8 CaO－ZrO_2二元系统相图

表 2－4 试验原料的化学组成 (%)

原料种类	MgO	CaO	SiO_2	Fe_2O_3	Al_2O_3	ZrO_2	灼减
轻烧白云石	35.47	50	3.04	0.32	0.51		10.7
轻烧氧化镁	94.05	1.04	0.67	0.57	0.15		3.57
锆英石	<0.1	<0.1	31.52	0.41	2.14	61.91	3.6
氧化锆						>99	
高纯氧化镁	97	1.3	0.7	0.8	0.3		

表 2－5 配料组成 (%)

试样编号	轻烧白云石	轻烧氧化镁	氧化锆	锆英石	摩尔分数			
					CaO	ZrO_2	MgO	SiO_2
1	89.3	10.7			41.7		58.3	
2	89.3	5.7	5		43.4	2	54.7	
3	89.3	0.7	10		45.2	4.1	50.7	
4	89.3	5.7		5	43.1	1.3	54.3	1.3
5	89.3	0.7		10	44.6	2.7	50	2.7
6	89.3			15	43.9	4	48.1	4
7	89.3			20	42.7	5.2	46.9	5.2

轻烧白云石加水 30% 进行消化，放置 24h 后，按表 2－5 准确称量，与配好的其他原料共同放入球磨机中混合细磨。细磨后的混合细粉加水 8% 搅拌均匀后，用 200t 液压机压制成 $\phi50mm \times 50mm$ 的试样。成型后的试样在大石桥某耐

火厂隧道窑1780℃烧成，推车时间为120min/车，烧成曲线见图2－3。

2.3.3.2 结果分析

A 体积密度

ZrO_2/锆英石的加入量对合成砂体积密度的影响，结果见图2－9。

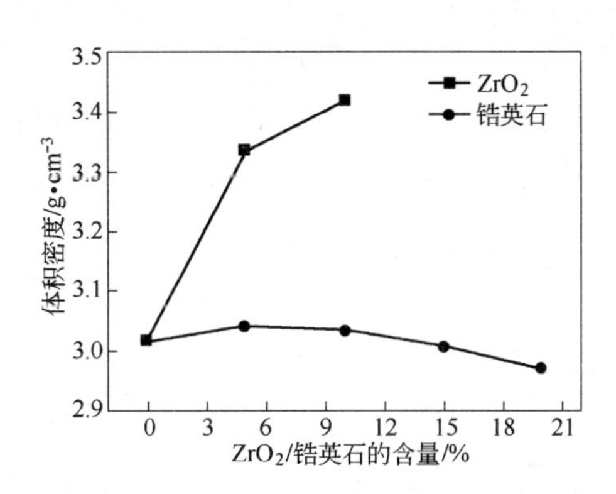

图2－9 ZrO_2/锆英石的加入量对合成砂体积密度的影响

由图2－9可知，在相同的试验条件下，合成砂的体积密度随着氧化锆含量的增加而增大。这是因为：白云石的烧结几乎是无液相参加的固相烧结，且MgO－CaO二元系中无化合物，仅在高温下能有限固溶，Ca^{2+}在MgO中和Mg^{2+}在CaO中的扩散系数都很小，所以坯体很难致密烧结。加入氧化锆以后，由于ZrO_2与CaO反应生成化合物$CaZrO_3$，增加了质点活性，有利于质点的迁移及气孔排除，从而增大了烧结的推动力，促进合成砂的烧结。另一方面，由于ZrO_2的密度比MgO和CaO大得多（ZrO_2密度5.5～6.025g/cm³，MgO密度3.5～3.9g/cm³，CaO密度3.32g/cm³），因此合成砂的体积密度随着氧化锆含量的增加而增高。

当ZrO_2以锆英石的形式加入时，情况恰恰相反，随着锆英石含量的增加，合成砂的体积密度略有上升后基本呈下降趋势。这是因为：在烧结过程中，当温度达到1000℃时，白云石首先分解并开始同锆英石反应。其反应方程式为：

$$MgCO_3 \cdot CaCO_3 \longrightarrow MgO + CaO + 2CO_2 \uparrow$$

$$2CaO + SiO_2 \longrightarrow \beta - 2CaO \cdot SiO_2$$

$$MgO + xCaO + 2SiO_2 \longrightarrow xCaO \cdot MgO \cdot 2SiO_2 \quad (x = 1, 3)$$

$$CaO + ZrO_2 \longrightarrow CaO \cdot ZrO_2$$

当温度上升到1200℃时，$xCaO \cdot MgO \cdot 2SiO_2$逐步减少直至完全消失，$\beta - 2CaO \cdot SiO_2$和$CaO \cdot ZrO_2$增加。当温度继续上升到1250℃并存在f－CaO时，系统中即会出现$3CaO \cdot SiO_2$：

$$\beta-2CaO\cdot SiO_2+CaO\longrightarrow 3CaO\cdot SiO_2$$

但 C_3S 只在1250℃以上才稳定存在，低于1250℃将分解为 C_2S 和 CaO。在冷却过程中，$2CaO\cdot SiO_2$ 又将发生晶型转变并伴随约12%的体积膨胀。而 ZrO_2 与 CaO 反应生成 $CaZrO_3$ 时，也伴随有7%~8%的体积膨胀。随着锆英石含量的增加，$CaZrO_3$ 和 C_2S 的生成量也随之增加，相应地体积膨胀也增大，因而产生较多微裂纹，导致合成砂的体积密度下降。

B XRD 分析

分别对3号及5号合成砂进行了 XRD 图谱的定性分析，其结果如图2-10所示。

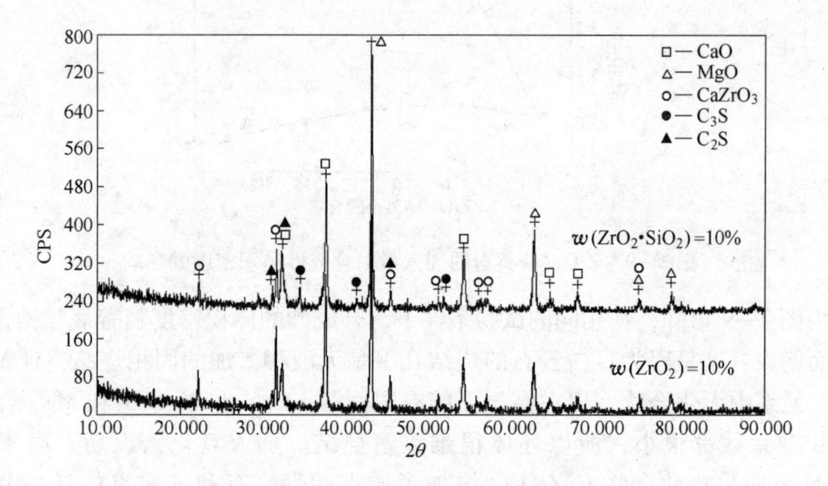

图2-10 合成砂的 XRD 图谱

从图2-10可以看出，加入 ZrO_2 的合成砂，其主要矿物组成为方镁石、方钙石、$CaZrO_3$ 和 C_2S。加入锆英石的合成砂，除了以上几种矿物外，还存在 C_3S 相，与理论分析结果相符。

C 显微结构分析

图2-11和图2-12为加入10% ZrO_2 和10%锆英石合成砂的显微结构照片。

从图2-11可以看出，加入10% ZrO_2 的 $MgO-CaO-ZrO_2$ 合成砂主要为方镁石、方钙石和 $CaZrO_3$ 组成。其中方钙石颗粒形成连续分布结构，圆形方镁石颗粒呈孤岛状分布，锆酸钙分布于方镁石、方钙石晶间，存在较多的方镁石、方钙石和 $CaZrO_3$ 等高熔点相之间的直接结合，仅局部有少量硅酸盐相填充于方镁石、方钙石晶间，因而会有良好的高温性能。而含10%锆英石的 $MgO-CaO-ZrO_2$ 合成砂则主要为方镁石、方钙石、锆酸钙和硅酸盐相组成。从图2-12可以看出，合成砂中含有一定数量的硅酸盐相，与图2-11相比，方镁石、方钙石、$CaZrO_3$ 之间的直接结合程度下降，有较多的硅酸盐相填充于方镁石、方钙石晶间，会直接导致合成砂高温性能的下降。

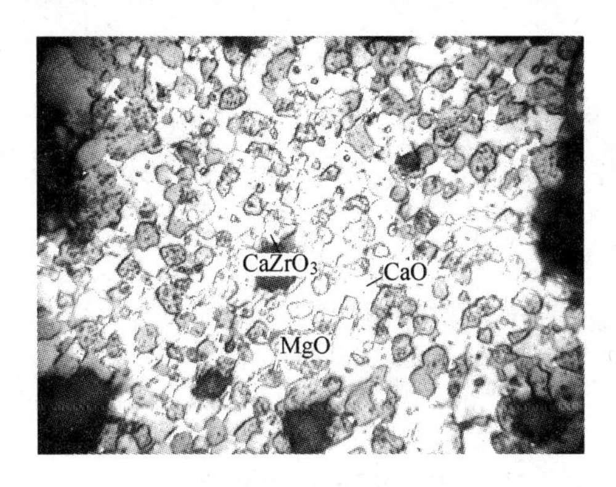

图2-11 含10% ZrO_2合成砂的显微结构（反光，350×）

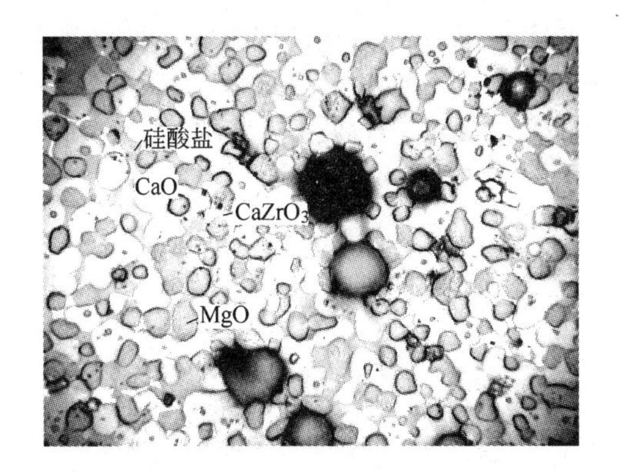

图2-12 含10%锆英石合成砂的显微结构（反光，350×）

通过上面分析可知：

（1）ZrO_2的加入会促进镁钙合成砂的烧结，随着ZrO_2含量的增加，合成砂的体积密度增大。锆英石的加入会降低合成砂的致密程度，加入量越多，合成砂结构越疏松。

（2）加入ZrO_2的合成砂，其主要矿物组成为方镁石、方钙石、$CaZrO_3$和C_2S。加入锆英石的合成砂，除了以上几种矿物外，还存在C_3S相。

（3）加入ZrO_2以后，合成砂中存在较多的方镁石、方钙石和$CaZrO_3$等高熔点相之间的直接结合。而加入锆英石的合成砂，方镁石、方钙石、$CaZrO_3$之间的直接结合程度下降，有较多的硅酸盐相填充于方镁石、方钙石晶间。

3 镁钙系耐火材料基础研究

3.1 与 MgO、CaO 相关的相图

3.1.1 CaO - MgO 二元系

CaO - MgO 系统对炼钢用耐火材料十分重要。图 3 - 1 为 CaO - MgO 二元系统相图。由图可知，该系统两端元均为高熔点氧化物，CaO 熔点 2570℃，MgO 熔点 2800℃，系统中无任何化合物，混合物的最低共熔温度也高达 2370℃，共熔组成为 67% CaO - 33% MgO。因此，几乎全系统都可以作为耐火材料，事实上它囊括了镁质、镁白云石质、白云石质、石灰质等耐火材料的 MgO/CaO 比组成范围。

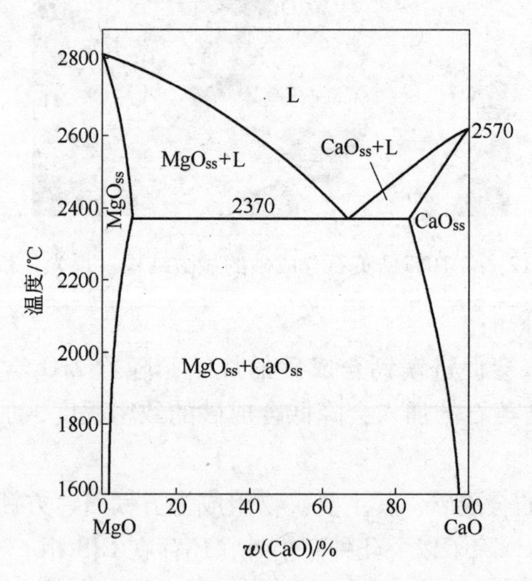

图 3 - 1　CaO - MgO 二元系统相图

CaO - MgO 系统在高温下，CaO 与 MgO 彼此均有部分的相互固溶现象。由图可知，CaO 在 MgO 中的固溶度由 1620℃ 约 0.9% 左右增大到 2370℃ 的 7%，而 MgO 在 CaO 中的固溶度则由 1620℃ 的 2.5% 增加到 2370℃ 的 17%。这一现象当系统中含有 SiO_2 与 CaO 结合为 $2CaO \cdot SiO_2$（C_2S）时，会使结合 C_2S 的 CaO 达不到其组成要求，使 CaO 与 SiO_2 的比例降低，而出现了称为镁硅钙石（C_3MS_2）

的矿物，其为不一致熔化合物，在1575℃分解，从而降低了材料的高温性能。这一点对低 SiO_2 含量 CaO - MgO 系材料的影响尤为显著。这是在应用 CaO - MgO 系统相图分析问题时值得注意的问题之一。

耐高温性能是耐火材料最基本特性。从 CaO - MgO 相图分析，不同 CaO/MgO 比的材料，开始出现液相温度和完全液化温度是有差异的。由于高温下固溶体的存在，对于 MgO，当 CaO 的固溶比例低于7%，对于 CaO，当 MgO 的固溶比例低于17%时，开始出现液相温度均高于2370℃，而完全液化温度也按富镁侧、富钙侧和共熔组成附近的顺序降低。但开始出现液相的最低温度也不低于2370℃，因此作为炼钢用耐火材料，不必考虑耐高温性，而耐侵蚀性、抗热震性等往往更为重要。对镁钙系材料各种性能的深入认识，还应从相图中两端元氧化物性能入手。

MgO 立方晶系，NaCl 型结构，*Fm3m* 空间群。按离子半径 $r_{Mg^{2+}}=0.078$nm，$r_{O^{2-}}=0.132$nm，$r_{Mg^{2+}}:r_{O^{2-}}=0.591$，$Mg^{2+}$ 离子配位数为6，$Mg^{2+}-O^{2-}$ 间形成镁氧八面体［MgO_6］。Mg^{2+} 静电键强度为1/3，O^{2-} 作 ABCABC…立方密堆，Mg^{2+} 充填于密堆体的全部八面体空隙中，结构紧密，晶格常数 $a=0.4201$nm，晶胞内有4个 MgO 分子，真密度 $3.58g/cm^3$，晶格强度高，晶格能高，约为 3.6×10^6J/mol，熔点高达2800℃。MgO 单晶沿（100）面完全解理，晶体多呈立方体，在1800～2400℃易挥发。在有碳（C）存在的情况，挥发温度还要降低。

MgO 热膨胀系数大，0～1500℃为 $(14\sim15)\times10^{-6}$/℃，并伴随温度升高而增大，其导热系数随温度升高而下降。100℃时，$\lambda=34.3W/(m\cdot K)$，1000℃时 λ 降至 $6.7W/(m\cdot K)$，弹性模量 2.1×10^5MPa。这些特点是造成其抗热震性差的重要原因。

MgO 作为炼钢用耐火材料的主要化学成分，使用中必然与熔融金属液、熔渣中铁及其氧化物相接触。MgO 接触铁氧后的表现，可由 MgO - 氧化铁系统相图得知，见图3-2。图3-2中（a）、（b）分别为 MgO - FeO 和 MgO - Fe_2O_3 系统。由图3-2（a）可知，MgO 与 FeO 两成分间可以任何比例相互溶解，形成连续型固溶体（Mg·Fe）O，称为镁方铁矿。由于 MgO 与 FeO 这两个氧化物类型相同，同属 NaCl 型结构，离子半径相近（$r_{Mg^{2+}}=0.078$nm，$r_{Fe^{2+}}=0.082$nm），它们之间形成固溶体反应速度很快，1200℃时即很显著，MgO 开始吸收 FeO 并无液相产生，即使吸收30% FeO，开始出现液相的温度也在2000℃以上。说明 FeO 不会对 MgO 构成强熔剂作用，或者说 MgO 对 FeO 的适应性很强。加热 MgO、FeO 混合物，FeO（熔点1370℃）在较低温度下首先熔融，而后为 MgO 吸收形成固溶体又很快固化。人们正是利用这一点在炼钢炉底技术方面，将 FeO 参与到 MgO 中，作为助烧结剂，取得了炉底的快速烧结又不降低炉底寿命的双赢效

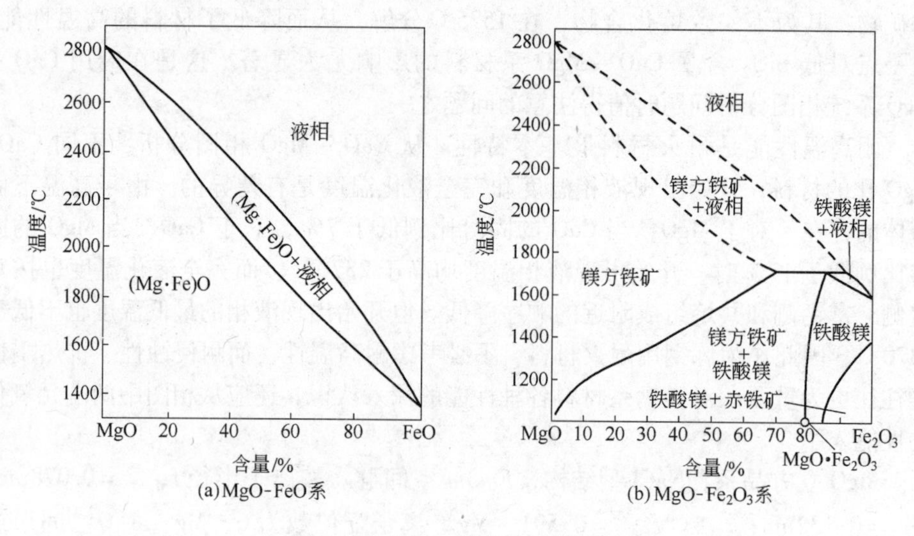

图 3－2 MgO－氧化铁系统相图

果。但值得注意的是，毕竟 FeO 的熔点较低，在还原气氛下烘制镁质制品，荷重开始软化温度都偏低。所以，镁砖宜在氧化气氛下烧成。

由图 3－2（b）$MgO-Fe_2O_3$ 系统可知，该系统有不一致熔化合物铁酸镁（$MgO·Fe_2O_3$，缩写 MF），分解温度 1720℃。MF 与 MgO 也能在很大范围内形成固溶体。由图可知，MF 约在 1000℃左右开始向 MgO 中固溶形成镁方铁矿（Mg·Fe）O，且含量随着温度升高急剧增加，在 1720℃约达 70%，随着组成向 MgO 方向移动。固相线温度急剧升至 MgO 熔点 2800℃。这一特征，一方面说明 MgO 吸收大量 Fe_2O_3 出现液相温度都在 1720℃以上，MgO 对 Fe^{3+} 的稳定性比 Fe^{2+} 还强，这又回到了镁砖在氧化气氛下烧成的重要性。特别是以 MgO 为主要化学成分的碱性耐火材料，对含铁氧熔渣有极强的抵御能力，确定了它在炼钢过程中的重要作用。

另一方面，图 3－2（b）MF 向 MgO 中的饱和溶解度曲线随温度改变的急剧变化表明，含有一定铁氧的镁质耐火材料中，温度升高，铁氧以 Fe^{2+} 溶于 MgO 中形成镁方铁矿（Mg·Fe）O；而温度降低，固溶度下降，铁又以 Fe^{3+} 析出，与 MgO 反应形成 MF 即 $MgO·Fe_2O_3 \rightleftharpoons (Mg·Fe)O$ 这一现象无论是温度的波动，还是组成的波动都与气氛的波动是等效的。且伴随着这个固溶⇌脱溶反应同时产生体积效应，高价态膨胀，低价态收缩，见图 3－3。在生产镁砖时，这个效应可活化 MgO 晶格，促进其烧结，但使用时，反复固溶⇌脱溶反应，必然在制品的显微结构中产生应力，降低 MgO 塑性，使结构劣化。同时相变过程还伴随着氧的逸出或吸收使气孔增加。综合作用的结果，使材料的抗热震性变差。从这个意义上讲，制造在温度反复波动条件下使用的镁质材料，还是尽量降低铁氧含量

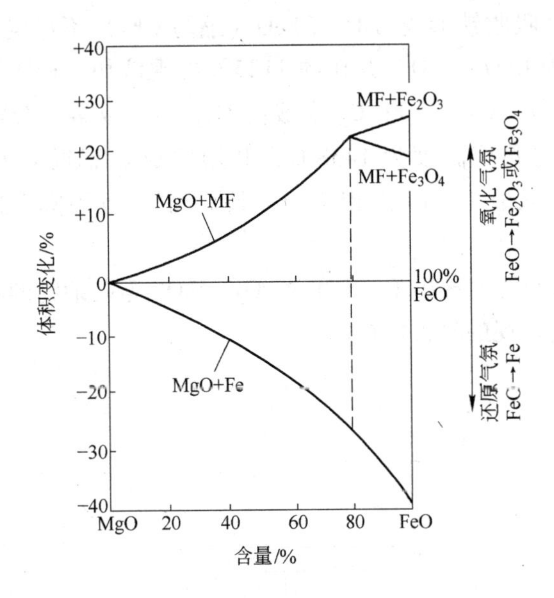

图 3－3 (Mg·Fe)O 氧化还原时的体积变化

为好。

SiO_2 也是炉渣中的重要组分，特别是初渣。MgO 吸收 SiO_2 形成熔点为1890℃的镁橄榄石（$2MgO \cdot SiO_2$，缩写 M_2S），而 $MgO-M_2S$ 分系统内开始出现液相的温度也高达1850℃，所以 MgO 对 SiO_2 也有很高的稳定性。但当系统中存在 CaO（冶金炉渣的主要成分之一）时，将形成熔点只有1498℃的钙镁橄榄石（$CaO \cdot MgO \cdot SiO_2$，缩写 CMS），因此，$SiO_2$ 对于 MgO 是一个潜在的危险。或者说，MgO 对于 $CaO-SiO_2$ 系炉渣的适应性不如 CaO。

CaO 与 MgO 具有相同的结晶构造，同属立方晶系，NaCl 型结构，$Fm3m$ 空间群，熔点高达2570℃，只是由于 Ca^{2+} 半径（$r_{Ca^{2+}}=0.106nm$）大，在充填 O^{2-} 密堆体的八面体空隙时，将氧密堆体撑松，晶格常数比 MgO 大，$a=0.480nm$，真密度 $3.346g/cm^3$，结构松弛。按哥希密特提供的离子半径数值，钙氧离子半径比应为0.803，Ca^{2+} 的配位数应为8，而 NaCl 型结构配位数降至6，可见结构中 O^{2-} 对 Ca^{2+} 屏蔽不足，结构中 Ca^{2+} 有裸露现象，常温下就极易与水反应：$CaO+H_2O \rightarrow Ca(OH)_2$。由于 $Ca(OH)_2$ 密度只有 $2.23g/cm^3$，反应过程体积膨胀约97%，使得组织松散，结构破坏。这是含游离 CaO 的材料在制造和使用中的一个困难因素。

CaO 吸收 SiO_2 形成高熔点的 C_3S 或 C_2S，表现出对 SiO_2 的稳定性比 MgO 强，但其抵抗含铁熔渣的能力不如 MgO，见图3－4。由图3－4（a）可知，在还原条件下，CaO 吸收铁形成 CaO · 2FeO（缩写 CF_2）不稳定，在接近出现液相之前固态分解为 CaO + FeO，并在约 1125℃出现液相，FeO 消失。在氧化条件下（见图 3 – 4b），CaO 与 Fe_2O_3 形成的 C_2F 为一致熔化合物，但熔点只有 1449℃，与 CaO 的共熔温度为 1438℃，共熔组成点靠近 C_2F 组成点，说明 C_2F 也非常容易进入液相。但液相随温度升高增长速度不算太快，特别是在氧化条件下。

CaO 由于有吸收金属液中 P、S 和 Al_2O_3、SiO_2 等夹杂物的功能，在冶炼洁净钢方面，是备受重视的耐火材料。

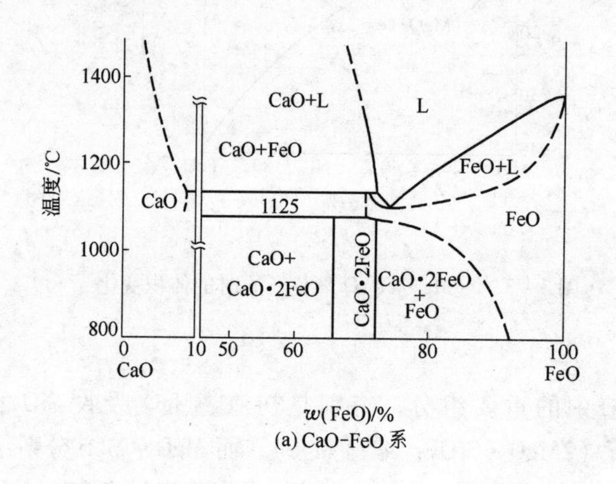

(a) CaO-FeO 系

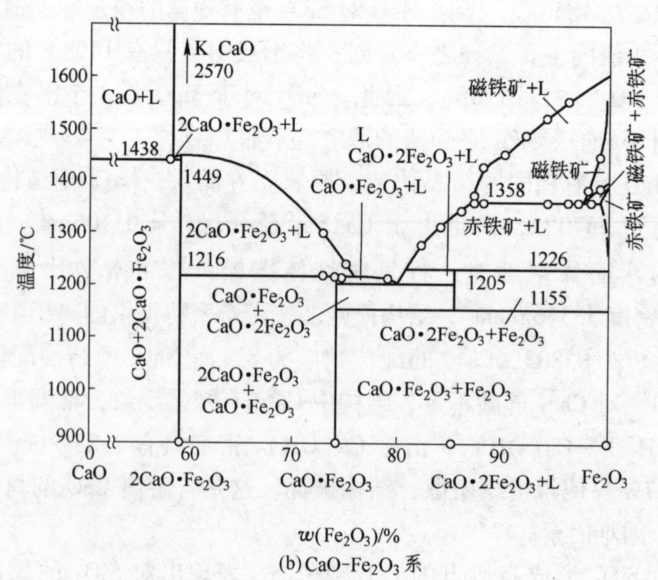

(b) CaO-Fe_2O_3 系

图 3 – 4 CaO – 氧化铁系统相图

3.1.2　CaO – MgO – R 三元系

在 CaO – MgO 二元材料中，引入第三组元 R，将对材料性能产生较大影响。利用 CaO – MgO – R 三元相图，可分析 R 对主成分 CaO、MgO 的影响。下面利用 CaO – MgO – SiO_2 三元相图，分析镁钙材料抵抗钙硅炉渣侵蚀的机理。

试验所用炉渣为 VOD 渣，其理化指标见表 3 – 1。将渣放入制好的镁钙质坩埚中，用高温炉加热到 1600℃后保温 3h。

表 3 – 1　VOD 炉渣的化学成分　（%）

CaO	SiO_2	MgO	MnO	Al_2O_3	FeO	Cr_2O_3	C/S(摩尔比)
45.7	26.0	2.3	11.6	3.1	1.5	9.8	1.88

炉渣中主要成分 CaO、SiO_2，为便于应用三元相图分析，把 VOD 渣对 MgO – CaO 耐火材料的侵蚀简化为 C/S（摩尔比）为 1.88 的 CaO – SiO_2 对 MgO – CaO 耐火材料的侵蚀，并对其进行研究。

图 3 – 5 为 CaO – MgO – SiO_2 系三元相图。在 CaO – MgO – SiO_2 三元系统相图中，MgO 的初晶区比较大，与 MgO 相毗邻的化合物受 CaO/SiO_2 比控制，并由小到大依次形成 M_2S（1890℃），CMS（1498℃），C_3MS_2（1575℃），C_2S（2130℃），C_3S（2070℃）。这些化合物中，CMS、C_3MS_2 为低熔点物质，是耐火制品中的有害矿物。与此相应的，同 MgO 相关的组成三角形有五个：①△M – M_2S – CMS（1502℃）；②△M – CMS – C_3MS_2（1498℃）；③△M – C_3MS_2 – C_2S（1575℃）；

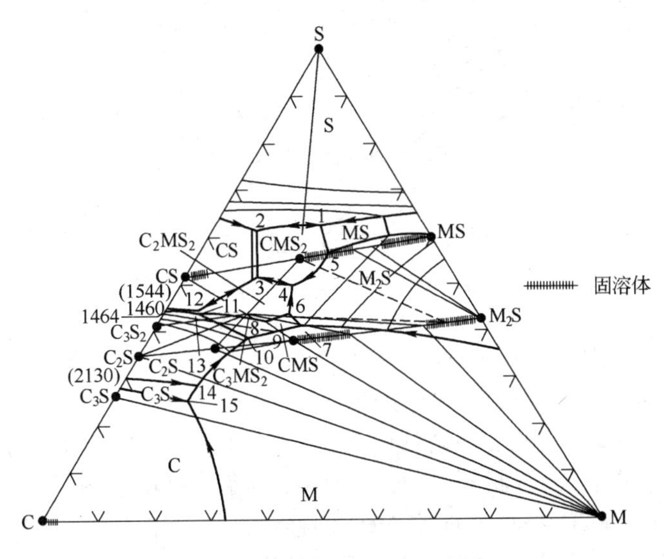

图 3 – 5　CaO – MgO – SiO_2 系三元相图

④$\triangle M-C_2S-C_3S$（1790℃）；⑤$\triangle M-C_3S-C$（1850℃）（括号内为该系统开始出现液相时的温度）。因为 VOD 渣的 C/S 为 1.88，所以形成的矿物主要在③这个三角形内。因为三角形③出现液相的温度为1575℃，在试验温度1600℃下，炉渣中已有液相出现，容易对镁钙材料形成侵蚀。

因为试验在温度1600℃下进行，CaO 含量分别为40%、50%、60%的 MgO - CaO 耐火材料抗 C/S 为1.88 的炉渣侵蚀情况，可以借助1600℃等温截面图来分析。图3-6为 $MgO-CaO-SiO_2$ 系在1600℃的等温截面图。图中 *X* 点为炉渣组成点（C/S 摩尔比为1.88），*A*、*B*、*C* 分别为 CaO 含量40%、50%、60%的 MgO - CaO 耐火材料组成点。将 *A*、*B*、*C* 三点分别与 *X* 点连接，通过计算可以得出 *A*、*B*、*C* 三种不同 CaO 含量的 MgO - CaO 耐火材料在1600℃与炉渣的反应。当炉渣分别为89%、91.11%和92.36%时出现液相，其液相生成量分别为12.92%、12%和10.77%。因此，MgO - CaO 耐火材料的抗渣侵蚀性是随着 CaO 含量的增加而逐渐增强的。此外，在1600℃下，液相量最多的为12.92%，所以 CaO 含量为40%、50%、60%的 MgO - CaO 耐火材料都具有良好的抗渣侵性能。

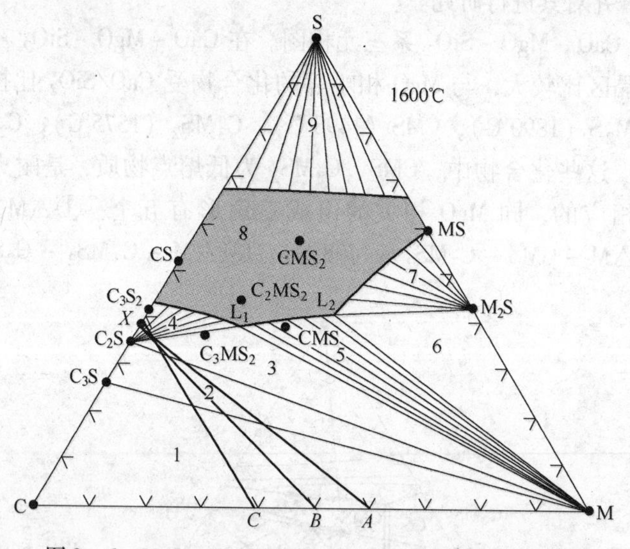

图3-6　$MgO-CaO-SiO_2$ 系在1600℃的等温截面图

由图3-5 $CaO-MgO-SiO_2$ 系统相图可知，在 MgO - CaO 材料中引入 SiO_2，会使熔点急剧下降，但只要 SiO_2 的数量不超过 $MgO-C_3S$ 连线，在含有游离 CaO 的组成范围内，仍具有较高的耐高温性能。由图3-7 $CaO-MgO-Al_2O_3$ 系统相图可知，在白云石材料中加入 Al_2O_3，熔融温度将从2400℃缓慢降至1680℃。但如果 MgO/CaO 比向富 MgO 侧移动，如对于 MgO/CaO 之比为80/20的组成物，熔融温度将由约2700℃降至1950℃。图3-8为 $CaO-MgO-Fe_2O_3$

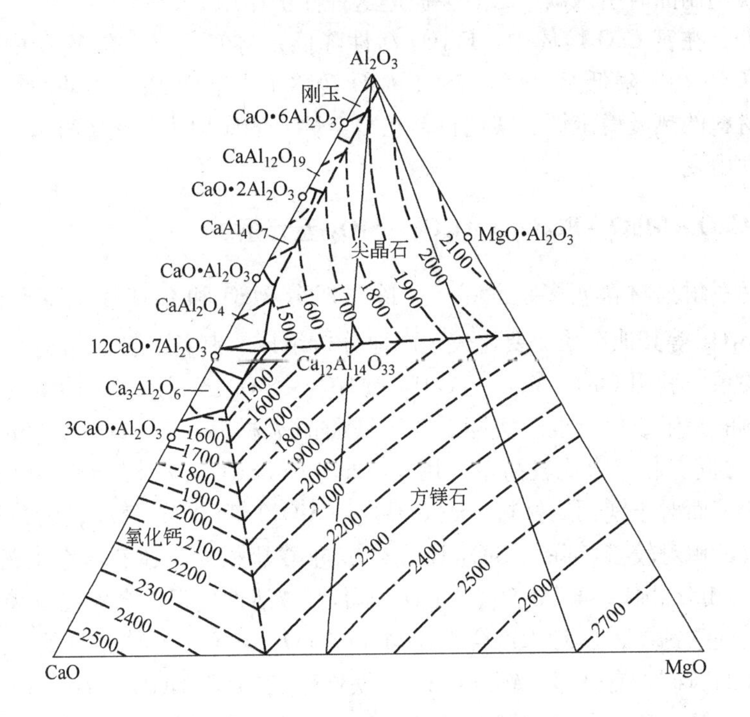

图3-7 CaO-MgO-Al_2O_3 系统相图

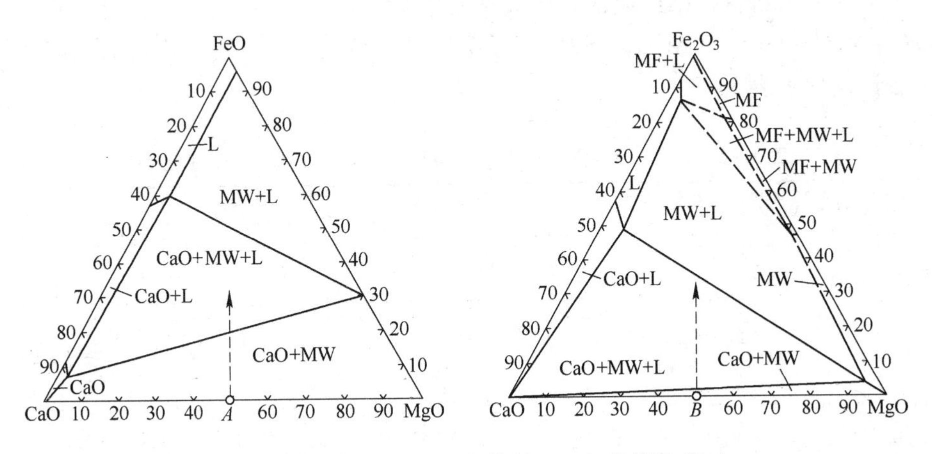

图3-8 CaO-MgO-氧化铁系1500℃的等温截面

A—还原气氛（CO_2/H比为1）；*B*—空气中；MW—镁富氏体；MF—铁酸镁；L—液相

（FeO）系1500℃等温截面图。由图可知，对于一个MgO/CaO比为50/50的镁钙材料，吸收约22% FeO（*A*）而不出现液相，而对于Fe_2O_3吸收3%（*B*）便开始熔融。这说明在镁钙材料受到铁氧侵蚀时，维持还原条件可能有助于保护它。

在制造镁钙制品时引入碳，自然会促进这种保护作用。

另外，在富 CaO 熔体中，Fe_2O_3 活性降低，将使 Fe_2O_3 在 MgO 中的溶解度由 1700℃约 70% 降低至只有约 2%，CaO 转移了固溶到 MgO 中的铁氧，将有助于改善材料的热震稳定性。镁钙材料在冶金炉上的应用优于镁质材料，热震稳定性好是理由之一。

3.1.3 $CaO-MgO-Fe_2O_3-Al_2O_3-SiO_2$ 五元系

镁钙系耐火材料属多组元系统，除主成分 MgO 和 CaO 外，还含有 Al_2O_3、SiO_2、Fe_2O_3 等其他杂质。要比较全面地分析组成、制备工艺、结构、性能及应用之间关系，利用 $CaO-MgO-Fe_2O_3-Al_2O_3-SiO_2$ 五元系来描述镁质和镁钙质耐火材料的相组成更接近于实际。对于镁质耐火材料，$w(CaO)/w(SiO_2)$ 比在 0~1.87 之间，相组合比较简单，用 $w(CaO)/w(SiO_2)$ 或 $m(CaO)/m(SiO_2)$ 比便可判断。而对于镁钙质材料，$w(CaO)/w(SiO_2)>1.87$，情况较为复杂。因为 CaO 的数量相对较多，除与 SiO_2 反应生成硅酸盐相外，还有剩余的游离 CaO。而 CaO 与 MgO 相比，与 Al_2O_3、Fe_2O_3 等的反应活性更强，会生成一些相应的铝酸钙盐和铁酸钙盐，这时相组合就还与 $w(Al_2O_3)/w(Fe_2O_3)$ 比有关。这种情况可能出现的新矿物有铁酸二钙（C_2F）、铁铝酸四钙（C_4AF）、铝酸一钙（CA）、七铝酸十二钙（$C_{12}A_7$）和铝酸三钙（C_3A）等。但相关研究表明，CA、$C_{12}A_7$ 很少能在白云石材料中出现，只在水泥工艺领域中有其重要之处。因此，我们把 $CaO-MgO-Fe_2O_3-Al_2O_3-SiO_2$ 五元系相组合归纳为表 3-2，它们的相应矿物组成计算列于表 3-3。

表 3-2 $CaO-MgO-Fe_2O_3-Al_2O_3-SiO_2$ 五元系平衡矿物相

$w(CaO)/w(SiO_2)$				$w(CaO)/w(SiO_2)>1.87$			
0.00~0.93	0.93~1.40	1.40~1.87	CaO较少	0.67<KH<1		KH>1	
				$\frac{w(Al_2O_3)}{w(Fe_2O_3)}<0.64$	$\frac{w(Al_2O_3)}{w(Fe_2O_3)}>0.64$	$\frac{w(Al_2O_3)}{w(Fe_2O_3)}<0.64$	$\frac{w(Al_2O_3)}{w(Fe_2O_3)}>0.64$
MgO MA MF M_2S CMS	MgO MA MF CMS C_3MS_2	MgO MA MF C_3MS_2 C_2S	MgO MA MF C_4AF C_2S	MgO C_2F C_4AF C_2S C_3S	MgO C_4AF C_3A C_2S C_3S	MgO C_2F C_4AF C_3S CaO	MgO C_4AF C_3A C_3S CaO
(1)	(2)	(3)	(4)	(5)	(6)	(7)	(8)

表 3-3 $CaO-MgO-Fe_2O_3-Al_2O_3-SiO_2$ 系平衡矿物组成计算公式

组 别	条 件	与 MgO 平衡的矿物组成计算公式
(1)	$0<w(C)/w(S)<0.93$	$MA=1.40A$；$MF=1.25F$；$CMS=2.80C$； $M_2S=2.34(S-1.07C)$
(2)	$0.93<w(C)/w(S)<1.40$	$MA=1.40A$；$MF=1.25F$；$CMS=2.52(3S-2.14S)$； $C_3MS_2=2.73(2.14C-2S)$
(3)	$1.40<w(C)/w(S)<1.87$	$MA=1.40A$；$MF=1.25F$；$C_3MS_2=2.73(4S-2.14C)$； $C_2S=2.87(2.14C-3S)$
(4)	$0<w(C)<1.87, w(S)<1.40w(F)$ 及 $2.20w(A)$	$MA=1.40(A-0.21C4AF)$； $MF=1.25F-0.33C4AF$； $C_4AF=2.16(C-1.87S)$；$C_2S=2.87S$
(5)	$w(A)/w(F)<0.64$ $0.67<KH<1$	$C_2F=1.70(F-1.57A)$；$C_4AF=4.77A$； $C_2S=8.61(1-KH)S$； $C_3S=3.80(3KH-2S)$
(6)	$w(A)/w(F)>0.64$ $0.67<KH<1$	$C_4AF=3.04F$； $C_3A=2.65(A-0.64F)$； $C_2S=8.61(1-KH)S$； $C_3S=3.80(3KH-2)S$
(7)	$w(A)/w(F)<0.64$ $KH>1$	$C_4AF=4.77A$；$C_2F=1.70(F-1.57A)$； $C_3S=3.80S$；$CaO=C-2.20A-2.8S-0.41C_2F$
(8)	$w(A)/w(F)>0.64$ $KH>1$	$C_4AF=3.04F$；$C_3A=2.65(A-0.64F)$； $C_3S=3.80S$；$CaO=C-1.40F-2.8S-0.42C_3A$

注：M—MgO； A—Al_2O_3； S—SiO_2； F—Fe_2O_3； C—CaO。

表3-2和表3-3中，KH称为石灰饱和系数，表示系统中全部Fe_2O_3、Al_2O_3都结合C_4AF、C_2F或C_3A剩余CaO对SiO_2的饱和情况。其计算方法为：

当 $w(Al_2O_3)/w(Fe_2O_3)<0.64$， $KH=(C-0.7F-1.1A)/2.8S$

$w(Al_2O_3)/w(Fe_2O_3)>0.64$， $KH=(C-0.35F-1.65A)/2.8S$

现举一例说明对表3-3的运用：某合成镁质白云石砂的化学分析结果为MgO 72.40%、CaO 25.60%、Al_2O_3 0.10%、Fe_2O_3 1.05%、SiO_2 0.43%、灼减0.56%，计算其各平衡矿物数量。

显然此砂组成中$w(CaO)/w(SiO_2)>1.87$而$w(Al_2O_3)/w(Fe_2O_3)=0.10/1.45<0.64$，$KH=(C-0.7F-1.1A)/2.8S=24.83/1.2>1$，属于表3-3中(7)组，代入公式各矿物相的数量为：

$C_4AF=4.77A=4.77\times0.1=0.48\%$

$C_2F=1.70(F-1.57A)=1.70(1.05-1.57\times0.10)=1.50\%$

$C_3S=3.80S=3.80\times0.43=1.63\%$

$CaO=C-2.20A-2.8S-0.41C_2F=23.67\%$

$MgO=72.40\%$

实际情况往往未必能达到完全平衡状态，与计算结果可能会有差异，但差别不会太大，仍可作为对实际观察分析的重要参考依据。

3.2 镁钙系耐火材料热力学及动力学

3.2.1 镁钙系耐火材料脱硫热力学分析

镁钙系耐火材料具有净化钢液功能，游离 CaO 能与钢中 S、P、Al_2O_3、SiO_2 等反应，去除有害杂质。有关这方面的研究，可以应用热力学基本原理分析。硫是钢中主要的有害杂质之一。硫在钢液中可以无限溶解，而在固体铁中的溶解度却很低。例如，在 $\gamma-Fe$ 中，1365℃时的最大溶解度为0.05%，而在1000℃时为0.013%，在 Fe－FeS 共晶温度（988℃）时仅为0.013%。所以，含硫量高的钢液凝固时，硫以 FeS 或 Fe－FeO 的低熔点共晶体在晶间析出，使钢锭及钢材在热加工时出现“热脆”现象，即出现撕裂及裂纹。此外，硫还能降低钢的塑性及冲击值，使钢的耐腐蚀性能变坏。对于脱硫反应，从分子结构理论来讨论，它是个还原反应过程，因此在氧化精炼期通常需要采用特殊操作措施，否则不能脱硫或只能少量地脱硫。由于硫通常以元素态存在于钢液中，要想脱硫，首先要将硫元素转变为硫化物形式，通常按式（3－1）反应

$$[S]+2e^-=\!=\!=S^{2-} \tag{3-1}$$

要想式（3－1）反应能够进行，必须有能够提供电子的物质。通常所需的电子由氧离子提供，于是脱硫反应可写为

$$[S]+O^{2-}=\!=\!=S^{2-}+[O] \tag{3-2}$$

因此，脱硫反应的发生必须满足下列两个条件：

（1）必须有能给出电子的组元，即必须有还原剂存在。

（2）必须有能和S结合同时生成稳定化合物的物质。新生成的相在金属中溶解度小，能够从金属熔体中进入渣中或耐火材料中。根据硫化物的理查森图，硫化钙的溶解度积最小，硫化钙和氧化钙的溶解度积均对钢液用氧化钙脱硫有重要的指导意义。因此，理论上整个脱硫反应可视为反应（3－3）：

$$[S]+(CaO)=\!=\!=(CaS)+[O] \tag{3-3}$$

离子式可写成：
$$[S]+(O^{2-})=\!=\!=(S^{2-})+[O]$$

式中 [X]——代表钢中物质；

(X)——代表耐火材料中物质。

反应的平衡常数
$$K_3=\frac{(a_{CaS})[a_O]}{[a_S](a_{CaO})}$$

在1600℃时，$K_{CaO}=\dfrac{[a_O][a_{Ca}]}{a_{CaO}}=9\times10^{-7}$，$K_{CaS}=\dfrac{[a_S][a_{Ca}]}{a_{CaS}}=1.7\times10^{-5}$

从而得出式（3－3）的平衡常数为 $K_3=\dfrac{(a_{CaS})[a_O]}{[a_S](a_{CaO})}=5.3\times10^{-2}$。由于 CaO 和 CaS 的溶解度低，可以看成是典型的拉乌尔溶液，所以 $a_{CaO}=a_{CaS}=1$ 时，$\dfrac{[a_O]}{[a_S]}=5.3\times10^{-2}$。此数值表明，需用强脱氧剂把氧的活度降下来，才能使脱硫反应向着生成硫化钙的方向进行。生产中常用的脱氧元素是锰、硅和铝。在这三种元素中，锰的脱氧能力最弱，硅居中，而铝最强。经研究，镁钙耐火材料与钢液作用后，在耐火材料表面多了钢中［S］、［Si］成分，可以推测会有如下反应发生：

$$[Si]+2[O]=\!=\!=(SiO_2)$$

$$[S]+(CaO)=\!=\!=(CaS)+[O] \tag{3-4}$$

$$2[S]+4(CaO)+[Si]=\!=\!=2(CaS)+(2CaO\cdot SiO_2) \tag{3-5}$$

用热力学来说明脱硫反应在试验条件下能否发生，查文献得：

$-\Delta_f H^{\ominus}_{CaS}=548104J/mol$，$-\Delta_f S^{\ominus}_{CaS}=103.85J/mol$

$\Delta_f G^{\ominus}_{CaS}=\Delta_f H^{\ominus}_{CaS}-T\Delta_f S^{\ominus}_{CaS}=-548104+1873\times103.85=-353kJ/mol$

$-\Delta_f H^{\ominus}_{CaO}=795378J/mol$，$-\Delta_f S^{\ominus}_{CaO}=195.06J/mol$

$\Delta_f G^{\ominus}_{CaO}=\Delta_f H^{\ominus}_{CaO}-T\Delta_f S^{\ominus}_{CaO}=-795378+1873\times195.06=-430kJ/mol$

$-\Delta_f H^{\ominus}_{SiO_2}=921740J/mol$，$-\Delta_f S^{\ominus}_{SiO_2}=185.91J/mol$

$\Delta_f G^{\ominus}_{SiO_2}=\Delta_f H^{\ominus}_{SiO_2}-T\Delta_f S^{\ominus}_{SiO_2}=-921740+1873\times185.91=-573.53kJ/mol$

$\Delta_f G^{\ominus}_{[S]}=-135060+23.43T=-91.18kJ/mol$

$\Delta_f G^{\ominus}_{[Si]}=-131500-17.61T=-164.48kJ/mol$

$$2CaO+SiO_2=\!=\!=2CaO\cdot SiO_2 \tag{3-6}$$

$\Delta G^{\ominus}_6=A+BT$

$A=-118800, B=-11.3$

$\Delta G^{\ominus}_6=-118800-1873\times11.3=-140kJ/mol$

$\Delta G^{\ominus}_6=\sum\nu_i\cdot\Delta_f G^{\ominus}_i=\Delta_f G^{\ominus}_{C_2A}-2\Delta_f G^{\ominus}_{CaO}-\Delta_f G^{\ominus}_{SiO_2}$

$$\begin{aligned}\Delta_f G^{\ominus}_{C_2A}&=\Delta G^{\ominus}_7+2\Delta_f G^{\ominus}_{CaO}+\Delta_f G^{\ominus}_{SiO_2}=-140+2(-430)+(-573.53)\\&=-1573.53kJ/mol\end{aligned}$$

$$\begin{aligned}\Delta G^{\ominus}_5&=2\Delta_f G^{\ominus}_{CaS}+\Delta_f G^{\ominus}_{C_2A}-2\Delta_f G^{\ominus}_{S}-\Delta_f G^{\ominus}_{[Si]}-4\Delta_f G^{\ominus}_{CaO}\\&=2\times(-353)+(-1573.53)-2(-91.18)-(-164.48)-2(-430)\\&=-212.69kJ/mol\end{aligned}$$

实验用钢为管线钢，理化指标为：

C 0.066%，Si 0.25%，Mn 1.34%，P 0.0145%，S 0.2005%，Al 0.0145%

钢中溶解的氧含量［O］可根据钢中的［Al］的含量来求得，计算如下：

$$2[Al]+3[O]=\!=\!=Al_2O_3 \quad (3-7)$$

平衡时：$\Delta G_7^{\ominus}=-1218799+394.13T$

$$\lg K'=-\lg w[\%Al]^2 w[\%O]^3=63665/T-20.58$$

式中，$a_{Al_2O_3(s)}=1$，$f_{Al}^2 f_O^3\approx 1$。故 $K_{Al}=\frac{1}{K'}=w[\%Al]^2 w[\%O]^3$

由上式导出：1600℃时 $K_{Al}=4.0\times10^{-14}$。因此，当 $w[\%Al]=0.0145$ 时，$w[\%O]=0.00058=5.8\times10^{-4}$。

钢液中硫元素的相互作用系数为：

$e_S^{Al}=0.035$；$e_S^{C}=0.112$；$e_S^{Mn}=-0.026$；$e_S^{P}=0.029$；

$e_S^{S}=-0.028$；$e_S^{Si}=0.063$；$e_S^{O}=-0.27$

$$\begin{aligned}\lg f_S &= \sum e_i^j w(\%j)\\ &= e_S^{Al}w(\%Al)+e_S^{C}w(\%C)+e_S^{Mn}w(\%Mn)+e_S^{P}w(\%P)+e_S^{S}w(\%S)+\\ &\quad e_S^{Si}w(\%Si)+e_S^{O}w(\%O)\\ &=0.035\times0.0145+0.112\times0.066+(-0.026)\times1.34+0.029\times0.0145+\\ &\quad(-0.028)\times0.2005+0.063\times0.25+(-0.27)\times0.00058\\ &=-0.0166\end{aligned}$$

$f_S=0.96$

$a_S=f_S\times w[\%S]=0.96\times0.2005=0.1925$

钢液中硅元素的相互作用系数：

$e_{Si}^{Al}=0.058$；$e_{Si}^{S}=0.056$；$e_{Si}^{Si}=0.11$；$e_{Si}^{C}=0.18$；$e_{Si}^{O}=-0.23$；

$e_{Si}^{Mn}=0.002$；$e_{Si}^{P}=0.029$

$$\begin{aligned}\lg f_{Si} &= \sum e_{Si}^j w(\%j)\\ &= e_{Si}^{Al}w(\%Al)+e_{Si}^{S}w(\%S)+e_{Si}^{Si}w(\%Si)+e_{Si}^{C}w(\%C)+e_{Si}^{O}w(\%O)+\\ &\quad e_{Si}^{Mn}w(\%Mn)+e_{Si}^{P}w(\%P)\\ &=0.058\times0.0145+0.056\times0.2005+0.11\times0.25+0.18\times0.066+\\ &\quad(-0.23)\times0.00058+0.002\times1.34+0.029\times0.0145\\ &=0.0544\end{aligned}$$

$f_{Si}=1.06$

$a_{Si}=f_{Si}w[\%Si]=1.06\times0.25=0.26$

$$\begin{aligned}\Delta G_5 &= \Delta G_5^{\ominus}+RT\ln\left(\frac{1}{a_S^2 a_{Si}}\right)\\ &=-212.69\times10^3+8.314\times1873\times\ln\left(\frac{1}{0.1925^2\times0.26}\right)\\ &=-212.69\times10^3+8.314\times1873\times4.64\end{aligned}$$

$= -212.69 \times 10^3 + 72.25 \times 10^3$

$= -140.40\text{kJ/mol}$

通过计算得 $\Delta G_5 < 0$，说明在1600℃下，钢液中的硫、硅可以和镁钙耐火材料中 f - CaO 发生式（3-5）的反应。

3.2.2 镁钙系耐火材料脱硫反应动力学研究

降低钢中有害元素硫一直是冶金行业十分关注的问题之一。在实际生产中，普通钢种对硫含量的要求（$w[S] < 0.02\%$）已很容易达到。但随着用户对钢质量要求的不断提高，特别是高质量的管线钢、容器钢、耐酸钢等，均要求 $w[S]$ 在0.005%以下，甚至低于0.001%，使深脱硫的研究日益受到重视。目前，关于炼钢过程中的脱硫研究已有不少报道，但耐火材料对钢液脱硫作用的研究报道不多。本工作对镁钙耐火材料与钢液中硫的反应进行了系统研究，并从动力学的角度探讨了其反应机理。

3.2.2.1 试验

试验用镁钙砖的化学组成：MgO 75.13%，CaO 22.09%，Al_2O_3 0.54%，Fe_2O_3 1.04%，SiO_2 1.20%，其荷重软化开始温度1700℃，显气孔率8%，体积密度3.10g/cm^3。为研究镁钙耐火材料脱硫反应的动力学，在试验用钢样中加入一定量的硫化亚铁，钢样中杂质的化学组成：C 0.066%，Si 0.250%，Mn 1.340%，P 0.015%，S 0.2005%，Cr 0.022%，Al 0.015%。将镁钙砖制成若干个内径 ϕ36mm，外径 ϕ60mm，深35mm的坩埚，在120℃下干燥48h后，每个坩埚内均放置180g配制好的钢样，置于高温管式炉的高温带；在氩气保护条件下通电升温，至1600℃时恒温5~70min；每隔5min取一个带钢样的坩埚，利用偏光显微镜分析镁钙材料的显微结构，利用直读光谱仪分析钢液中 $w[S]$ 含量，根据式（3-8）计算钢样脱硫率：

$$脱硫率 = \frac{w[S_0] - w[S]}{w[S_0]} \times 100\% \quad (3-8)$$

式中，$w[S_0]$ 为反应前钢样的硫含量；$w[S]$ 为反应后钢样的硫含量。

3.2.2.2 结果与分析

A 反应时间对脱硫率的影响

图3-9为1600℃时钢样在不同反应时间下的脱硫率。由图可见，钢样的脱硫反应随反应时间的变化大致可分为两个阶段：第一阶段为5~45min，随反应时间的增加，钢样的脱硫率增加，到45min时达最大值，脱硫率达到70.12%；第二阶

段在反应45min之后，随反应时间的增加，脱硫率逐渐下降，出现了“回硫”现象。以上结果表明，在1600℃时，适当增加反应时间可以提高钢液的脱硫率；但反应时间超过45min，不仅起不到脱硫作用，还会出现钢样的“回硫”现象，重新污染钢液。

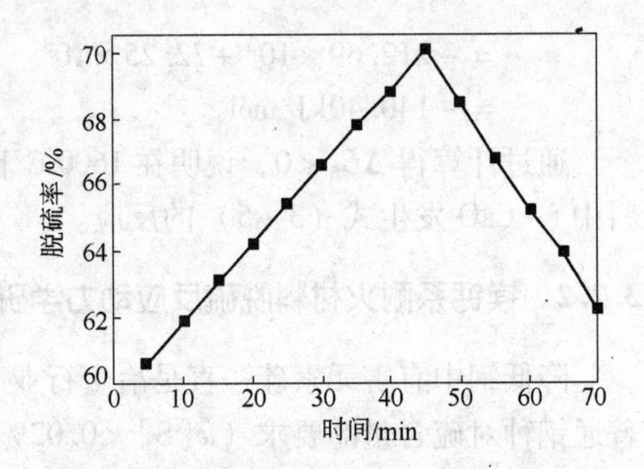

图3-9 反应时间对钢样脱硫率的影响

B 脱硫反应动力学模型

在本试验条件下，镁钙耐火材料与钢液中硫的作用属于液-固反应。匡加才等从热力学角度分析了MgO和CaO的脱硫能力，认为MgO的脱硫能力远低于CaO的脱硫能力，因此只考虑CaO的脱硫作用。假设：（1）钢液的成分始终是均匀的，整个系统处于准稳态；（2）只考虑镁钙耐火材料中CaO的脱硫作用。CaO与钢液中硫发生[S]+(CaO)═(CaS)+[O]反应，此反应可考虑通过以下3个步骤来完成。

硫从钢液中通过对流到达耐火材料试样表面的传质流为：

$$J[S]=D_s(C_{[S]}-C_{[S]}^S) \tag{3-9}$$

硫通过反应界面层扩散到耐火材料CaO表面的传质流为：

$$J_{D[S]}=D_{eff}(C_{[S]}^S-C_{[S]}^i)/X \tag{3-10}$$

硫与CaO反应生成CaS的传质流为：

$$J_{r[S]}=K_r C_{[S]}^i \tag{3-11}$$

式中 J——传质流，单位时间在单位面积上的传输量，mol/(m²·s)；

D_s——对流传质系数，m/s；

D_{eff}——扩散传质系数，m²/s；

K_r——界面化学反应速率常数；

X——产物层厚度，m；

$C_{[S]}$，$C_{[S]}^S$，$C_{[S]}^i$——分别为硫在钢液中、液-固反应界面和反应表面的浓度，mol/m³。

当整个脱硫过程达到稳态时，上述3个步骤的传质流应相等，即 $J_{[S]}=J_{D[S]}=J_{r[S]}=J$，整理得：

$$J=C_{[S]}/(X/D_{eff}+1/D_s+1/K_r) \tag{3-12}$$

考虑到钢液中硫的浓度比较高，耐火材料表面硫的浓度低，硫从钢液对流到耐火材料试样表面传质较快，从而使传质系数 $D_s \gg D_{eff}$，式（3-12）可转化为：

$$J=C_{[S]}/(X/D_{eff}+1/K_r) \tag{3-13}$$

镁钙耐火材料对钢液的脱硫速率方程可表示为：

$$V = A_0 J = A_0 C_{[S]} / (X/D_{eff} + 1/K_r)$$

又由于 $V = dn/dt = dm/Mdt$，代入上式得：

$$V = dn/dt = dm/Mdt = MA_0 J = A_0 MC_{[S]} \ (X/D_{eff} + 1/K_r) \quad (3-14)$$

式中 A_0——反应界面面积，m^2；

m——［S］的质量，g；

M——硫的相对分子质量。

上式是镁钙耐火材料对钢液脱硫的总反应速率方程，它包括化学反应和扩散两个过程。实际的固液反应过程中往往会出现某一步骤进行得较慢。这时只需考虑这个最慢步骤的速率就可以代表整个过程的反应速率。下面分别讨论化学反应和扩散两个过程的速率方程。

a 化学反应控速过程

当化学反应进行的速度较慢时，反应的速率常数 K_r 会很小，此时，X/D_{eff} 远远小于 $1/K_r$，$X/D_{eff} + 1/K_r \approx 1/K_r$，式（3－14）可简化为：

$$V = dm/Mdt = A_0 MJ = A_0 MC_{[S]} 1/K_r = A_0 MC_{[S]} K_r$$

对上式积分，得：

$$m = A_0 MC_{[S]} K_r t \quad (3-15)$$

式（3－15）是化学反应控速过程时的动力学方程，该方程表明钢液中硫质量与时间成直线关系，即在1600℃，如果任意时刻钢液中硫质量与反应时间成直线关系，化学反应就成为镁钙材料脱硫反应的控速步骤。

如图3－10所示，脱硫反应前期（5～45min）钢液中的硫质量与时间近似成直线关系，说明钢液脱硫反应的前期为化学控速阶段，从方程的斜率可以算出化学反应的速率常数 $K_r = 5.50 \times 10^{-4}$ m/s。

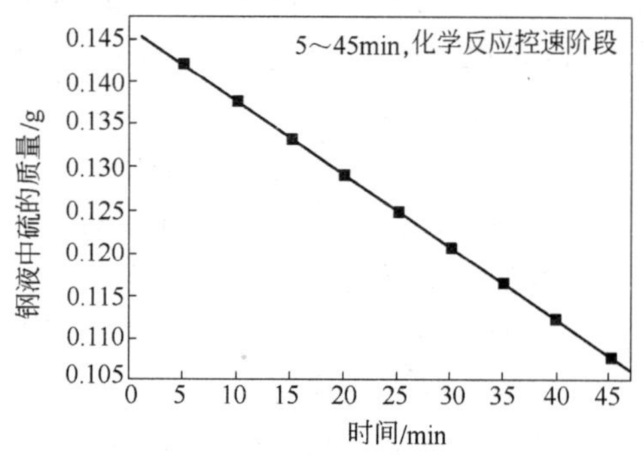

图3－10 反应前期钢液中硫质量与反应时间的关系

b 扩散控速过程

当扩散速度很慢时，D_{eff} 就很小，则 $1/D_{eff} \rightarrow \infty$，$X/D_{eff} + 1/K_r \approx X/D_{eff}$，式（3－14）转化为：

$$V = dm/Mdt = (A_0 MC_{[S]} D_{eff})/X$$

将产物层厚度 $X = W/\rho A_0 K_n$ 代入上式并积分得：

$$m^2 = 2A_0^2 MC_{[S]} \rho K_n D_{eff} t \quad (3-16)$$

式中 ρ——CaS 的密度，g/cm^3；

K_n——CaS 中硫的质量分数，$K_n = 0.444$。

式（3－16）是以扩散过程为控制步骤的动力学方程，表示钢液中硫质量的平方与时间成正比，即在1600℃下，如果任意时刻钢样中的硫质量的平方与时间成直线关系，扩散过程就成为镁钙材料脱硫反应的控速步骤。

如图3－11所示，脱硫反应的后期（45min以后）钢液中硫质量的平方与时间近似成直线关系，说明此阶段为扩散控速阶段，从直线斜率可算出扩散系数 $D_{eff}=1.33\times10^{-8}m^2/s$。

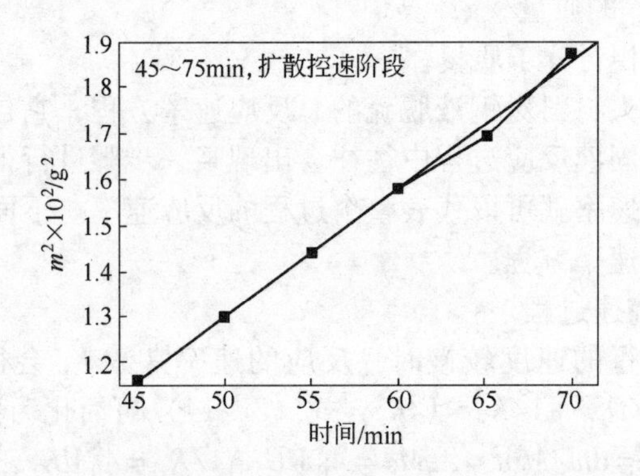

图3－11　反应后期钢液中硫质量的平方与反应时间的关系

C　耐火材料显微结构分析

反应后，取坩埚底部与钢液接触层至原砖层的镁钙材料磨制成岩相片，进行岩相观察分析。图3－12为在不同反应时间下镁钙材料的显微结构照片。从图中可见，反应后的镁钙材料出现了明显的层带结构，即反应层和过渡层。在反应层基本看不到CaO，白色的亮点为铁，新生成的CaS多存在于MgO颗粒的晶间。反应层结构较致密，晶间硅酸盐相少。而反应层的致密化能阻止钢液对耐火材料的继续渗透，从而延长耐火材料的使用寿命。

综上所述，在化学反应控速阶段，钢样与耐火材料表面的CaO直接接触，生成的脱硫产物层较薄，且CaS是一个多孔体，扩散阻力较小，甚至扩散的阻力可忽略，所以硫在产物层中的扩散速度较快。由图3－12（a）和（b）可知，在这一阶段，随着脱硫反应的进行，耐火材料表面的CaO逐渐与钢液中的S和Si反应生成CaS和高熔点的硅酸盐相——硅酸二钙（C_2S），同时MgO颗粒不断长大，这都促使材料表面出现致密化现象。

在反应进行40min左右，随产物层的逐渐加厚，扩散路径增长，扩散阻力增大，由界面化学反应向扩散过程转变。

在脱硫反应后期，由于反应层加厚，扩散阻力增大，伴随着CaS的生成而生成的大量高熔点、黏度较高的硅酸二钙，在耐火材料和新形成的CaS的表面形成了致密的反应壳层，它隔离了耐火材料与钢液在空间上的接触，从而提高耐火材料的抗侵蚀性，延长了耐火材料的使用寿命。可见，脱硫反应被分解为在空间上

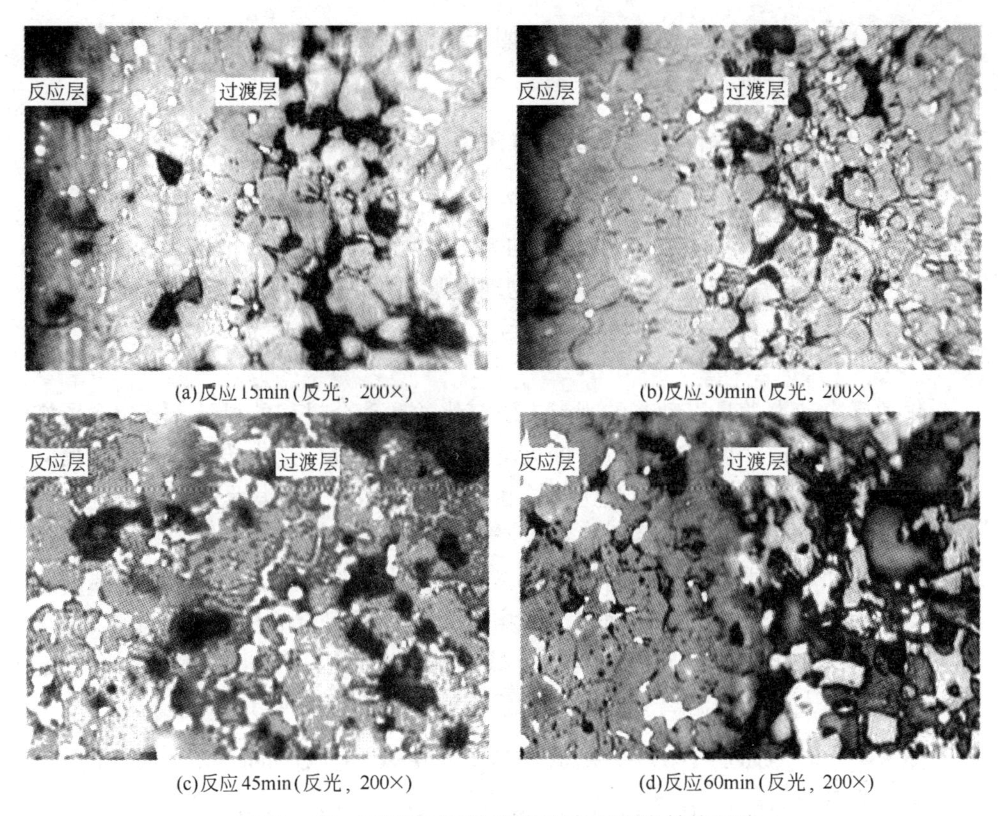

(a)反应15min(反光，200×)　(b)反应30min(反光，200×)

(c)反应45min(反光，200×)　(d)反应60min(反光，200×)

图3－12　不同反应时间镁钙材料的显微结构照片

进行的下列两个局部反应：

$$[S]+1/2[Si]+Ca^{2+}+2O^{2-}=\!=\!=S^{2-}+1/2Ca_2SiO_4$$

$$S^{2-}+2CaO=\!=\!=CaS+Ca^{2+}+2O^{2-}$$

由于CaO和CaS之间的溶解度较小，在CaO－CaS相界面处，CaS达到饱和，脱硫反应若要继续进行，O^{2-}和S^{2-}必须借助扩散通过不断生成的致密反应层，扩散阻力增大，扩散路径增长，使钢液的脱硫反应转变为由扩散过程来控制。同时，随反应时间的延长，镁钙坩埚中的Fe^{2+}浓度不断提高，发生反应$S^{2-}+Fe^{2+}=[S]+[Fe]$，使原先固溶于耐火材料中的硫重新溶入钢液中，从而出现“回硫”现象，污染钢液。

通过上面分析可知：

镁钙质耐火材料可实现对钢液的脱硫作用，且在1600℃时的最佳脱硫反应时间为45min，反应时间超过45min时，脱硫率降低，出现“回硫”现象；通过镁钙质耐火材料对钢液脱硫反应的试验结果和动力学模型可知，钢液脱硫反应的初期为界面化学控制过程，计算得化学反应速率常数$K_r=5.50\times10^{-4}m/s$；后期为扩散控制过程，扩散系数$D_{eff}=1.33\times10^{-8}m^2/s$。镁钙质耐火材料与钢液反应的过程中，形成了一层致密的反应层，阻止钢液继续向耐火材料内部渗透，延长耐火材料的使用寿命。

3.2.3 镁钙系耐火材料水化反应动力学研究

镁钙系耐火材料在冶炼特殊钢、洁净钢方面具有重要作用，但游离 CaO 的易水化性，限制了该材料的应用。我们从动力学角度对合成镁钙砂的水化过程和水化反应速度进行了研究，建立了水化反应物理模型，推导出水化反应动力学公式。

3.2.3.1 基础理论

化学反应动力学是以动态的观点去研究化学运动全过程的科学，其包含了许多十分重要的分枝，如链式反应、催化反应、聚合反应、光化学与激光化学反应动力学等等。虽然固相反应能力比气体和液体低得多，但因其是一系列合金、传统硅酸盐材料以及新型无机功能材料生产过程中的基础反应，直接影响这些材料的生产过程和产品质量，研究它的特点、机理和动力学规律，对生产有重要的实际意义。固相反应包括固相与固相、固相与气相、固相与液相等多相化学反应。合成镁钙砂的水化反应，属固相反应范畴。它可以是固－液间反应，也可以是固－气间反应，主要是游离 CaO 的水化反应，也有少量的 MgO 水化反应：

$$CaO + H_2O \longrightarrow Ca(OH)_2,\ \Delta H = 65.21\text{kJ/mol}$$

$$MgO + H_2O \longrightarrow Mg(OH)_2,\ \Delta H = 37.01\text{kJ/mol}$$

固相反应动力学讨论固相间反应速度及影响速度的因素。一个固相反应本身是比较复杂的，通常由若干个简单的物理和化学过程构成，如化学反应、扩散、升华、蒸发、熔融、结晶、吸附等，整个过程的反应速度，往往由某个方面起控制作用，即由速度最慢的一环所控制。一般固相反应动力学方程主要有下面几种。

A 化学反应速度控制

在一个固相反应过程中，化学反应速度最慢，而其他过程速度较快，此时整个固相反应速度由化学反应速度控制，其方程式为：

$$H(G) = (1 - G)^{-2/3} - 1 = K't$$

式中，G 为转化率；K'为常数。

B 扩散速度控制

固相反应经过一定时间后，产物层加厚，此时扩散速度减慢，整个固相反应速度由扩散速度控制，其典型方程式有三种。

a 杨德尔方程

$$J(G) = [1 - (1 - G)^{1/3}]^2 = K_j t$$

式中，K_j为杨德尔扩散速度常数。

此适用于反应初期，产物层很薄时。

b 金斯特林格方程

$$R(G)=1-2/3G-(1-G)^{2/3}=K_{R}t$$

式中，K_R为金斯特林格速度常数。

这是在杨德尔方程基础上，对其进行改进的结果，到反应中期产物层较厚时也适用。

c 卡特尔方程

$$C(G)=[1+(Z-1)G]^{2/3}+(Z-1)(1-G)^{2/3}=Z+(1-Z)K_{E}t$$

式中，K_E为卡特尔速度常数。

这是在金斯特林格方程基础上，对其进行改进的结果，反应后期也适用，比较符合实际情况。

C 升华速度控制

在固相反应中，升华速度很慢，其他过程速度都较快，此时反应由升华速度控制，其方程式为：

$$F(G)=1-(1-G)^{2/3}=K_{F}t$$

式中，K_F为升华速度控制时的速度常数。

对某一实际固相反应，其反应速度应该由各过程反应速度构成，但往往由某一过程起控制作用。有时随条件改变，某一固相反应可能从一个速度控制范围转变到由另一个速度控制范围时，将由两个或多个基本过程速度共同控制。

CaO 易水化早为人所知，但其基础研究不多。关于 MgO 的水化反应日本研究较多，有过一些报道。关于 CaO 的水化反应也有研究，但有关对合成镁钙砂水化反应动力学研究得不多。由于镁钙砂由两种主要成分 MgO 和 CaO 构成，它们之间处于一定分布状态，活性不同，相互影响，使动力学研究比较复杂。本书在前人研究基础之上，对合成镁钙砂水化反应动力学进行了探讨。水化反应是在高压釜中进行，使水蒸气在 0.3MPa 下与镁钙砂接触，强制水化。

3.2.3.2 实验

采用轻烧白云石粉和轻烧氧化镁粉为原料，按 CaO/MgO 重量比为 40/60 进行配比后，共磨混匀，加入适量结合剂，压制成型，在 1780℃ 的隧道窑煅烧，制得镁钙砂。然后将合成砂破碎，筛出 2～4mm 颗粒，放入高压釜中，在 0.3MPa 下，保温一定时间，进行水化反应实验。

3.2.3.3 实验结果及分析

A 岩相分析

将合成的镁钙砂试样，经粗磨、细磨、抛光后，在反光显微镜下观察，其形貌见图 3-13，浅灰色为 MgO，深灰色为 CaO。可见，在合成镁钙砂中，MgO 和

CaO 分布是均匀的。这为我们后面的分析提供了有力的依据。

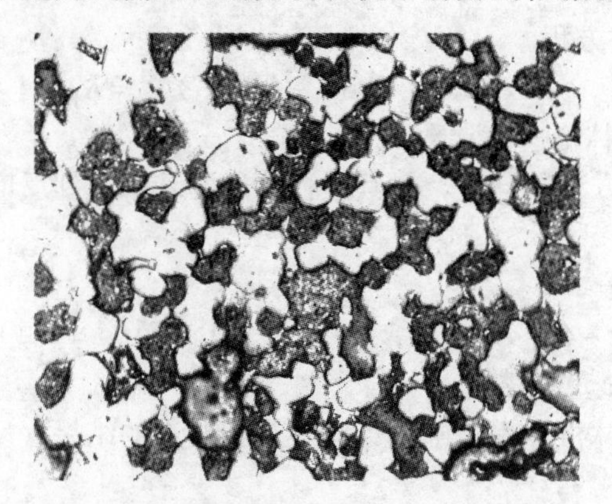

图 3－13 镁钙砂显微照片（反光，200×）

B 水化反应结果及分析

a 质量增加率、水化反应率的计算

根据实验所测得数据，按下面公式可计算出质量增加率、水化反应率：

$$质量增加率=\frac{(实验后物料质量-实验前物料质量)\times 100\%}{实验前物料质量} \tag{3-17}$$

$$水化反应率\ \alpha=质量增加率/32.1\% \tag{3-18}$$

式中，32.1% 为 1mol CaO 完全与水反应生成 $Ca(OH)_2$ 时质量增加率。根据实验数据，利用式（3－17）算出在 0.3MPa 下，不同水化时间试样的质量增加率见表 3－4，利用式（3－18）计算出在 0.3MPa 下，不同水化时间试样的水化反应率，其结果见图 3－14。

表 3－4 不同水化反应时间的质量增加率

时间/h	0	0.33	0.67	1	1.5	2	2.5	3	3.5	4	4.5	5	6
质量增加率/%	0.38	0.88	1.60	2.25	2.50	2.75	3.75	4.63	4.82	5.00	5.50	6.00	6.88

b 水化反应过程分析

从图 3－14 可见，曲线呈阶梯状变化。开始水化速率快，到 1h 处出现折点变缓，到 2h 处又出现折点变快，到 3h 又出现折点变缓，说明不同水化反应时间机理不同。随着水化反应进行，颗粒逐渐减小，反应面积减小，水化反应率变慢，水化过程是由表及里逐层进行的。

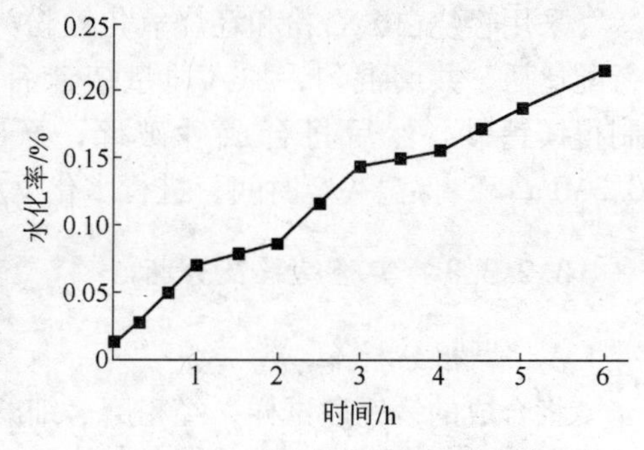

图 3－14 不同水化时间的水化率

为进一步探明，取水化2h后小于1mm部分的细粉，做X射线衍射分析，主要矿相为MgO，$Ca(OH)_2$和少量$Mg(OH)_2$。说明水化2h，主要是CaO水化，MgO、CaO虽同属NaCl型结构，但Ca^{2+}半径（0.108nm）大于Mg^{2+}（0.078nm）半径，CaO结构开放，活性大，所以CaO的水化速度大于MgO。CaO在细粉中都以$Ca(OH)_2$形式存在，说明细粉中$Ca(OH)_2$是由于CaO水化造成，而细粉中MgO多，$Mg(OH)_2$少，说明MgO水化少，细粉中的MgO主要是脱落掉的。

结合前面岩相分析，MgO和CaO在砂中分布是均匀的，可以分析镁钙砂水化过程：砂表面遇水蒸气后，活性比较大的CaO先水化，生成$Ca(OH)_2$体积膨胀，CaO的水化膨胀作用，将周围部分MgO从砂表面带下来。由于MgO、CaO间的结合力及结构特点，使MgO不能随CaO水化全部脱落，此时有一“阻碍层”（剩下的MgO层和产物层），阻碍水气与内层MgO、CaO反应。当砂表面CaO水化完全后，将发生下面两种作用，一是水蒸气与外层剩下的MgO反应生成$Mg(OH)_2$，这一水化速度较慢；二是水蒸气通过$Ca(OH)_2$产物层扩散到砂内层与CaO反应，扩散速度比化学反应速度慢。由于两种可能发生的水化反应速度慢，造成曲线出现折点，水化率降低，曲线斜率减小。随时间增加，上述反应的作用使砂外层脱落，露出新的一层，则水气又直接与这一层活性较大的CaO反应生成$Ca(OH)_2$，使曲线斜率增大，又重复上面水化过程。随水化反应进行，颗粒半径减小，反应面积减少，曲线斜率增大的趋势则比开始时小，所以，合成镁钙砂水化反应曲线上出现阶梯性特征。

为进一步验证，我们又做了0.2MPa下不同反应时间的水化反应率曲线，并且又重新合成一批镁钙砂，做了0.3MPa下不同反应时间的水化反应率曲线，结果表明：曲线均呈现阶梯性变化。

根据上面岩相和X射线衍射分析，建立合成镁钙砂水化反应物理模型，见图3－15。

图3－15 合成镁钙砂水化反应物理模型

3.2.3.4 合成镁钙砂水化反应动力学方程

根据气－固两相反应动力学原理，合成镁钙砂水化反应由下面几个过程组成：

(1) 水蒸气中水分子通过气相扩散到镁钙砂表面；

(2) 水分子先与 CaO 反应生成 $Ca(OH)_2$；

(3) 水分子与 MgO 反应生成 $Mg(OH)_2$；

(4) 水分子通过产物层扩散到内层；

(5) 外层脱落，露出新的 MgO、CaO 表层；

(6) 重复 (1) ~(5) 过程。

A 第一阶段水化反应动力学方程

合成镁钙砂在水化反应前期，水蒸气中的水分子直接与反应界面接触，扩散很快，因此，整个水化反应速度由化学反应速度控制。为便于推导动力学方程，假设：

(1) 镁钙砂为球形，MgO 和 CaO 分布均匀；

(2) 只考虑 CaO 水化反应，忽略 MgO 水化反应；

(3) 水化反应初期，忽略"阻碍层"的影响。

其模型见图 3-16。在微小时间 dt 内，生成的 CaO 的反应量 dq 与反应面积 $4\pi r^2 \times 2/5$ 成正比（因为只考虑 CaO 水化，CaO 和 MgO 分布均匀，且 CaO/MgO 为 40/60，所以，水化反应面积为总表面积的 2/5)，则有：

$$dq = 2K' \times 4\pi r^2 dt/5 \qquad (3-19)$$

式中 K'——常数。

dq 还可用下式表示

$$dq = 2\rho' \times 4\pi r^2(-dr)/5 \qquad (3-20)$$

式中 ρ'——CaO 密度。

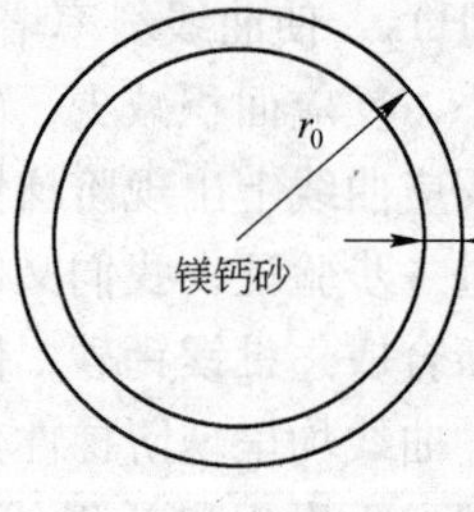

图 3-16 化学反应速度控制模型

由式 (3-19)、式 (3-20) 得：

$$-dr = K'dt/\rho' = K_s dt \qquad (3-21)$$

式中，$K_s = K'/\rho'$。

将式 (3-21) 两边积分得：

$$-r = K_s t + C \qquad (3-22)$$

当 $t=0$ 时，$r = r_0$，则 $C = -r_0$，将 $C = -r_0$ 代入式 (3-22)

$$-r = K_s t - r_0$$

$$r = r_0 - K_s t \qquad (3-23)$$

根据水化反应率 α 定义有：

$$d\alpha = \frac{2}{5} \times 4\pi r^2 \rho(-dr) \Big/ \frac{4}{3}\pi r_0^3 \rho' = \frac{-6r^2\rho dr}{5r_0^3\rho'} \qquad (3-24)$$

式中 ρ——$Ca(OH)_2$ 密度。

将式（3－24）积分得：

$$\alpha = -2\rho r^3/5\rho' r_0{}^3 + C \qquad (3-25)$$

当$r = r_0$时，$\alpha = 0$，有$C = 2\rho/5\rho'$，将其代入式（3－25）：

$$\alpha = -\frac{2\rho}{5\rho' r_0^3}r^3 + \frac{2\rho}{5\rho'} = \frac{2\rho}{5\rho'}\left(1 - \frac{r^3}{r_0^3}\right)$$

即：

$$r^3 = r_0^3(1 - 5\rho'\alpha/2\rho)$$

$$r = r_0(1 - 5\rho'\alpha/2\rho)^{1/3} \qquad (3-26)$$

将式（3－26）代入式（3－23）：

$$r_0(1 - 5\rho'\alpha/2\rho)^{1/3} = r_0 - K_s t$$

整理得：

$$1 - (1 - 5\rho'\alpha/2\rho)^{1/3} = K_s t/r_0 = K_h t \qquad (3-27)$$

式中，$K_h = K_s/r_0 = K'/\rho' r_0$，为化学反应速度常数。

将ρ、ρ'值代入式（3－27），并令

$$f_1(\alpha) = 1 - (1 - 3.6278\alpha)^{1/3} = K_h t \qquad (3-28)$$

B　第二阶段水化反应动力学方程

当镁钙砂表面CaO先水化并将周围部分MgO带掉后，水气与表面剩余的MgO发生水化反应，另外水气也会通过CaO产物层向里扩散，这一阶段将同时产生两种速度控制过程。

a　MgO水化反应速度控制动力学方程

假设：

（1）镁钙砂为球形，MgO、CaO分布均匀；

（2）只有MgO水化；

（3）水化面积为球表面积的3/5。

其模型见图3－16。其动力学方程推导过程见3.2.3.4节。

$$f_2(\alpha) = 1 - (1 - 2.5397\alpha)^{1/3} = K_m t \qquad (3-29)$$

b　扩散速度控制动力学方程

假设：只考虑$Ca(OH)_2$产物层的影响，其模型见图3－17。

在dt时间内，生成的CaO的反应量dq与反应面积$4\pi r^2 \times 2/5$成正比，与扩散层厚度$r_0 - r$成反比，有：

$$dq = 2K' \times 4\pi r^2 dt/5(r_0 - r) \qquad (3-30)$$

式中　K'——常数。

dq还可用下式表示：

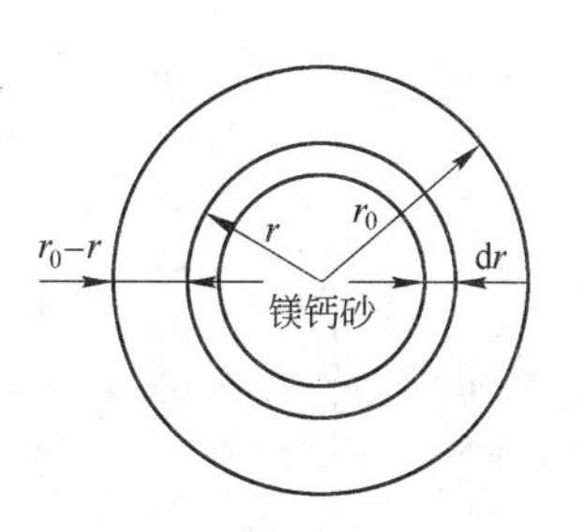

图3－17　扩散速度控制模型

$$dq = 2\rho' \times 4\pi r^2(-dr)/5 \tag{3-31}$$

式中　ρ'——CaO 密度。

由式（3-30）、式（3-31）得：

$$(r - r_0)(-dr) = K'dt/\rho' = K_n dt \tag{3-32}$$

式中，$K_n = K'/\rho'$

将式（3-32）两边积分得：

$$(r_0 - r)^2/2 = K_n t + C \tag{3-33}$$

当 $t=0$ 时，$r=r_0$，则 $C=0$，代入式（3-33）得：

$$(r_0 - r)^2 = 2K_n t \tag{3-34}$$

根据水化反应率定义得：$r = r_0(1 - 5\rho'\alpha/2\rho)^{1/3}$，将其代入式（3-34）：

$$[r_0 - r_0(1 - 5\rho'\alpha/2\rho)^{1/3}]^2 = 2K_n t$$

$$[1 - (1 - 5\rho'\alpha/2\rho)^{1/3}]^2 = 2K_n t/r_0^2 = K_0 t \tag{3-35}$$

式中，$K_0 = 2K_n/r_0^2 = 2K'/\rho r_0^2$，为扩散速度常数。

将 ρ、ρ' 代入式（3-34），并令：

$$f_3(\alpha) = [1 - (1 - 3.6278\alpha)^{1/3}]^2 = K_0 t \tag{3-36}$$

实验结果见表3-5和图3-18。从图3-18可见，曲线呈阶梯形，折点处为机理转变点。a、c、e 为 CaO 水化反应速度控制阶段，符合 $f_1(\alpha)$ 对时间的变化关系；b、d 为 MgO 水化反应和扩散速度控制阶段，符合 $f_2(\alpha)$、$f_3(\alpha)$ 对时间的变化关系。水化反应前期（<1h），由于水蒸气中的水分子直接与反应界面接触，因此，整个水化反应速度由 CaO 水化反应速度控制。随着水化反应进行（1~2h），最外层没脱掉的 MgO 也与水气作用发生水化反应；同时水气通过

表3-5　实验结果

t/h	质量增加率/%	水化反应率 α	$f_1(\alpha)$	$f_2(\alpha)$	$f_3(\alpha)$
0	0.38	0.0118	0.0145	0.0101	0.0002
0.33	0.88	0.0274	0.0343	0.0238	0.0012
0.67	1.60	0.0498	0.0643	0.0441	0.0041
1.0	2.25	0.0701	0.0932	0.0633	0.0087
1.5	2.50	0.0779	0.1048	0.0708	0.0110
2.0	2.75	0.0860	0.1172	0.0789	0.0137
2.5	3.75	0.1168	0.1687	0.1107	0.0282
3.0	4.63	0.1442	0.2187	0.1410	0.0478
3.5	4.82	0.1502	0.2309	0.1480	0.0533
4.0	5.00	0.1558	0.2424	0.1546	0.0588
4.5	5.50	0.1713	0.2766	0.1733	0.0765
5.0	6.00	0.1869	0.3146	0.1931	0.0990
6.0	6.88	0.2143	0.3940	0.2304	0.1552

CaO 的水化产物层向里扩散，此时，整个水化反应速度由扩散速度和 MgO 水化反应速度控制。水化反应到 2h，随着时间的延长，产物层 $Ca(OH)_2$ 因膨胀粉化而逐渐脱落，并将周围的 MgO 带掉，露出新的 MgO、CaO 表层，此时水分子又直接与反应界面接触，整个反应速度又由 CaO 水化反应速度控制。水化反应到 3h，又发生 MgO 水化反应和水汽通过 CaO 产物层扩散的过程。水化反应机理表现为 CaO 水化反应速度控制与 MgO 水化反应和扩散速度控制交替进行的特性。

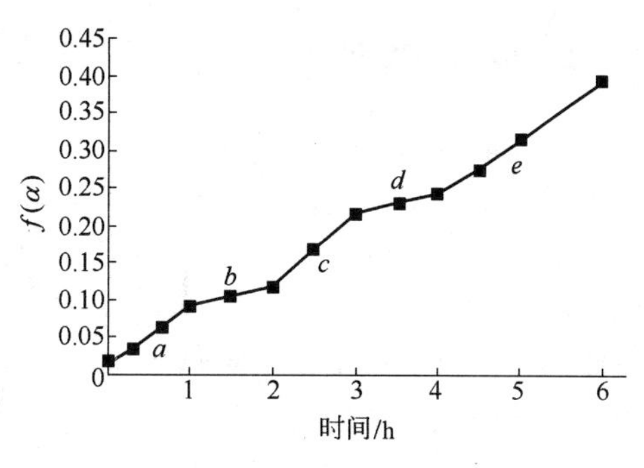

图 3-18 $f(\alpha)$ 的函数曲线

通过上面分析可知：

（1）合成镁钙砂的水化反应过程是：砂表面活性较大的 CaO 首先与水蒸气反应，体积膨胀，带掉部分 MgO，然后发生 MgO 水化及水气通过产物层向内扩散过程，当外层脱落，露出新的一层时，水化反应又重复上述过程。

（2）合成镁钙砂的水化反应机理出现周期特性：开始为 CaO 水化反应速度控制，然后为 MgO 水化反应和扩散速度控制，再重复上述过程。其动力学公式分别为：

$$f_1(\alpha)=1-(1-3.6278\alpha)^{1/3}=K_h t$$

$$f_2(\alpha)=1-(1-2.5397\alpha)^{1/3}=K_m t$$

$$f_3(\alpha)=[1-(1-3.6278\alpha)^{1/3}]^2=K_0 t$$

（3）要生产抗水化性优良的合成镁钙砂，必须使 MgO、CaO 分布均匀，增加 MgO 含量，形成一种 MgO 包围 CaO 的结构，阻碍 CaO 与水气的水化反应。

3.3 镁钙系耐火材料防水化技术研究

合成镁钙系原料及其制品具有一系列优良特性，是冶炼特殊钢特别是洁净钢不可缺少的重要优质耐火材料。但其遇水或水气易发生水化反应，使体积膨胀、粉化，这一致命缺点严重限制了这一类材料的广泛应用。对这一类材料的抗水化性研究是优质镁钙系耐火材料推广应用的关键性技术之一，多年来一直是人们极为关注的重要研究课题。我国氧化镁、氧化钙资源丰富，分布范围广，如何能解决这一类材料的水化问题，使其更合理、广泛应用，具有重要的实际意义。

防水化技术主要有添加剂研究和表面改性研究两方面。下面介绍笔者的研究结果。

3.3.1　添加剂研究

添加剂对改变材料理化性能、工艺性能和显微结构有很大影响，特别是在镁钙系材料研究中受到高度重视。从20世纪初到50~60年代，通常作法是引入足量的Fe_2O_3、Al_2O_3、SiO_2等氧化物，目的是与CaO反应生成较多量的稳定化合物（C_2F、C_4AF、C_3A等），但这些化合物熔点均较低，显著降低了材料的耐高温性能，使抗渣侵蚀能力降低，现已很少采用。近年来开发的微量添加剂，既能改善合成镁钙砂的抗水化性，又不明显降低材料的高温性能。

在合成镁钙系耐火材料中采用的添加剂大致有SiO_2、Al_2O_3、Fe_2O_3、Cr_2O_3、ZrO_2、TiO_2，稀土等氧化物及其复合物，CaF_2、NaCl、MgF_2等卤化物；也有采用无机盐类的，但较少。笔者对不同价阳离子及复合添加剂效果进行了系统研究。

3.3.1.1　单一添加剂作用

A　实验及结果

合成镁钙砂原料采用辽南产高纯轻烧镁粉和白云石粉及山东产混合轻烧粉。对于辽南料，选择无机盐和氧化物两类物质为添加物（NaF、NaCl、MgF_2、$MgCl_2$、$CaCl_2$、$FeSO_4$、$FeCl_3$、Cr_2O_3、Fe_2O_3、ZrO_2、TiO_2）与原料混合，加少量结合剂，压制成$\phi50\times40$mm试样，坯体密度大于$2.0g/cm^3$。试样经干燥后，在高温隧道窑中煅烧，然后破碎成一定粒度做水化实验。

a　实验方案1

按CaO含量为10%、20%、30%、40%，不加添加剂配料，制样，在1780℃高温隧道窑煅烧，将煅烧后试样，经粉碎，取1~5mm颗粒，在水中浸泡1、2、3天，测试其水化增重率，结果见图3-19。由图可知，随配料中CaO含量增加，水化增重率明显提高，CaO含量为10%，增重率在2%左右；而CaO含量为40%，则增重达10%以上，最高接近14%。同时看到，随浸泡时间增长，CaO含量在20%以下变化不明显，而30%以上则增加，到40%较显著。初步实验表明，CaO含量在20%以下的合成镁钙砂，抗水化性能较为稳定。

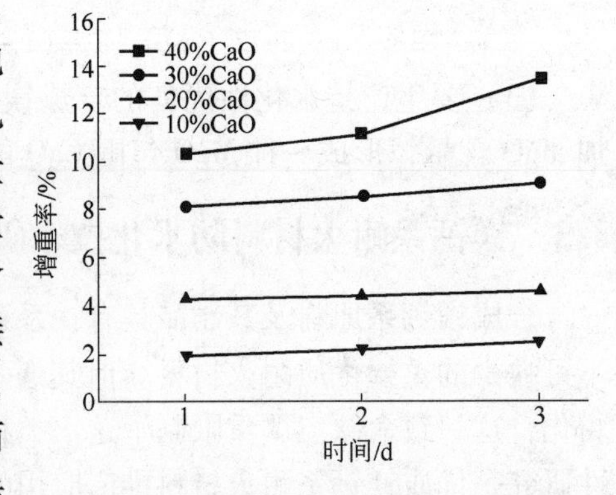

图3-19　不同CaO含量试样水化增重率

b　实验方案2

取R^{4+}加入CaO含量为20%的料中，经粉碎分级为<1mm、1~3mm、3~

5mm、5～8mm，在相对湿度96%的恒温恒湿箱内，水化1、2、3、4小时后，测试其水化增重率，结果见图3－20。由图可见，砂粒级越小，抗水化性越差。因为粒级越小，比表面积越大，游离氧化钙与水或水气反应程度越大。

c　实验方案3

将含20% CaO的镁钙砂破碎成1～3mm的粒级。研究不同添加剂对试样水化增重率的影响。图3－21为颗粒1～3mm不同添加剂水化增重率变化特征，由图可知，总趋势有两个，一是随水化时间增长，增重率增大；二是随引入添加剂离子价数增大，水化增重率呈降低趋势。上述实验结果，为今后的实验工作提供了有意义的指导方向。

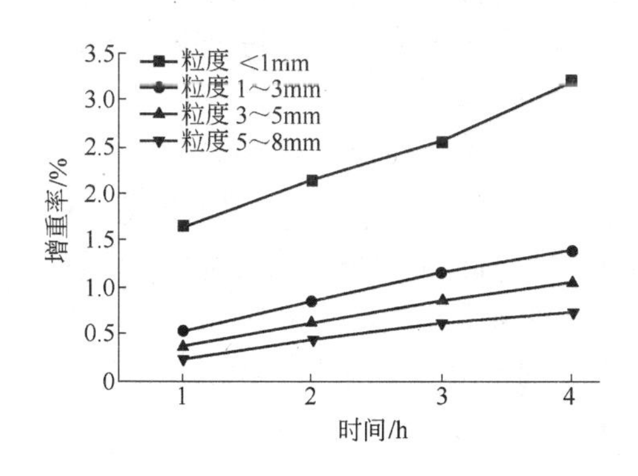

图3－20　不同粒度水化增重率变化

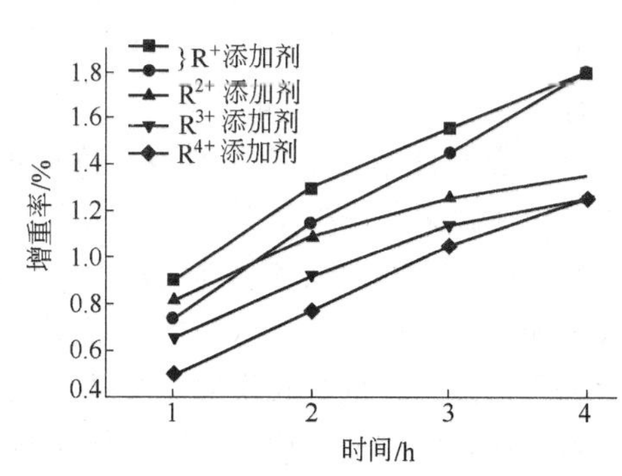

图3－21　不同添加剂试样的水化增重率

对于山东料，在混合轻烧粉中，加入相同数量不同类型添加剂进行混合，压制成$\phi 50 \times 40$mm试样，坯体密度大于2.0g/cm^3。将烧后试样破碎成2～4mm粒级，放入高压釜中，在0.3MPa下，强制水化2h，测试样水化粉化率，结果见表3－6。表中1～4为添加一、二价阳离子化合物，5～9为添加三、四价阳离子化合物，总体趋势是高价阳离子对提高合成镁钙砂的抗水化性优越于低价阳离子，这个结果与辽南合成镁钙砂的实验结果是一致的。

表3－6　不同化合物添加剂试样粉化率

试样编号	1	2	3	4	5	6	7	8	9
粉化率/%	45.0	40.0	49.1	42.8	35.0	22.6	28.0	22.0	20.6

B　实验结果分析

a　微量添加剂作用机制分析

实验表明，微量添加剂的加入，对合成镁钙砂的粉化率有显著影响，我们认为这一效应是因为添加剂的引入在合成砂的微观结构中与MgO、CaO形成了固溶体，其作用机制分析如下。

关于添加剂提高合成砂抗水化性效应，有高价离子优于低价离子的规律，以 NaF 和 Fe_2O_3 为例，来说明这一规律。将 NaF 和 Fe_2O_3 引入合成砂中，它们均与 MgO、CaO 形成固溶体，其反应可表示如下：

$$NaF \xrightarrow{CaO(MgO)} Na'_{Ca} + F^{\cdot}_{O} \tag{3-37}$$

$$Fe_2O_3 \xrightarrow{CaO(MgO)} 2Fe^{\cdot}_{Ca} + V''_{Ca} + 3O_O \tag{3-38}$$

上面式（3-37）NaF 的引入，未造成结构中的组成缺陷，且由于 Ca^{2+} 半径（0.106nm）略大于 Na^{+} 半径（0.098nm），而 O^{2-} 半径（0.132nm）又小于 F^{-} 半径（0.133nm），这种结构因素使得 NaF 引入合成砂中将造成 CaO（MgO）结构的“松弛”，结果使合成砂的水化活性提高，抗水化性变差，粉化率提高。上面式（3-38）Fe_2O_3 的引入，Fe^{3+} 半径（0.065nm）比 Ca^{2+} 半径小，它占据 Ca^{2+} 位置时使结构更趋于紧凑，特别是 Fe_2O_3 的引入在形成固溶体的同时，造成了组成缺陷，产生了 V''_{Ca} 空位。这个空位有如下效应：空位本身具有屏蔽 Ca^{2+} 作用；空位中同性离子的静电斥力，使颗粒受到机械应力易从该处断裂，成为合成砂颗粒表面层，显然这样的表面层 Ca^{2+} 浓度偏低；加之空位有助于烧结过程中离子扩散，促进固相反应与烧结，提高颗粒体积密度，综上因素，高价离子的引入，使合成砂相对稳定，颗粒体积密度提高，抗水化能力增强。这就是在实验中所得到的规律。

为进一步探明上述论断的正确性，又以北京化工厂产分析纯 MgO、CaO 为原料，以三、四价阳离子氧化物为添加剂，1780℃高温烧成，制备了高纯镁钙砂试样。对高纯试样的常规分析与前述规律完全一致，为此，又进行了 X 射线衍射和 SEM 分析。

b X 射线衍射分析

图 3-22 为高纯试样 X 射线衍射图，根据图谱中 MgO、CaO 衍射角及晶面间距 d 值数据，计算了合成砂中 MgO、CaO 的晶格常数并与理论值比较列于表 3-7。

图 3-22 表明，高纯试样中引入添加剂无新相产生，证明微量添加剂离子在合成砂中与 CaO、MgO 间是以固溶体形态存在的。表 3-7 中 CaO、MgO 的晶格常数表明，高价阳离子添加剂明显降低了 CaO、MgO 的晶格常数，且降低的幅度四价离子大于三价离子，CaO 大于 MgO。前者与前面讨论的添加剂离子促进烧结、提高颗粒体积密度和抗水化性的规律完全一致，而后者为什么 CaO 大于 MgO？有待进一步研究。

为探明添加剂对 CaO、MgO 作用效果的差异，对 Ti^{4+} 离子添加剂试样又进行了 SEM 分析。

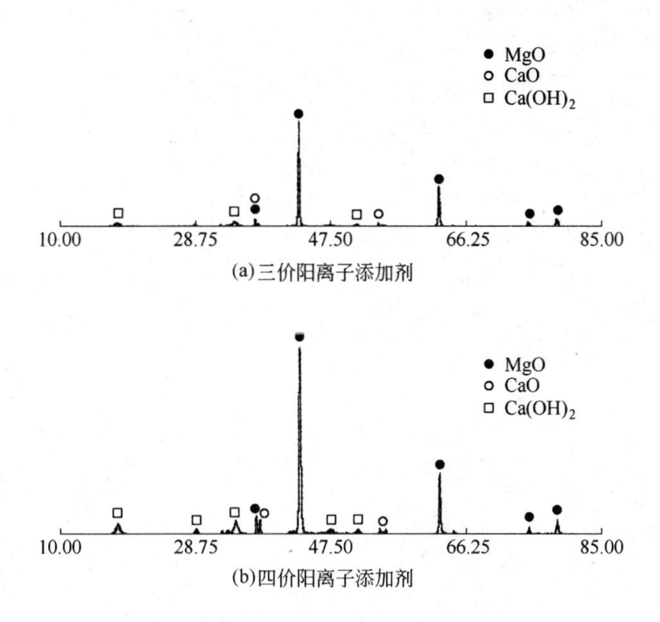

图 3-22 合成镁钙砂 X 射线衍射图

表 3-7 高纯试样中 MgO、CaO 晶格常数（a_0）

晶 相	a_0理论值/nm	a_0计算值/nm		a_0降低幅度/nm	
		三价	四价	三价	四价
CaO	0.48105	0.47990	0.47928	0.00115	0.00177
MgO	0.42130	0.42046	0.42015	0.00084	0.00115

c SEM 分析

对全视域范围内 Mg、Ca、Ti 成分分布作了扫描，结果见图 3-23。由图可见，试样中经充分混合均匀分布的添加剂成分，经高温热处理后，多富集于 Ca 成分相对集中的区域，即 Ca 多的区域，Ti 含量也高。这就是我们所说的规律。添加剂离子在热处理过程中这种选择性的扩散，优先向 Ca 方面富集与 CaO 形成固溶体，探明了 X 射线分析的为什么添加剂降低 CaO 晶格常数幅度大于 MgO 的原因，同时也预示了微量添加剂对提高合成镁钙砂颗粒体积密度和抗水化性，降低粉化率将有“微量不微”、事半功倍的效果。添加剂的这一效应对改善镁钙系耐火材料的性能将具有实际意义。

那么，高温下合成镁钙砂中添加剂离子因何优先向 CaO 方面扩散、富集，从晶体结构因素分析可知，CaO、MgO 虽同属 NaCl 型结构，但 Ca^{2+} 半径

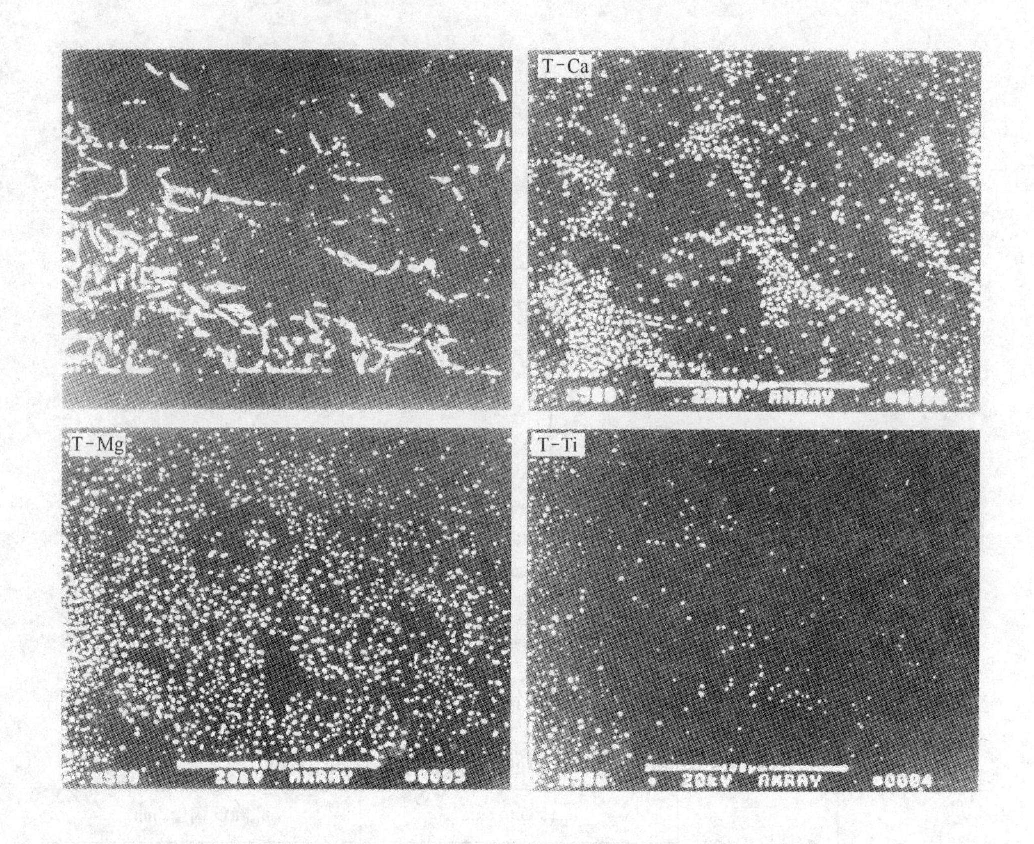

图 3-23 面扫描成分分布

(0.108nm) 大，晶格能 (34.8×10^5 J/mol) 低，Ca—O 单键强度 (1.33×10^5 J/mol) 低，而 Mg 半径 (0.078nm) 小，晶格能 (39.2×10^5 J/mol) 高，Mg—O 单键强度 (1.55×10^5 J/mol) 高，这样，同一阳离子添加剂在同样热处理条件下，取代 Ca^{2+} 需要的能量要比取代 Mg^{2+} 需要的能量低、容易，即：

$$TiO_2 \xrightarrow{CaO} Ti_{Ca}^{\cdot\cdot} + V_{Ca}'' + 2O_O \tag{3-39}$$

$$TiO_2 \xrightarrow{MgO} Ti_{Mg}^{\cdot\cdot} + V_{Mg}'' + 2O_O \tag{3-40}$$

式 (3-39) 较式 (3-40) 能量低，容易发生反应，必然优先。这就是我们认识的添加剂离子优先向 CaO 集中区域扩散、富集的原因。

通过上面分析可知：微量添加剂在合成镁钙砂中，高温下优先向 CaO 方面扩散、富集，与 CaO、MgO 形成了固溶体，但效应不同：低价阳离子添加剂使合成砂抗水化性变差，活性提高；高价阳离子添加剂能明显提高合成镁钙砂的抗水化性，降低粉化率。

3.3.1.2 复合添加剂作用

A 实验结果及分析

a 复合添加剂的添加量及复合比例

将 CaO/MgO 比固定在40/60，比较单加 Fe_2O_3（F）、TiO_2（T）及 Fe_2O_3 - TiO_2（D）复合添加剂对合成镁钙砂抗水化性的影响，结果见图 3-24。从降低粉化率效果来看，Fe_2O_3 - TiO_2 复合添加剂比单一添加剂好。

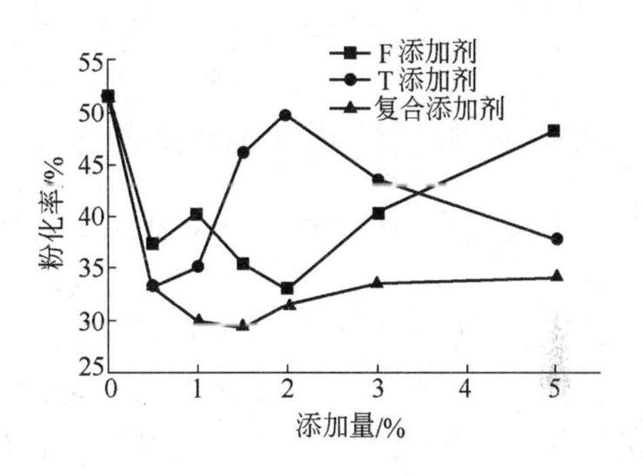

图 3-24 不同添加剂的粉化率

为进一步研究复合添加剂的合适添加量，先将 TiO_2 含量固定在0.5%，探讨随 Fe_2O_3 含量增加对抗水化性的影响；再将 Fe_2O_3 含量固定在0.5%，探讨随 TiO_2 含量增加对抗水化性的影响，结果见图 3-25。由图可知：TiO_2 含量固定在0.5%，Fe_2O_3 含量在0.5%～1.0%之间最好；Fe_2O_3 含量固定在0.5%，TiO_2 含量在1.0%左右最好。综合来看，最佳复合添加量应在1.0%～1.5%之间为好。

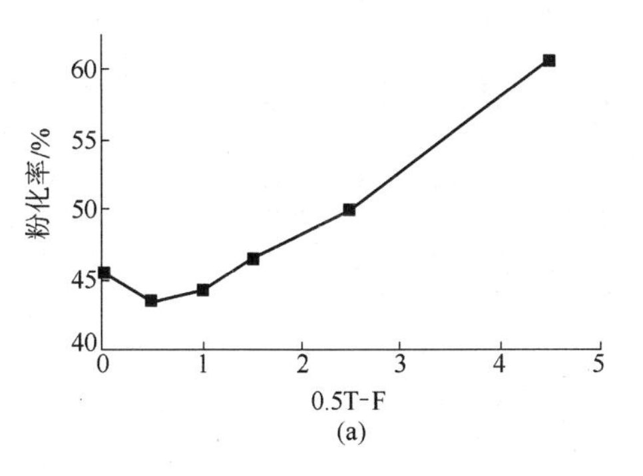

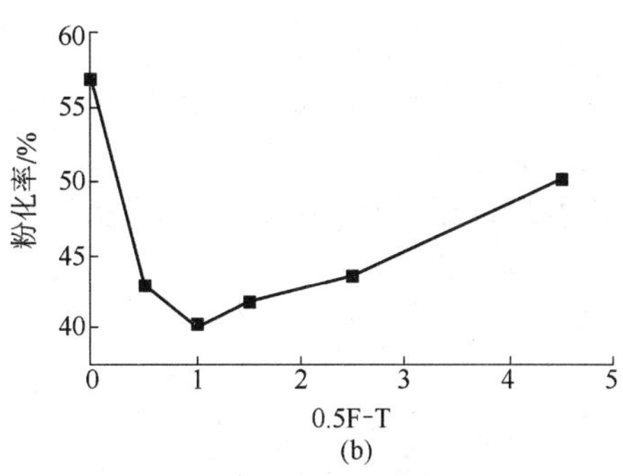

图 3-25 复合添加剂不同添加量的粉化率

为了确定复合添加剂中 Fe_2O_3/TiO_2 的合适比例，将复合添加量固定在1.5%，其他条件不变，研究不同 Fe_2O_3/TiO_2 比的作用效果，结果见图 3-26。由图可知 Fe_2O_3/TiO_2 的合适比例是70/30，可使粉化率达到较低值。在确定了比较合适的 Fe_2O_3/TiO_2 比例后，按这一比例添加不同量复合添加剂，其作用效果见图 3-27。可见添加量为1%～1.5%时，具有较低粉化率。

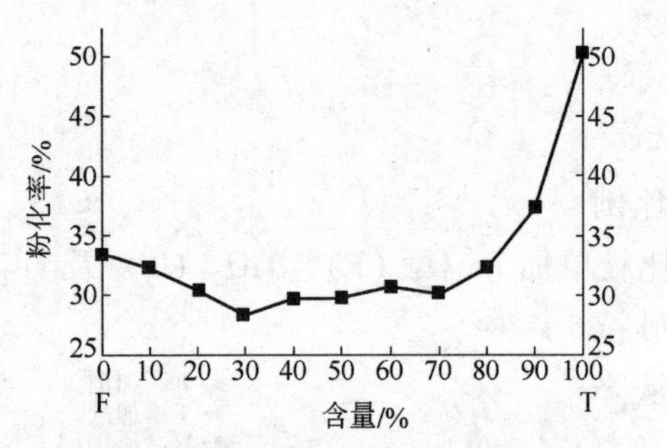

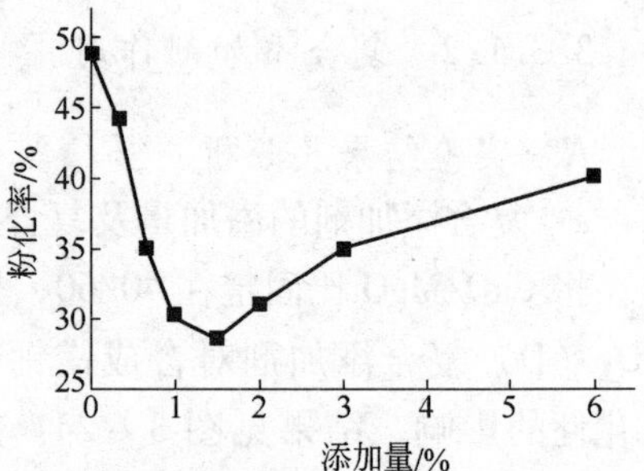

图3－26 不同 Fe_2O_3/TiO_2 比试样的粉化率　　图3－27 不同添加量试样的粉化率

试验发现，$Fe_2O_3-TiO_2$ 复合添加剂比单独加入 Fe_2O_3、TiO_2 效果好，这是 $Fe_2O_3-TiO_2$ 共同作用的结果。一般认为，添加剂量要足够多，才可将氧化钙完全稳定，提高抗水化性。本试验表明添加剂量并非越多越好，而是有一合适范围：1%～1.5%。引入量多，反而造成抗水化性不好。如氧化钙含量均为20%的两种合成镁钙砂，一种是高铁砂，含5% Fe_2O_3，一种是低 Fe_2O_3 砂，含 Fe_2O_3 小于1%，自然放置一个月后发现，高 Fe_2O_3 砂大都粉化成细粉，而低 Fe_2O_3 砂仅有轻微粉化。从两种砂的外观看，高 Fe_2O_3 砂气孔多，收缩大，其原因可能是，在温度低于1000℃时，Fe_2O_3 随温度变化会产生价态变化，三价铁离子数多，使晶格常数和体积增大而膨胀，由于产生膨胀温度低，不能促使晶格能大的氧化镁、氧化钙活化，只能对其有推开作用，形成微裂。这种微裂使粉化率提高了，不利于烧结。

b 岩相分析

图3－28为无添加剂合成镁钙砂显微照片，图中浅灰色为氧化镁，深灰色为氧化钙，氧化钙分布集中连片。这种砂抗水化性差。图3－29为加入1.5%复合添加剂合成镁钙砂显微照片，浅灰色为氧化镁，深灰色为氧化钙，白色为添加物与主成分形成的矿物相，其将氧化钙分离，氧化钙分布均匀，并被氧化镁包围。这种砂抗水化性好。

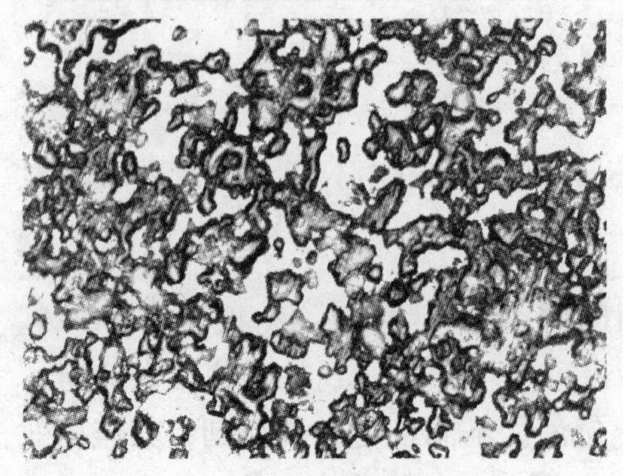

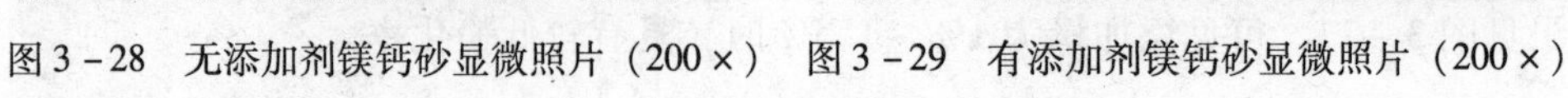

图3－28 无添加剂镁钙砂显微照片（200×）　图3－29 有添加剂镁钙砂显微照片（200×）

c X射线衍射分析

将复合添加剂中钛加入量固定在0.5%，使铁含量变化，做一系列X射线衍射分析，见图3-30。由图可知：主晶相为MgO和CaO，当铁加入量为0.5%时，没有C_2F特征衍射峰出现，铁加入量到1%时，出现C_2F特征衍射峰，随铁含量增加，C_2F量增加，晶格趋于完整。所有图谱均没有MF生成，也没有钛与镁、钙生成的化合物，说明添加物大部分进入CaO中，从后面电镜分析也可证明这一点。

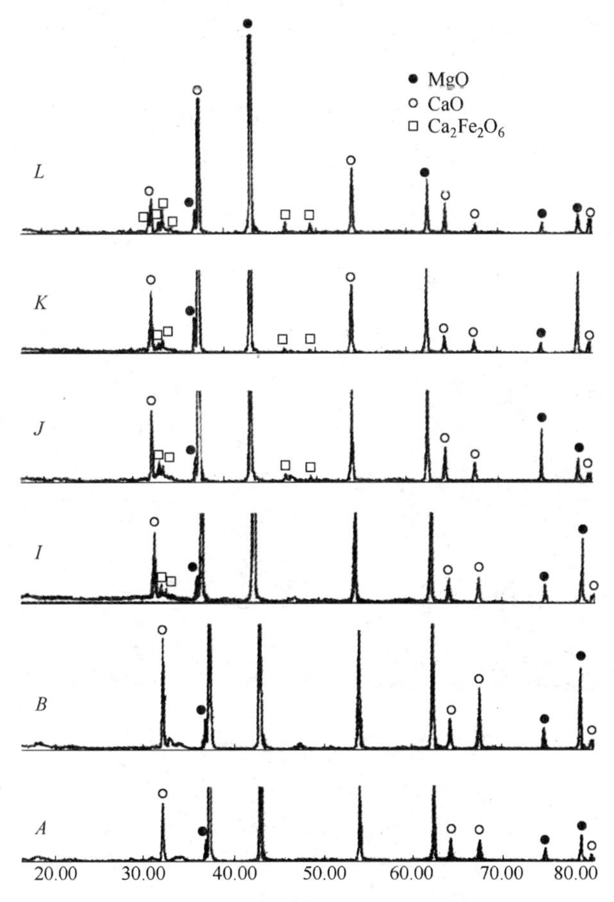

图3-30 复合添加剂不同添加量试样X射线衍射图

A—0.5%；*B*—1.0%；*I*—1.5%；*J*—2.0%；*K*—3.0%；*L*—5.0%

将复合添加剂中铁加入量固定在0.5%，使钛含量变化，情况类似，也只有主晶相MgO、CaO，没有铁、钛与MgO、CaO生成化合物。当复合添加剂中铁或钛含量达到1%时，就有新的化合物产生，说明0.5%~1%添加量是铁或钛与钙生成固溶体和化合物的分界线。为进一步说明，作0.5%、1%、3%添加量（F/

T 比为 7/3）X 射线衍射图。可见，0.5% 添加量时没有新相特征峰出现，1% 时出现 C_2F 特征峰，3% 时明显出现 C_2F 和 $CaTiO_3$ 特征峰。

结合前面分析可知，钛加入量高于 0.5% 时就会出现钛化合物特征峰；铁加入量高于 0.75% 就会出现铁化合物特征峰；复合添加剂加入量不高于 0.5% 时无新相产生。可见控制总添加量在 1% ~1.5% 时可实现钛生成固溶体，铁生成化合物。生成固溶体是添加物离子固溶到 CaO 晶格中，造成组成缺陷，不产生新相；而生成化合物是添加物离子与 CaO 反应，形成新矿物相，机理发生了变化。本研究的最佳复合添加剂是铁与钙生成了 C_2F 低熔物，钛与钙生成了固溶体。对于镁钙耐火材料，一般认为，结构中液相多，则材料耐火性差，抗渣性差，但有利于烧结和抗水化性的提高。从这点看，要兼顾上述两方面，添加量不能太多，应有比较合适的范围。本研究的复合添加剂加入量 1% ~1.5% 是比较理想的加入量。

d 电镜分析

(1) SEM 断口分析：图 3－31、图 3－32 分别为无添加剂和加入 1.5% 复合添

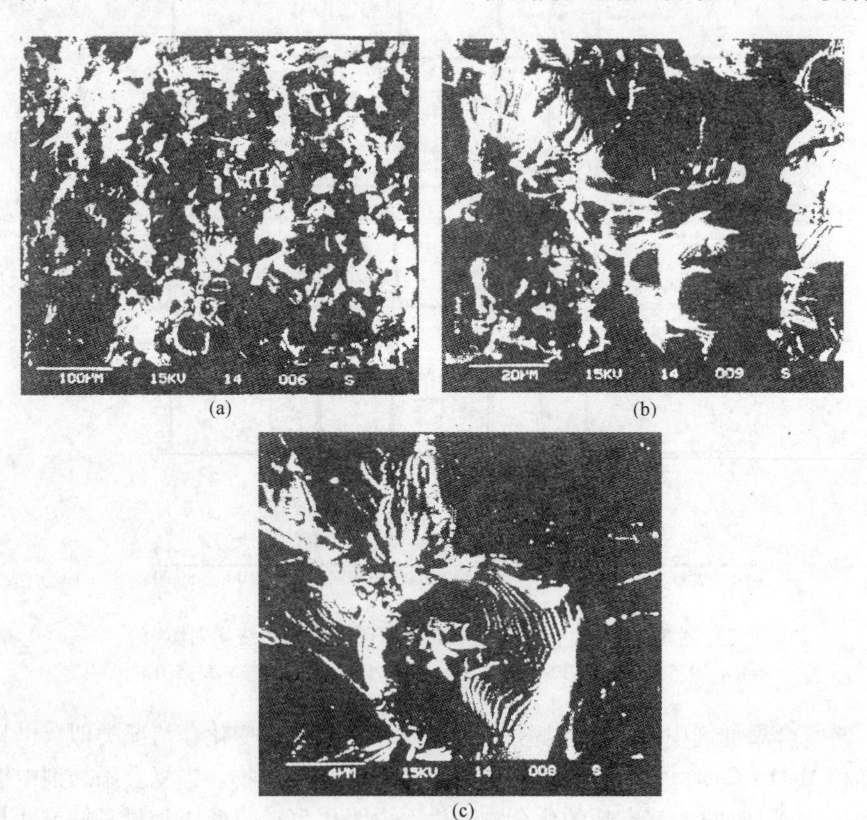

(a) (b) (c)

图 3－31 无添加剂试样的断口 SEM 照片

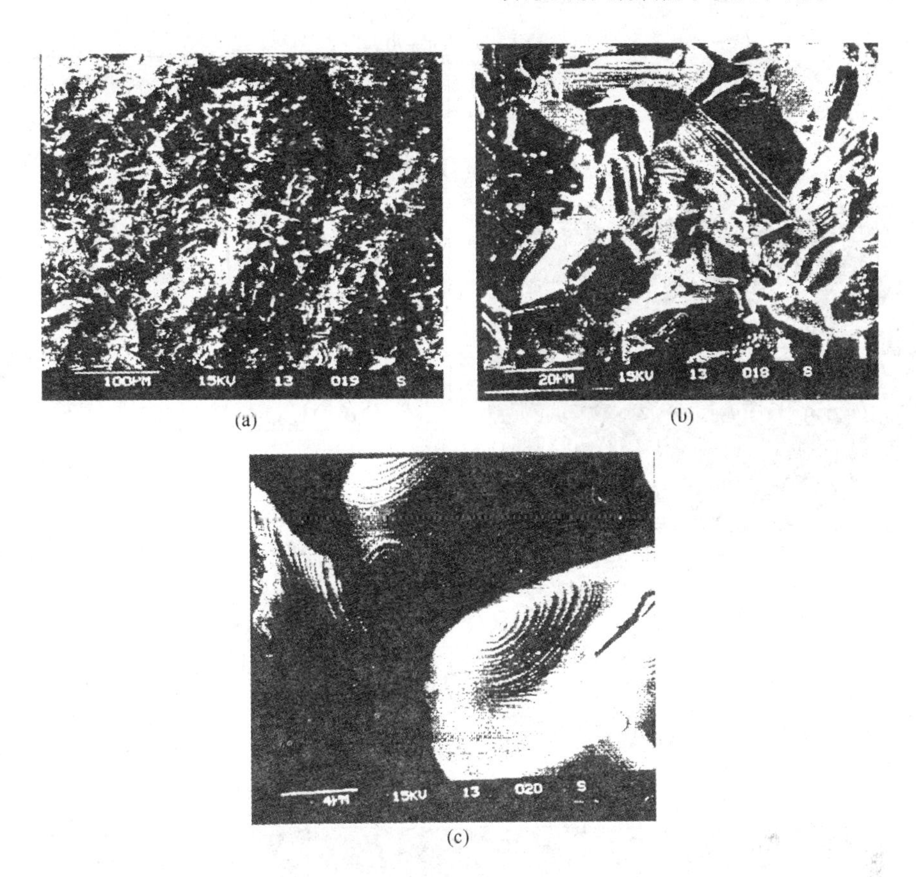

图 3－32 有添加剂试样的断口 SEM 照片

加剂试样的 SEM 断口照片。从图 3－31 可见，空隙较大，颗粒间连接不紧密，有较多裂纹存在，虽有晶粒生长台阶，但台阶不清晰，不规整，晶粒轮廓不清，发育不良，说明烧结不充分，不致密。从图 3－32 可见，气孔尺寸小，气孔少，分布均匀，颗粒间连接紧密，有清晰的晶粒间界和晶粒生长台阶，晶粒发育良好。断口主要表现为穿晶断裂，说明烧结致密，不易从晶粒间断开。烧结这种合成砂，除添加剂进入主成分中形成固溶体，造成缺陷，促进烧结外，低熔液相也起了重要作用。

（2）SEM 能谱分析：为探讨复合添加剂试样在高温下的分布状态及存在形式，作了 SEM 能谱分析。图 3－33 为加入 1.5% 复合添加剂试样的形貌放大图；图 3－34 为图 3－33 中记号处线段的成分分布，线段经过 3 个氧化镁颗粒和 2 个氧化钙颗粒，可见铁和钛分布同氧化钙完全一致。为进一步说明，又做了面扫描分析，见图 3－35。钛、铁分布与氧化钙一致，并存在氧化镁和氧化钙颗粒交界处。氧化钙一部分与钛、铁作用生成低熔物，高温下生成液相，沿氧化钙、氧化镁交

50μm

图 3 - 33　形貌放大图

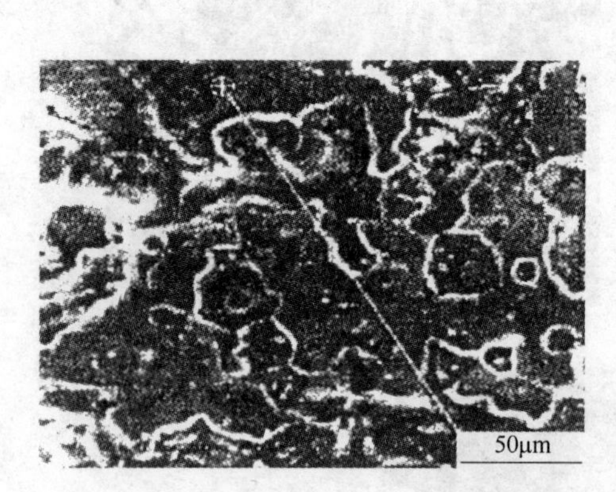

OKa 70
MgKa1 302
CaKa 14
TiKa 21
FeKa 20

图 3 - 34　线段成分分布

SEI 255
MgKa1 19
CaKa 11
TiKa 5
FeKa 4

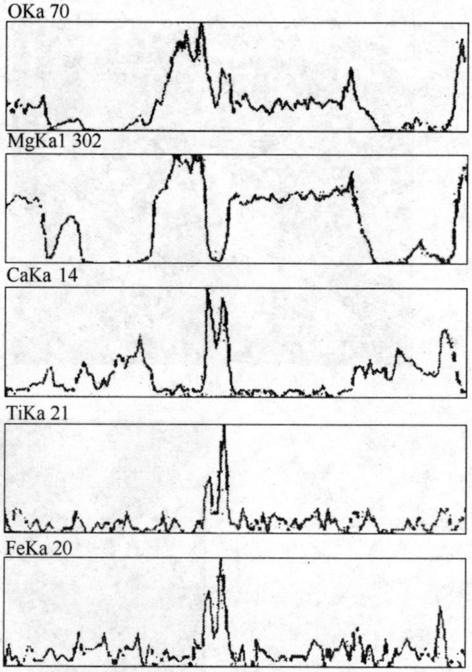

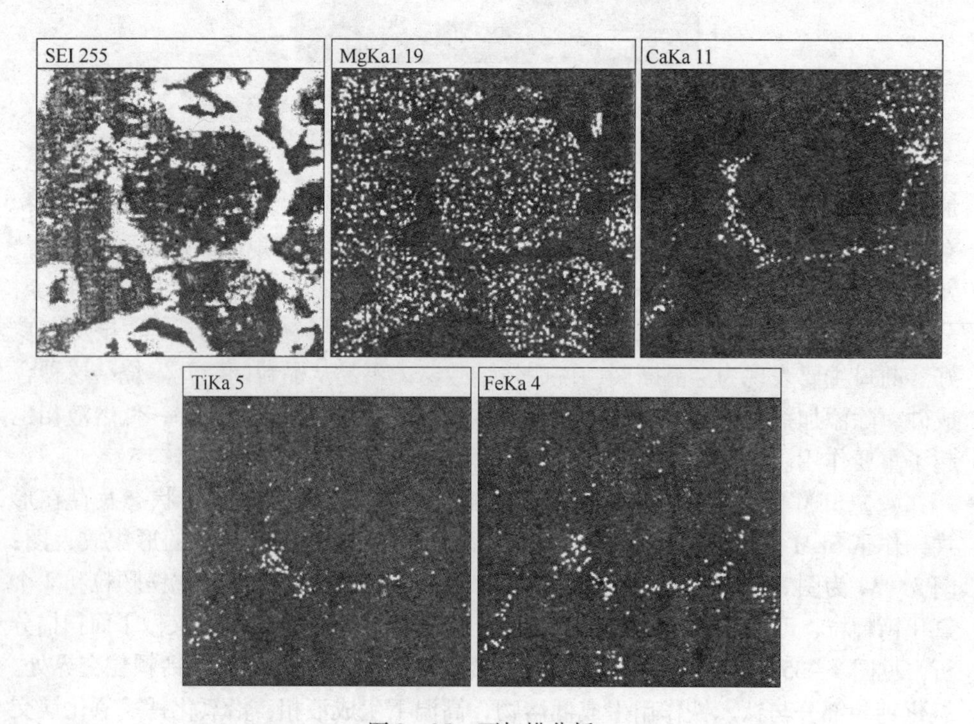

图 3 - 35　面扫描分析

界处向里渗透；一部分铁固溶到氧化镁中，钛全都在氧化钙中。因为镁成分高，铁成分就高；而钙成分高，钛成分就高，铁成分低。实际上铁量是高于钛量的。这些作用对合成镁钙砂的烧结，促进氧化镁、氧化钙晶粒长大是有好处的，同时提高了抗水化性。当添加剂量增加到3%时，发现气孔增多，但钛、铁分布没有变化，还是与氧化钙一样。由于添加物增多，可看到低熔区增大，这对烧结和抗水化性是有利的，但会降低材料的高温性能。

e 添加剂对合成镁钙砂烧结影响

一般在材料研究中，添加剂与主成分主要形成固溶体或化合物，存在于晶界处或颗粒内，根据加入目的不同，可促进晶粒长大或抑制晶粒长大，对材料结构、性能有很大影响。对合成镁钙砂来说，加入添加剂既要考虑抗水化性的提高，又要兼顾尽量不降低高温性能。通过前面分析可知，添加剂不能太多也不能太少，应有一较合适范围。试验表明，加入铁钛复合添加剂为1% ~1.5%比较好，高温下钛可进入到氧化钙晶格中，与氧化钙生成固溶体，反应式为：

$$x\mathrm{TiO_2} + (1-2x)\mathrm{CaO} \longrightarrow \mathrm{Ca_{1-2x}Ti_xO}$$

式中，x分子Ti和空气中O_2固溶进入氧化钙晶格后，（$1-2x$）个Ca在原位，x个Ti取代Ca，O在原位，产生x个Ca缺位［V''_{Ca}］x，造成组成缺陷。原子从一个位置迁移到另一个位置的扩散是实现烧结的基本因素，空位的产生提供了质点的扩散源，提高了自扩散系数和空位扩散系数，有利于质点的扩散迁移，促进烧结。引入铁超过0.75%明显生成C_2F，在较低温度下产生液相，这对砂的烧结非常有利。这种液相存在于颗粒间，在颗粒间产生很大毛细管压力，将颗粒拉近拉紧，使颗粒滑动重排。另外，使颗粒接触点处产生较大局部应力，导致固相发生塑性形变，颗粒再次重排而密堆。同时颗粒间接触点化学位升高，溶解度增大，使颗粒间距缩短，收缩、致密。这种液相黏度低，易润湿颗粒，同时还起到了传输质点的介质作用，小颗粒溶解通过液相传质在大颗粒表面析出，晶粒长大，产生致密化，减少水气渗透，提高抗水化性。

CaO与FeO、Fe_2O_3、TiO_2、SiO_2形成二元系或三元系，其最低共熔温度为：CaO－FeO，1079℃；CaO－Fe_2O_3，1205℃；CaO－TiO_2，1475℃；CaO－FeO－SiO_2，1015℃；CaO－Fe_2O_3－SiO_2，1200℃；CaO－TiO_2－SiO_2，1425℃。可见，引入铁形成CaO－FeO二元系，共熔温度低，如形成CaO－FeO－SiO_2三元系，则温度更低，从促进烧结看，效果明显，但量多会显著降低高温性能；与铁相比，引入钛，形成CaO－TiO_2二元系或CaO－TiO_2－Fe_2O_3三元系，共熔温度较高，从促进烧结看，引入少量钛，可与CaO形成固溶体，造成组成缺陷，引入量多时，形成化合物$CaTiO_3$，效果不如形成钙铁化合物。

烧结过程基本推动力是系统表面能降低，高温下出现的液相是导致烧结的直接原因。从促进烧结角度讲，出现液相温度越低越好，但带来不好的结果是高温性能降低，所以合理控制添加量，使材料具有良好的综合性能是非常重要的。

通过上面分析可知：

（1）铁、钛复合添加剂可明显提高合成镁钙砂抗水化性，最佳添加量为1%～1.5%，铁、钛最佳比例为70/30。

（2）铁、钛复合添加剂中，铁与氧化钙生成低熔物 C_2F，通过液相促进镁钙砂烧结；钛与氧化钙生成固溶体，产生钙空位，通过离子扩散促进烧结，提高抗水化性。

3.3.2　合成镁钙砂表面改性研究

添加剂方法是镁钙砂防水化技术之一，可明显提高镁钙砂抗水化性，但不是唯一的防水化方法，同时带来一个问题，抗水化性提高了，但游离氧化钙被钝化了，不能发挥其特有的性能。近年来，表面改性方法越来越受到重视，有目的的进行表面改性，可显著改善或提高改性物的应用性能，以满足新材料、新技术的要求。表面改性的方法主要有：包覆处理改性、沉淀反应改性、表面化学改性、机械力化学改性、高能处理改性等。笔者主要通过物理作用的表面涂层和通过化学作用的生成表面化学反应层，对镁钙砂进行表面改性，使镁钙砂表面封闭或稳定，起到防水化作用。

3.3.2.1　CO_2表面处理

CO_2表面处理是提高合成镁钙砂抗水化性的有效技术之一，为探明这一技术，设计了处理装置，着重探讨了 CO_2表面处理工艺参数对合成镁钙砂抗水化性的影响。

A　实验及结果分析

将合成镁钙砂破碎成2～4mm粒度，作为 CO_2表面处理用原料。实验装置见图3－36。试样装入不锈钢装样管内后，送入管式电炉（可控温）加热至实验温度，然后将工业用瓶装 CO_2经过热水由导管导入装样管内，流量由转子流量计调节。

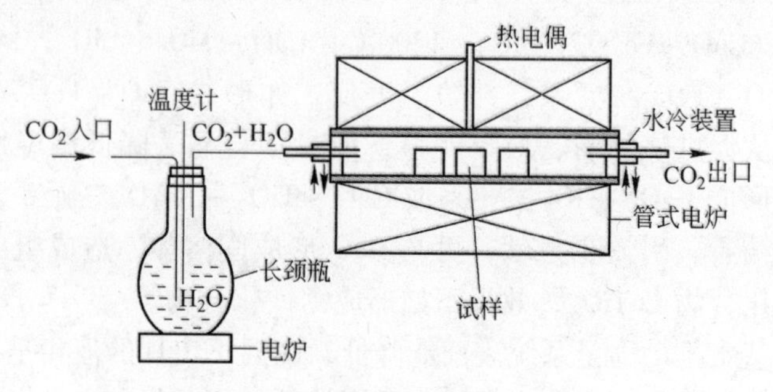

图3－36　碳酸化处理装置示意图

水气温度、处理时间、处理温度及 CO_2 气体流量等工艺参数对合成镁钙砂抗水化性的影响结果见图 3－37。

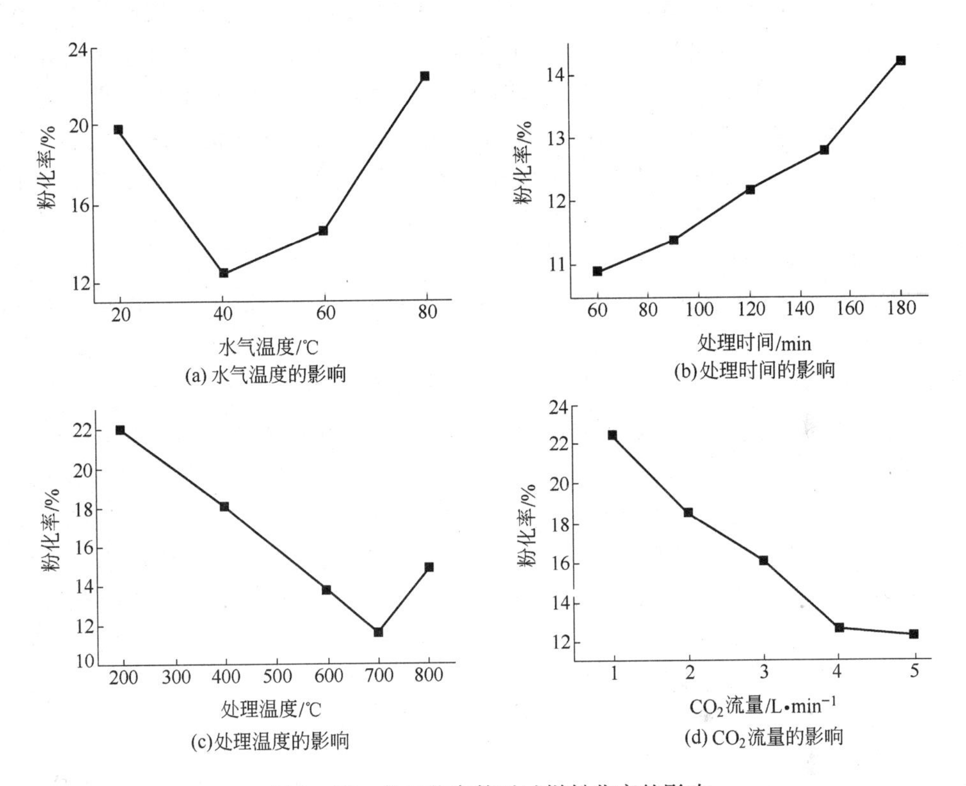

图 3－37 各工艺参数对试样粉化率的影响

a 水气温度的影响

常温下 CO_2 很难直接与 CaO 反应生成 $CaCO_3$，为加速反应，缩短反应时间，可以在通入 CO_2 的同时通入水气，使水气首先与 CaO 反应：

$$CaO + H_2O \longrightarrow Ca(OH)_2 \tag{3-41}$$

$Ca(OH)_2$ 的理论分解温度为 580℃，分解后生成活性 CaO：

$$Ca(OH)_2 \longrightarrow CaO + H_2O \tag{3-42}$$

活性 CaO 与 CO_2 可反应生成 $CaCO_3$：

$$CaO + CO_2 \longrightarrow CaCO_3 \tag{3-43}$$

另外，$Ca(OH)_2$ 也可以直接与 CO_2 反应，生成 $CaCO_3$，即：

$$Ca(OH)_2 + CO_2 \longrightarrow CaCO_3 + H_2O \tag{3-44}$$

合成砂的表面如果生成一薄层 $CaCO_3$ 覆盖层（当然也可能有 $MgCO_3$），将使合成砂稳定，不再与 H_2O 反应。这就是作 CO_2 处理后合成砂水化粉化率明显降低的根本原因。

上述式（3－42）、式（3－43）、式（3－44）反应都是提高合成砂抗水化性的有益反应。但当水温高，水气含量过多时，反应式（3－41）有可能占主导地位，从而产生膨胀松散作用，造成试样粉化率增高；而水气温度偏低，生成 $Ca(OH)_2$ 量不足。因此，水气温度过高和过低都不利于 $CaCO_3$ 的生成，这里必然存在一个 $Ca(OH)_2$ 与 $CaCO_3$ 生成速度相匹配的适宜温度。根据实验结果，这个温度在40℃左右，见图3－37（a）。

b 处理时间的影响

处理初期，CO_2 直接与表面活性 CaO、$Ca(OH)_2$ 反应，反应速度很快。当表面活性的 CaO、$Ca(OH)_2$ 全部生成 $CaCO_3$ 之后，CO_2 将要与 $CaCO_3$（也含 $MgCO_3$）覆盖下的 CaO 反应，此时反应速度将由渗透速度控制，反应速度变慢。反应时间过长，对粉化率的影响效果将下降。而实验结果表明，随处理时间的增加，粉化率还略有增大的趋势，见图 3－37（b）。分析其原因，可能是因为 $CaCO_3$、$Ca(OH)_2$、CaO 的分子体积不一样，当 $H_2O(g)$ 渗入已形成的致密 $CaCO_3$ 表面的薄层进入内部与 CaO 反应生成 $Ca(OH)_2$ 时产生的体积效应，对表面层 $CaCO_3$ 产生一种"松动"作用。随着反应时间的延长，先期于表面形成的致密 $CaCO_3$ 薄层，由于这种"松动"作用将会导致显微结构的变化，最终出现粉化率反而随时间的延长而增加的趋势。当然，这有待于进一步深入研究。在我们的实验条件下，反应恒温时间为 60～70min 即可。

c 处理温度的影响

前已述及，CaO 水化生成的 $Ca(OH)_2$，理论分解温度为 580℃。这就是说，温度低于 580℃时，CaO 总是吸收水蒸气生成 $Ca(OH)_2$，即反应式（3－41）控制着反应过程。因此，处理温度偏低，不利于 $CaCO_3$ 的形成。而 $CaCO_3$ 在常压下随温度升高，分解压增大，见表 3－8。这样在 $CaCO_3 \rightarrow CaO + CO_2$ 反应中，化学反应平衡常数有 $k_p = p_{CO_2}$。因而温度过高，又不利于已生成的 $CaCO_3$ 的稳定。

表 3－8 $CaCO_3$ 的分解压

温度/℃	500	600	700	800	897	1000
CO_2 分压/MPa	9.30×10^{-6}	2.42×10^{-4}	2.92×10^{-3}	0.022	0.100	0.387

另外，MgO 也能与 CO_2 反应生成 $MgCO_3$，因此合成镁钙砂在 CO_2 处理过程中必为 $CaCO_3$、$MgCO_3$ 共生成，而在 $CaCO_3$、$MgCO_3$ 共存的情况下，$MgCO_3$ 将在 730～760℃左右分解，即：

$$MgCO_3 \longrightarrow MgO + CO_2$$

这个反应也必然破坏先期表面形成的稳定 $CaCO_3$ 薄层，降低合成砂的抗水化性。

综上所述，CO_2表面处理应有一个最适宜的温度，这个温度在700℃左右，见图3－37（c）。

d CO_2流量的影响

CO_2的流量不足不利于$CaO + CO_2 \rightarrow CaCO_3$正向反应，过多又可能造成浪费，实验证明在4～5L/min就足够了，见图3－32（d）。

通过上面分析可知：

CO_2处理可明显提高合成镁钙砂的抗水化性，最佳参数为：处理时间60min左右，处理温度700℃左右，水气温度35～45℃，CO_2流量4～5L/min。上述参数可作为工业试验的参考。

3.3.2.2 无机和有机酸、盐表面处理

用物理化学和机械等方法，对粉体物料表面进行处理，根据应用日的，改变表面物理化学性能，称为粉体表面改性。它是与现代化技术和新材料发展密切相关的深加工技术之一，也可以说是粉体加工工程与表面科学及其他重要学科相关的边缘学科，近二、三十年得到迅速发展，在各行各业都得到较广泛的应用。

用磷酸或其盐及用硅油处理表面，硅油成本高，对实际应用意义不大；磷酸与镁钙作用强，达不到理想效果。为解决合成镁钙砂中游离CaO易水化问题，提高应用性，我们通过物理及化学方法对合成镁钙砂进行表面改性，研究了合成镁钙砂改性后的抗水化性和流动性，并对改性机理进行了探讨。

试验用原料为合成镁钙砂，指标见表3－9。

表3－9 合成镁钙砂指标 （%）

灼 减	MgO	CaO	Al_2O_3	Fe_2O_3	SiO_2	体积密度/$g \cdot cm^{-3}$
0.24	76.99	20.88	0.50	0.54	1.22	3.19

将合成镁钙砂粗碎、中碎后进行筛分，分成5～3mm，3～1mm，1～0mm几个粒级，分别处理。改性剂选用几种不饱和有机酸、无机酸及复合物。主要有：

（1）油酸，又名顺式十八烯－9－酸，物理性质：淡黄色油状液体，相对密度0.8908，熔点－10.5℃，沸点222.4℃，呈弱酸性。

工艺流程：合成镁钙砂、油酸溶液→混合→干燥→室温风干→包装

（2）磷酸，H_3PO_4是一种中强的三元酸。

工艺流程：合成镁钙砂、磷酸溶液→混合→干燥→包装

（3）高级脂肪酸，$C_{17}H_{35}COOH$，又名十八碳酸，物理性质：蜡状透明、半透明固体，相对密度0.847，熔点69.4℃。

工艺流程为：合成镁钙砂 → 加热 → 混合 → 冷却 → 包装

硬脂酸 ↗（加入混合）

3.3.2.3 试验结果及分析

A 改性后试样表观状态

以经过不同改性剂改性后的镁钙砂为原料，振动成型；试样形状为 40 × 40 × 160mm 条状，养生 6h 后，于 110℃ 干燥 24h。试样外观示意图见图 3 - 38，可见，未处理样粉化严重，体积变化大，不能实际应用；经改性后效果明显，特别是经复合物改性后，试样几乎无粉化。

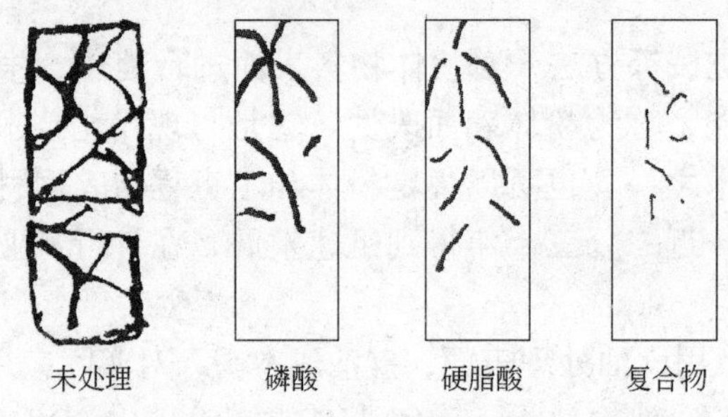

图 3 - 38 改性后试样外观示意图

B 抗水化性及流动性

(1) 用油酸改性的合成镁钙砂做抗水化性和流动度试验，结果见图 3 - 39 和图 3 - 40。由图 3 - 39 可见，随油酸浓度增加，增重率减少，抗水化性提高。未经处理的空白样增重率为 3.625%，用 10% 浓度油酸可使砂增重率明显下降，浓度高于 50% 时，增重率下降缓慢。油酸是酸性较弱的有机酸，其主要性质在于有机基团，酸性只有在强碱作用下才可能较明显。油酸分子结构中，一端为长链烷基，另一端是羧基，可与砂表面的钙离子发生化学反应形成钙盐。这种钙盐不易与水或水气反应，只要油酸达到一定量，就能与砂表面钙离子完全作用，稳定砂表面钙离子。同时，长链烷基使表面具有有机疏水特性，可改善砂的流动性能。油酸越浓，颗粒包覆的越厚越紧，表现出抗水化性随油酸浓度增大而提高。由图 3 - 40 可见，空白样流动度为 140mm，随油酸浓度增加，流动度明显增加，当浓度为 10% 时，流动度达最大 200mm。浓度再增加，流动度下降，但幅度不大。因为油酸及盐类具有疏水性，当油酸将颗粒化学包覆一层后，所有颗粒具有疏水性，结合水量减少，使浇注料流动性明显提高，但浓度增大，化学包覆层变厚，会使颗粒间发生黏结，使浇注料流动性有所下降。结合抗水化性和流动性考虑，油酸浓度为 50% 最好（油酸用量为砂的 3%）。作用示意图见图 3 - 41。

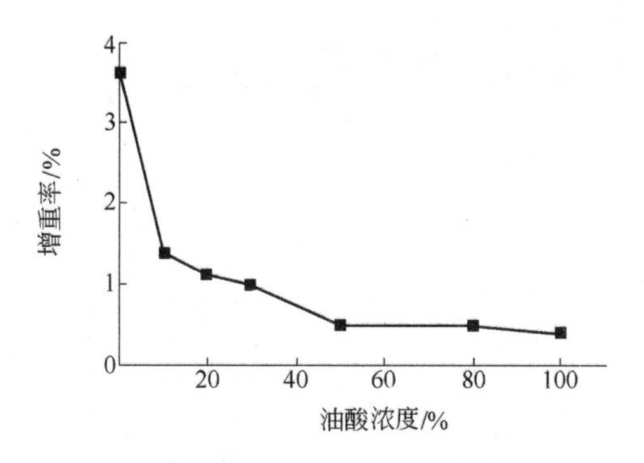

图3-39　油酸浓度对增重率的影响

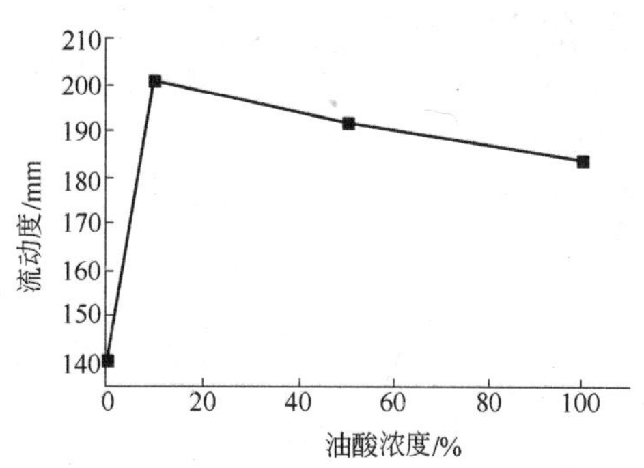

图3-40　油酸浓度对流动度的影响

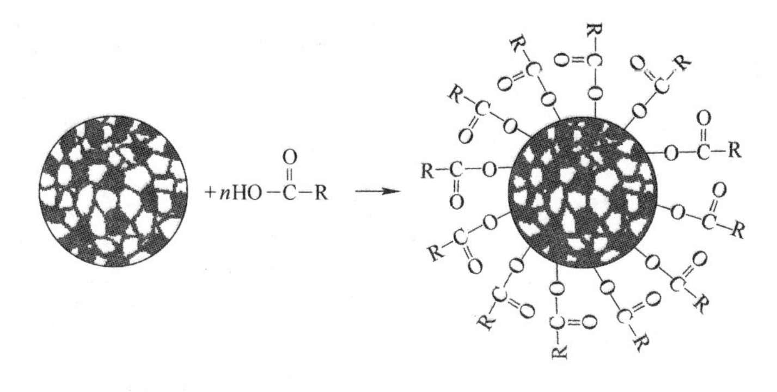

图3-41　油酸作用示意图

（2）用磷酸处理的合成镁钙砂做抗水化性和流动度试验，结果见图3-42及图3-43。由图3-42可见，镁钙砂增重率随磷酸浓度的变化。开始时，增重率明显下降，抗水化性提高，随磷酸浓度增加，增重率又逐渐增加。当磷酸与砂反应时，室温下就有明显的放热现象，说明很快发生了化学反应，在砂表面生成了磷酸盐、磷酸钙或磷酸镁。经这种化学改性后，必将提高砂的抗水化性。但磷酸与砂在常温下就会反应，且反应很快，浓度越高，反应越激烈，易造成反应不均，包覆不严，所以，随磷酸浓度增加，增重率有所增加。由图3-43可见，随磷酸浓度增加，流动性增加，浓度大于10%时，流动度下降，超过36%时，流动度不如空白样，因为磷酸与镁钙砂表面作用生成磷酸盐，磷酸盐本身有黏结性，浓度高时，增加颗粒间相互作用，流动阻力变大，因而流动性变差。结合抗水化性和流动性考虑，磷酸浓度为10%时最好。

为解决磷酸与镁钙砂表面反应太快、包覆不严的问题，将磷酸与油酸混合使用对砂进行处理，其抗水化性及流动度的实验结果见图3-44及图3-45。由图可见，随油酸浓度增加，磷酸浓度减少，增重率降低，抗水化性提高，流动度增加。因为在磷酸中混入油酸，一方面可以缓解由于磷酸与砂表面反应太快造成的

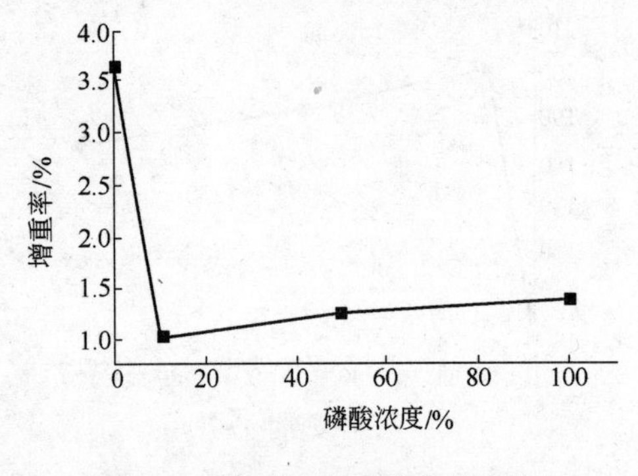

图3-42 磷酸浓度对增重率的影响

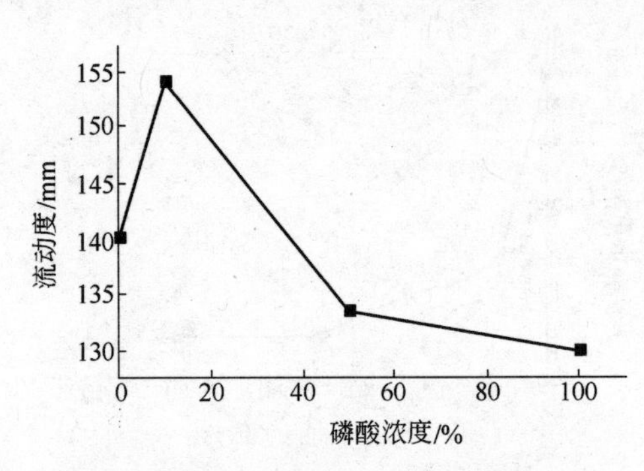

图3-43 磷酸浓度对流动度的影响

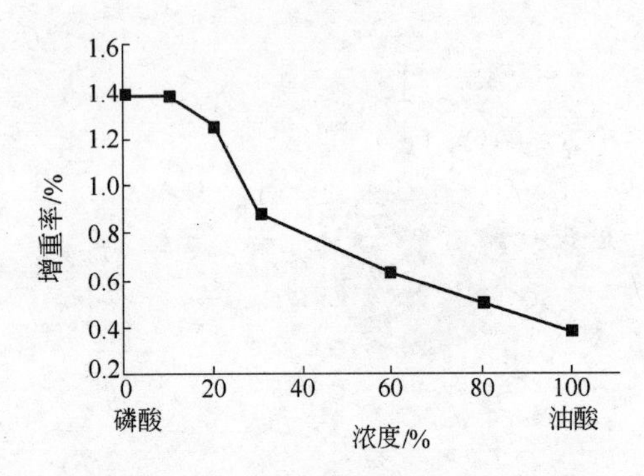

图3-44 磷酸与油酸浓度对增重率影响

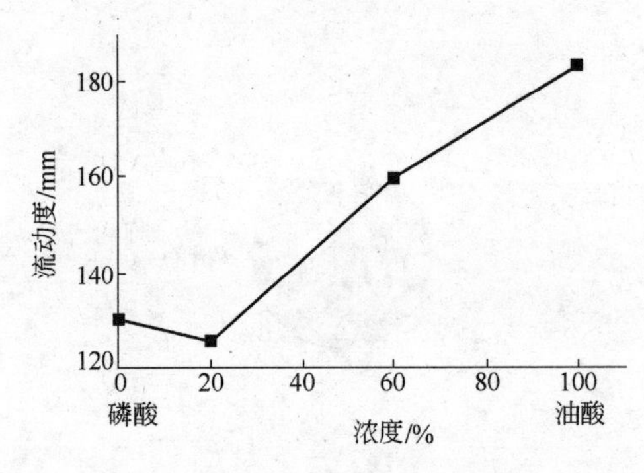

图3-45 磷酸与油酸浓度对流动度影响

包覆不均，同时，通过油酸作用，将包覆不严的部分继续进行改性；另一方面，利用油酸的疏水性可提高砂的流动性。从这一试验还可以看到这样一个事实：磷酸改性效果不如油酸。

（3）将用硬脂酸处理的合成镁钙砂做抗水化性和流动度试验，结果见图3-46及图3-47。由图可见，随硬脂酸加入量增加，增重率明显降低，抗水化性提高。当加入量超过2%时，增重率降低不明显。流动度也随硬脂酸的加入量增

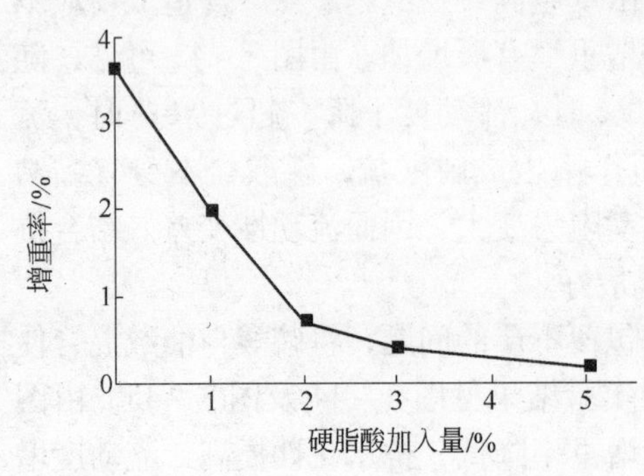

图3-46 硬脂酸用量对增重率影响

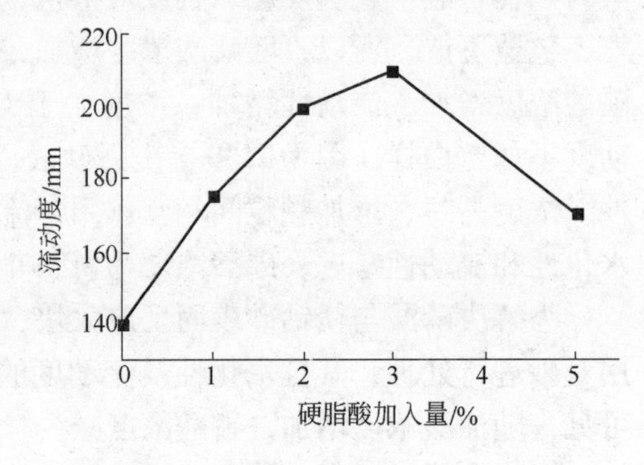

图3-47 硬脂酸用量对流动度影响

加而增大，当超过3%时，流动度下降。硬脂酸结构与油酸类似，一端为长链烷基，一端为羧基，与砂表面钙离子发生化学反应，生成硬脂酸盐（钙盐），稳定了砂表面的钙离子，外观看在砂表面生成均匀一层蜡状物，将颗粒包覆起来，提高了抗水化性。砂表面上的硬脂酸及盐本身具有润滑作用，可改善体系的流动特性，但量多时，颗粒间发生黏结作用，使流动性变差。综合来看，硬脂酸加入量在2% ~3%之间为好。

（4）用复合物（磷－氯复合离子）对砂进行处理，其抗水化性和流动度试验结果见图3－48及图3－49。由图可见，随复合物添加量增加，增重率明显下降，到5%时增重率很低。流动度开始时略有增加，添加量高于5%时又下降，添加量高于7%时，流动度没有不改性试样好。复合物与砂表面发生了比较复杂的物理化学作用，与砂表面钙离子作用充分，生成钙盐，达到了比较理想的化学包覆效果。其作用示意图见图3－50。加入量多时，砂表面生成的产物层厚，使颗粒间黏附作用增大，反而流动性变差，比较理想的添加量为5%。

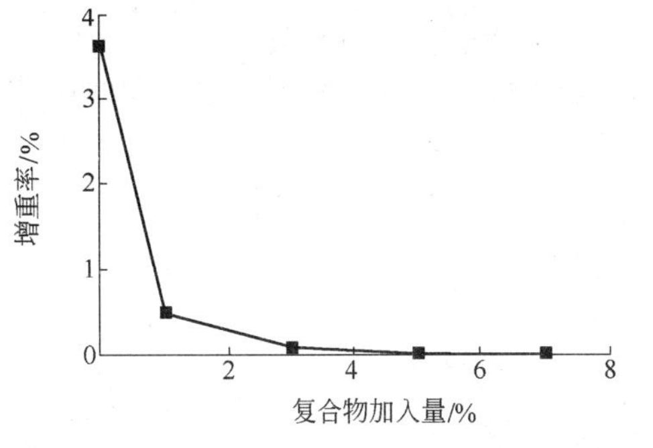

图3－48 复合物用量对增重率的影响

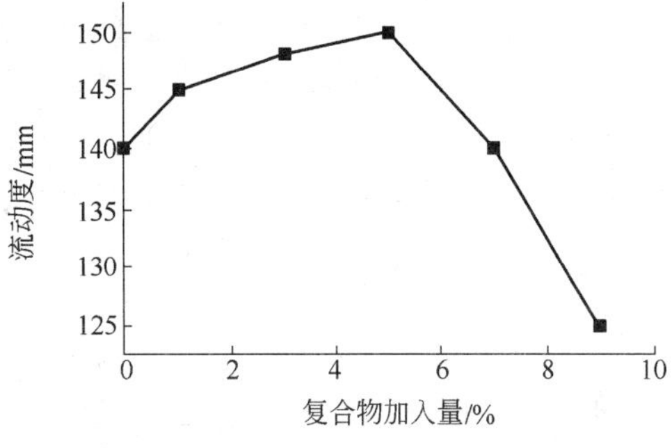

图3－49 复合物用量对流动度的影响

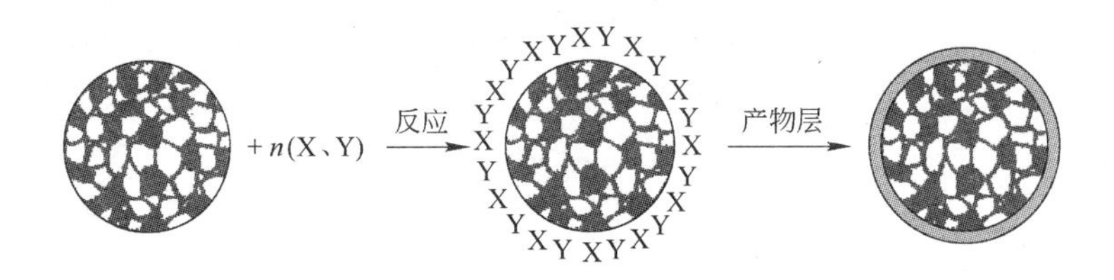

图3－50 复合物作用示意图

C 红外光谱（IR）分析

本节采用直接查对法，即将经各种改性剂处理的试样，作IR图，然后分别与未处理样及各种改性剂标样图谱进行比较对照研究。

图3－51为空白样IR图，1400 ~1500cm^{-1}为Ca－O振动峰（次强峰），在<700cm^{-1}区域有一宽大的Ca－O振动峰；在400 ~700cm^{-1}区域，存在一宽大的Mg－O振动峰；在850 ~950cm^{-1}区域，存在一Si－O振动峰；1140cm^{-1}，3420cm^{-1}，

3640cm^{-1}为OH^-振动峰；2700～3000cm^{-1}处两个小峰为C－H振动峰。

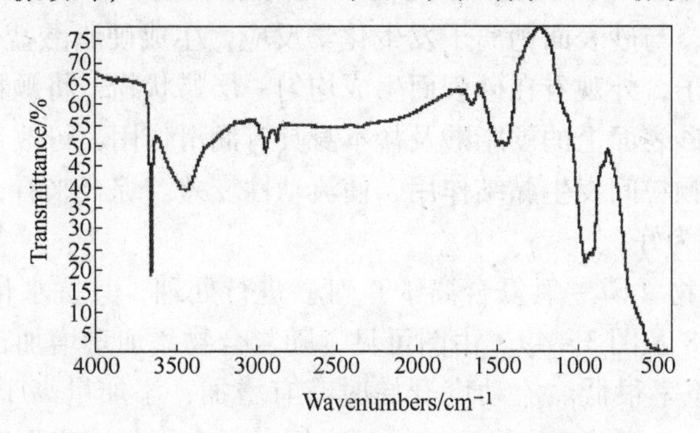

图3－51　空白样IR图

图3－52为油酸处理试样的IR图，与空白样相比可知，在1500～1600cm^{-1}处出现一个较强的新的振动峰，原来850～950cm^{-1}处的较强峰基本不见了，说明油酸已与砂表面发生了作用。此IR图与$[CH_3CH_2(CH_2)_{14}CH_2-COO-]_2Ca$IR图基本一致，可以认为经油酸改性后，砂表面生成钙的油酸盐。油酸一端的羧基与钙离子发生了化学作用，生成离子键。这种钙盐不易与水及水气反应，可很好地稳定CaO，提高抗水化性，同时其具有疏水性，可改善体系的流动性。

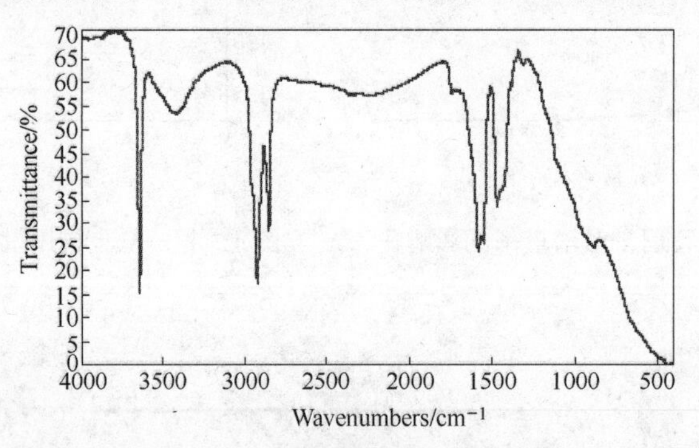

图3－52　油酸处理试样的IR图

高级脂肪酸处理试样的IR图与油酸处理试样的IR图类似，与高级脂肪酸钙$C_{36}H_{70}CaO_4$基本一致，说明高级脂肪酸一端的羧基与砂表面的钙离子作用生成高级脂肪酸钙，既可提高砂抗水化性，又可改善流动性。

通过上面分析可知：

（1）油酸与镁钙砂表面作用为物理化学作用，生成钙的油酸盐，油酸浓度为10%时，流动度最好，综合效果，油酸浓度50%比较合适；

（2）硬脂酸与镁钙砂表面主要为化学作用，生成硬脂酸钙，硬脂酸加入量为3%时，流动性最好，综合效果硬脂酸加入量2%～3%最佳；

(3) 磷酸和油酸复合作用是磷酸和油酸分别作用的叠加，主要是化学改性，综合效果，油酸浓度大好；

(4) 复合物与镁钙砂表面主要发生化学作用，生成钙盐和镁盐，合适加入量为5%，增重率很低，基本无水化现象。

综合改性效果为：复合物 > 油酸或硬脂酸 > 油酸 + 磷酸 > 磷酸。

3.3.3 煅烧温度的影响

温度对镁钙砂的烧结是一个非常重要的因素，温度的高低直接影响烧结程度，包括晶粒大小、气孔多少、致密度等及微观结构状态，温度低，烧结不充分，结构不致密，强度低，抗水化性差；温度过高，液相量太多，将影响材料高温性能。确定合理的煅烧温度，使氧化钙晶粒长大，提高致密性，也是提高抗水化性的重要措施之一。本实验研究煅烧温度对氧化钙含量为20%的镁钙性能的影响，砂的理化指标见表3－9。

A 抗水化性

将经过不同温度煅烧的合成镁钙砂试样放入高压斧中进行水化实验，结果见图3－53。由图可见，随温度的增加，试样粉化率明显下降；从外观看，1610℃和1680℃煅烧试样，表面呈土色，没有光泽，无亮的晶粒，结构疏松，气孔多，造成粉化率较高，这种原料不能使用。温度高于1700℃时，外观有光泽，可以看到亮的晶粒，但比1800℃时的晶粒小，数量少。为进一步研究，进行了晶粒度计算和电镜微观分析。

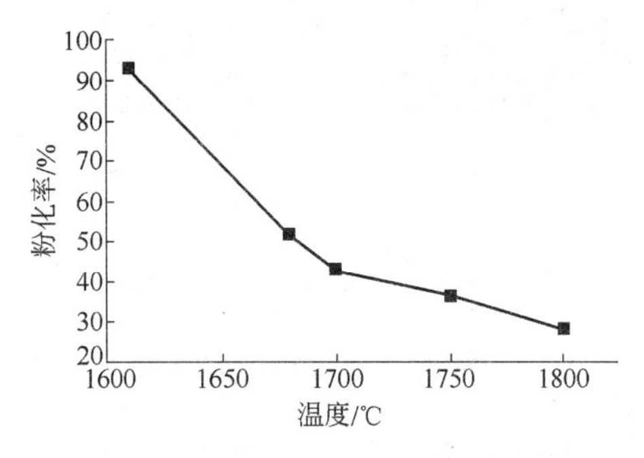

图3－53 不同温度煅烧试样粉化率

B 晶粒大小

通过晶粒大小，可以了解烧结程度及抗水化效果。利用晶粒度计算公式计算了1610℃、1700℃和1800℃煅烧后的氧化钙和氧化镁晶粒大小，结果见表3－10。由表可见，1800℃煅烧试样，晶粒粒度大，说明烧结充分，因为温度升高，可使所有扩散系数增大，质点获得能量增加，移动性增加，有利于迁移。另外，出现的液相量相应增加，适当的液相量有利于烧结，质点可通过溶解－淀析机理长大。

表3－10 不同煅烧温度试样晶粒大小 (nm)

煅烧温度/℃	1610	1700	1800
CaO	102.55	138.66	145.47
MgO	210.86	365.23	445.59

C SEM 分析

图 3-54 和图 3-55 分别为 1700℃和 1800℃煅烧试样的 SEM 断口照片。由图可见，1700℃煅烧试样，结构粗糙，疏松，有许多微裂纹，晶体发育不完整，结构不致密。1800℃煅烧试样有明显的晶粒生长台阶，结构致密，从液相中析晶程度要大于 1700℃煅烧情况，烧结充分。本实验条件下合成的镁钙砂，比较合适的煅烧温度为 1800℃。

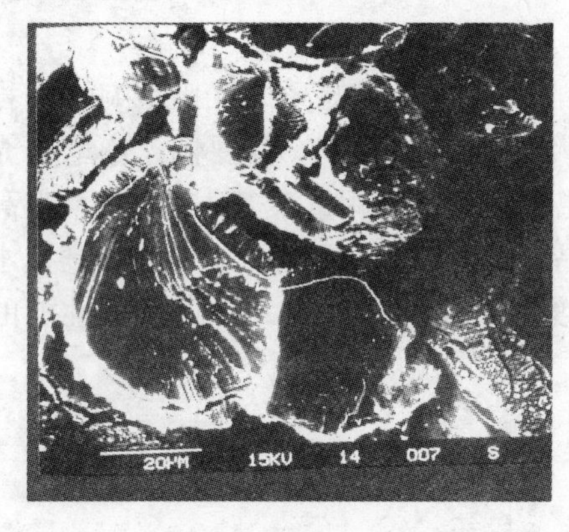

图 3-54 1700℃煅烧试样 SEM 照片

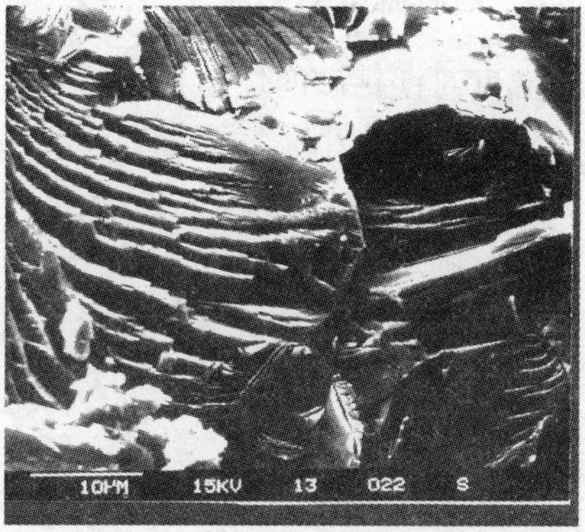

图 3-55 1800℃煅烧试样 SEM 照片

3.4 镁钙系耐火材料与钢液作用机理研究

3.4.1 不同耐火材料与钢液的作用

随着洁净钢需求量的增加，钢铁企业越来越重视耐火材料对钢质量的影响，一般耐火材料，或多或少会对钢液造成污染，已不能满足洁净钢生产的需要。如，高铝质耐火材料会带来氧化铝夹杂，碳质耐火材料会增加钢液中的碳含量，对冶炼低碳钢不利，这就使碱性材料的优越性表现出来。本节主要研究不同耐火材料与洁净钢的作用机理，探求冶炼洁净钢用的理想耐火材料。

3.4.1.1 试验

试验用耐火材料选用辽宁产的各种碱性耐火材料，理化指标见表 3-11。试验用两种洁净钢（帘线钢和管线钢），化学成分见表 3-12。

表 3-11 试验用耐火材料理化指标

项目	MgO /%	CaO /%	Cr_2O_3 /%	Al_2O_3 /%	Fe_2O_3 /%	SiO_2 /%	C /%	IL /%	荷软 /℃	常温耐压 /MPa	显气孔率 /%	体积密度 /g·cm^{-3}
MCr	72.30	1.04	13.86	5.76	5.20	1.84		0.16	1700	54.00	17.37	3.05
MA	87.13	1.10		9.27	0.89	1.04		0.16	1700	55	16.70	2.95

续表 3－11

项目	MgO /%	CaO /%	Cr_2O_3 /%	Al_2O_3 /%	Fe_2O_3 /%	SiO_2 /%	C /%	IL /%	荷软 /℃	常温耐压 /MPa	显气隙率 /%	体积密度 /g·cm^{-3}
MC	82.51	0.87		2.3	0.49	1.05	12.36			65	3.80	3.02
M	96.77	1.6		0.19	0.54	0.86		0.34	1700	81.67	17.90	2.89
MCa	73.80	21.09		0.54	1.04	1.20		2.16	1700	60.5	6.50	3.05

注：MCr—镁铬砖；MA—镁铝砖；MC—镁碳砖；M—高纯镁砖；MCa—镁钙砖。

表 3－12 试验用钢样的化学成分 （%）

钢 种	C	Si	Mn	P	S	Cr	Alt
帘线钢	0.747	0.187	0.530	0.005	0.005	0.020	0.003
管线钢	0.066	0.250	1.340	0.015	0.007	0.022	0.015

将各种耐火材料制成坩埚，将钢样放入坩埚中，同时通氩气保护，升温至1600℃时保温30min，然后降温至1300℃，取出坩埚淬冷，关闭气体。

3.4.1.2 试验结果分析

将镁碳砖、镁铝砖、镁铬砖、高纯镁砖及镁钙砖坩埚，与管线钢在1600℃反应30min，分别记为：1－1、1－2、1－3、1－4和1－5；与帘线钢在1600℃反应30min，分别记为：2－1、2－2、2－3、2－4和2－5。研究不同耐火材料与钢的作用，由于管线钢与帘线钢是夹杂含量较低的洁净钢，这里主要考虑耐火材料对钢液的污染情况，反应后测得钢样成分如表3－13和图3－56所示。

表 3－13 反应后的钢样化学成分 （%）

成 分	C	Si	Mn	P	S	Cr	Alt
1－1	0.083	0.217	1.247	0.015	0.0065	0.006	0.005
1－2	0.012	0.01	0.735	0.018	0.01	0.001	0.0156
1－3	0.014	0.198	0.22	0.015	0.01	0.043	0.01
1－4	0.0098	0.25	1.26	0.013	0.0061	0.0065	0.005
1－5	0.0035	0.01	0.805	0.012	0.004	0.0045	0.001
2－1	0.089	0.89	0.76	0.008	0.005	0.02	0.0029
2－2	0.428	0.2	0.46	0.009	0.008	0.017	0.0045
2－3	0.0695	0.11	0.355	0.007	0.01	0.12	0.002
2－4	0.0635	0.16	0.4	0.006	0.009	0.01	0.001
2－5	0.3325	0.17	0.475	0.004	0.0045	0.008	0.001

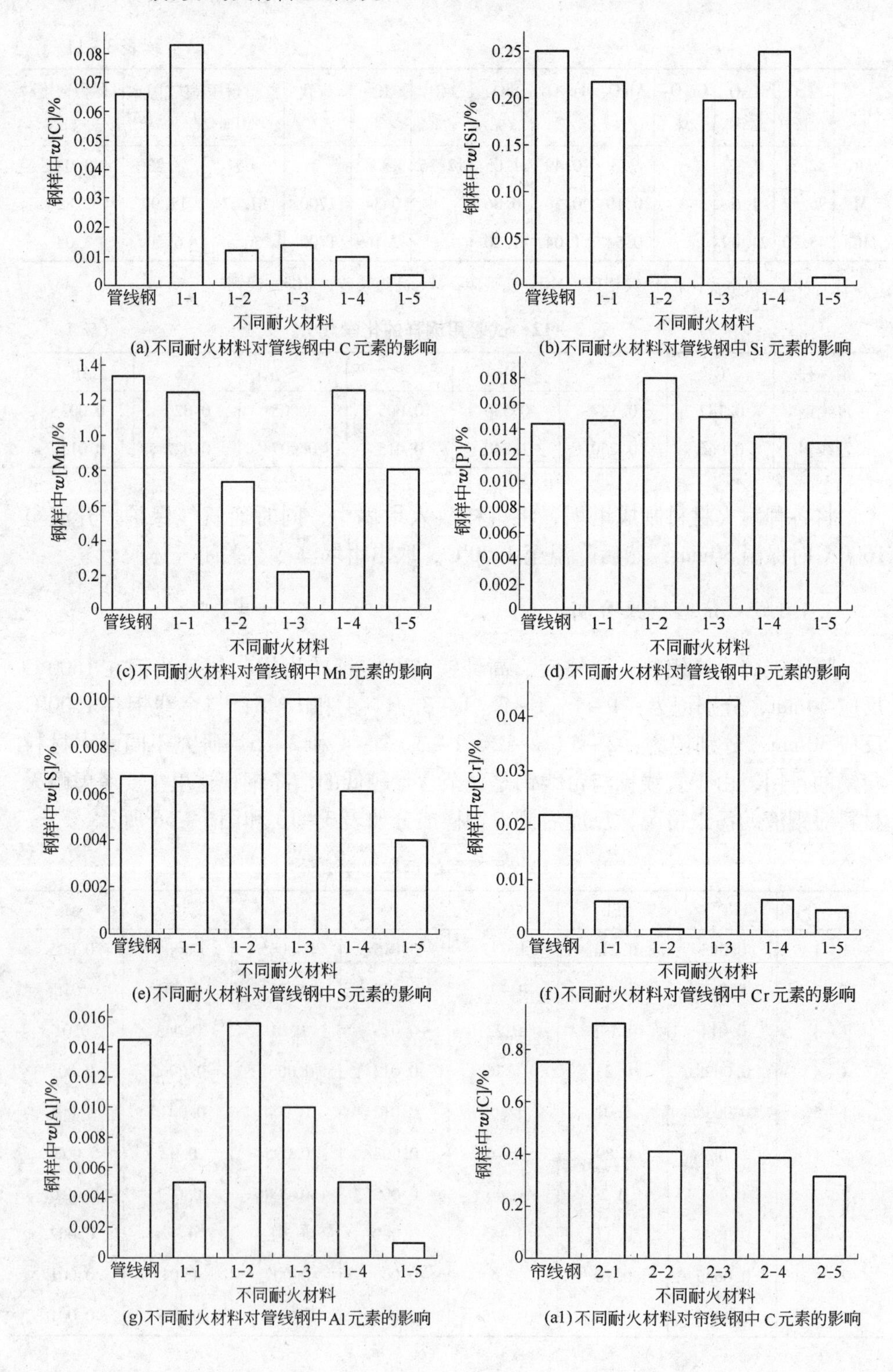

(a)不同耐火材料对管线钢中C元素的影响

(b)不同耐火材料对管线钢中Si元素的影响

(c)不同耐火材料对管线钢中Mn元素的影响

(d)不同耐火材料对管线钢中P元素的影响

(e)不同耐火材料对管线钢中S元素的影响

(f)不同耐火材料对管线钢中Cr元素的影响

(g)不同耐火材料对管线钢中Al元素的影响

(a1)不同耐火材料对帘线钢中C元素的影响

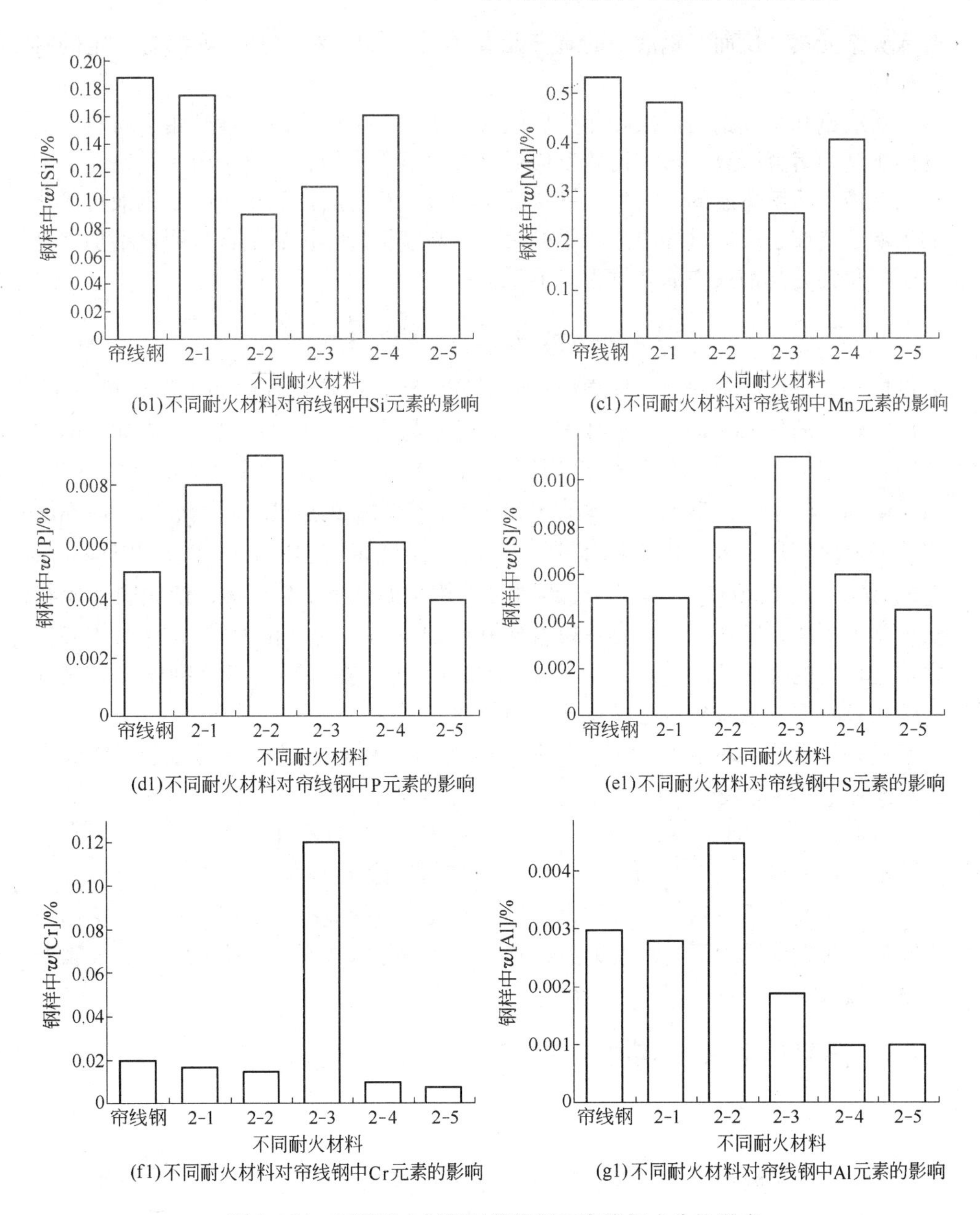

图3-56 不同耐火材料对管线钢和帘线钢成分的影响

由图3-56可以看出：除镁钙耐火材料，试验中使用的其余耐火材料对两种洁净钢都有不同程度的污染，其中镁碳砖增加了钢液中［C］和［P］元素，镁铝砖增加了钢液中的［Al］、［S］和［P］元素，镁铬砖增加了钢液中的［P］、［S］和［Cr］元素，高纯镁砖增加了钢液中的［P］。只有镁钙砖不会向钢液中带入夹杂元素，反而对钢液中的有害元素［S］、［P］和［Al］等都有一定的吸收作用。

管线钢和帘线钢与镁碳砖作用后碳含量增加，主要是由于镁碳耐火材料中的碳向钢液中溶解所致。与镁铬砖反应后铬含量显著增加，主要是由于镁铬砖中的铬向钢液中溶解造成的，另外，镁铬砖中的氧化铬是酸性氧化物，是钢液再氧化的氧源，造成了冶炼过程中洁净钢的污染。与镁铝砖作用后铝含量明显增加，是由于氧化铝会与钢液中的硅发生以下反应：

$$\frac{2}{3}Al_2O_{3(s)} + [Si] = SiO_2 + \frac{4}{3}[Al]$$

此反应造成了钢液中的铝含量增加；同时镁铝砖在冶炼过程中如果熔入钢液中，会成为较大的外来夹杂，由于其熔点高，且不易聚合，难以通过上浮去除。两种洁净钢与耐火材料（除镁钙砖）作用后都不同程度出现了磷含量增高的现象。由于磷和氧的亲和力虽比铁和氧的亲和力大，但在炼钢温度下，钢液中的磷不能仅依靠氧化作用去除，因为氧化生成的 P_2O_5 是气态（$2[P]+5[O]=P_2O_{5(g)}$），它的 $\Delta G^{\ominus} = -742032 + 532.71T$，经计算在炼钢温度下 $\Delta G^{\ominus} > 0$，使脱磷反应在热力学上不能自发进行。只有在碱性氧化物出现时，磷氧化生成的 P_2O_5 才会与之形成稳定的磷酸盐化合物，通过熔入渣中除去。在炼钢的熔渣制度下，只有 FeO 和 CaO 是生成稳定磷酸盐的主要氧化物。

镁钙砖中的 CaO 会与钢液中的非金属氧化物 Al_2O_3 反应，同时还会与钢液中的［S］、［Al］等发生反应：

$$4CaO + 3[S] + 2[Al] = 3CaS + CaO \cdot Al_2O_3$$

生成的 $CaO \cdot Al_2O_3$ 是黏度低但碱性强、脱硫能力强的产物。

通过上面分析可知：一般耐火材料或多或少对钢液都有一定污染，但镁钙耐火材料不仅在使用中不会污染钢液，还会起到净化钢液作用，使钢中的非金属夹杂物数量减少。

3.4.2 镁钙耐火材料与钢液中硫的作用

3.4.2.1 试验

为研究镁钙耐火材料与钢中硫的作用规律，在管线钢中引入 FeS，增加钢样的硫含量，引入 FeS 后钢样的主要理化指标见表 3－14。镁钙耐火材料理化指标及实验过程与 3.4.1.1 节中相同。

表 3－14 实验用钢化学成分 （%）

成 分	C	Si	P	S	Alt
含 量	0.066	0.250	0.015	0.2005	0.015

3.4.2.2 试验结果分析

A 不同反应时间对脱硫率的影响

将镁钙耐火材料与试验钢在1600℃温度下反应，测定不同反应时间钢样的硫含量，计算脱硫率，结果见表3－15和图3－57。

表3－15 反应时间对钢样脱硫的影响

试样编号	钢样原始硫含量/%	反应时间/min	反应后钢样的平均硫含量/%	脱硫率/%
1	0.2005	5	0.0790	60.09
2		15	0.0740	63.09
3		25	0.0688	65.69
4		30	0.0660	67.08
5		35	0.0642	68.63
6		40	0.0629	69.38
7		45	0.0605	69.83
8		55	0.0667	66.73
9		65	0.0724	63.89
10		75	0.0793	60.45
11		85	0.0837	58.25
12		90	0.0860	57.10

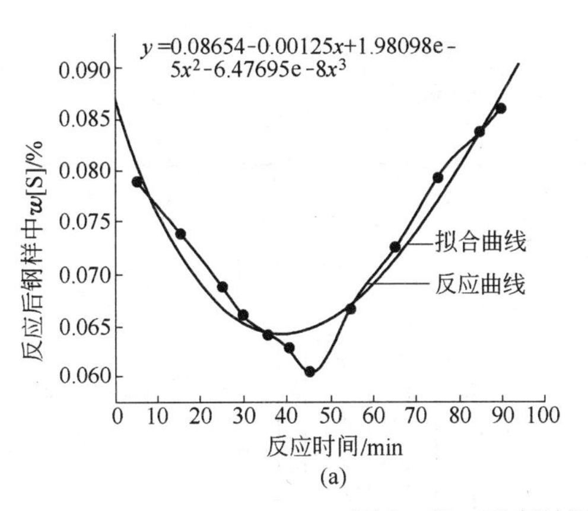

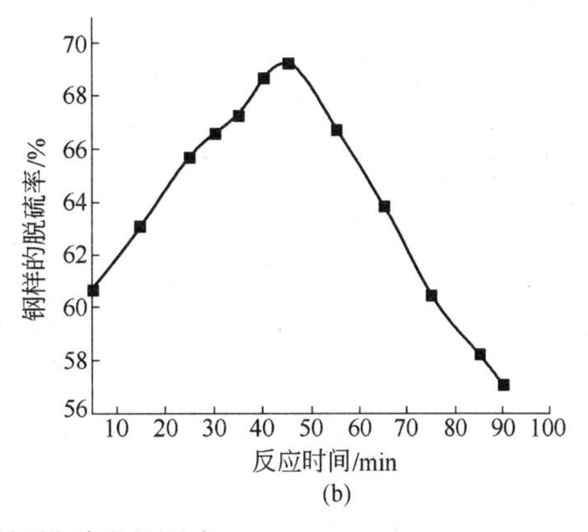

图3－57 反应时间对钢样脱硫的影响

从图3－57（a）可见，随着反应时间的延长，钢样中的硫出现了一个极低值，此时反应时间是45min，钢样中的硫含量达到了最低点。当再增加反应时间，钢样中出现了“回硫”现象。由图3－57（b）可见，随着反应时间的增加，镁钙耐火材料脱硫率呈上升趋势。但当反应时间达到45min时，钢样的脱硫率达到了最大值，以后再延长反应时间，脱硫率反而呈下降趋势。

上述这一现象的发生可以用脱硫过程的不同控制步骤来进行阐述，当镁钙耐火材料与钢液刚开始反应时，熔融金属中的硫与反应界面处的氧化钙反应，此时硫的传质速度较快，整个脱硫过程由氧化钙与硫的化学反应过程来控制；在45min以前，随着反应时间的增加，在反应界面处钢样中硫的含量在降低，脱硫率在增大。随着反应的进行，在镁钙耐火材料表面形成了一层反应层，在反应层中 CaS 逐渐达到饱和，化学反应达到了平衡，阻碍了化学反应的继续进行。此时硫向反应界面的扩散速度成了反应的控制环节。当反应时间继续增加时，钢样中硫的含量不断减少，造成在反应界面和钢样内部硫的浓度差增大，原先固溶于耐火材料中的硫重新溶入钢液中而出现“回硫”现象，使钢样中硫的含量升高，脱硫率降低。

B 不同原始硫含量对脱硫率的影响

在管线钢中加入不同含量的 FeS，研究原始钢中不同硫含量对脱硫率的影响，反应时间为30min，结果见表3－16和图3－58。

表3－16 不同硫含量的脱硫效果

试样编号	原始硫含量/%	反应后硫含量/%	脱硫率/%
1	0.0068	0.004	41.18
2	0.0148	0.0077	47.97
3	0.0323	0.036	51.39
4	0.1068	0.0303	71.63
5	0.2068	0.068	67.12
6	0.4068	0.1369	66.35
7	0.5068	0.1727	65.92

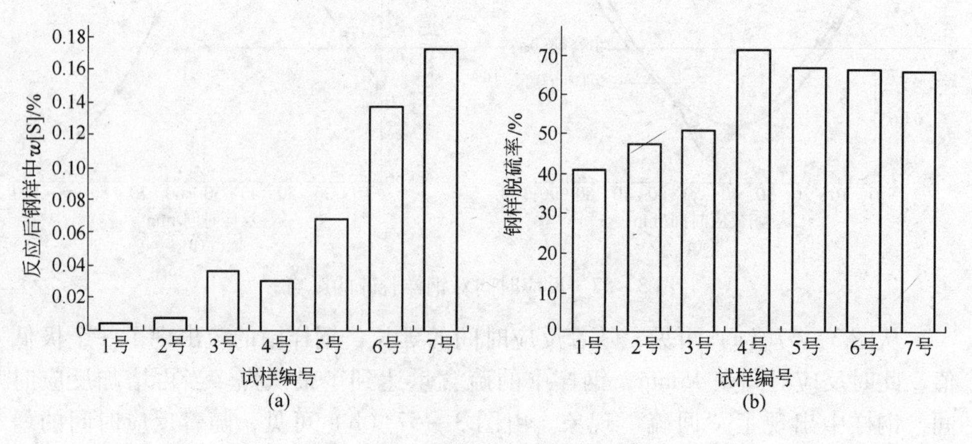

图3－58 不同硫含量的脱硫效果

由图 3－58 可以看出，不同原始硫含量的钢样在经过相同的反应时间后，钢样中的硫含量均有所下降。原始硫含量在 0.1% 左右的试样脱硫效果最显著，钢样中的残余硫含量达到了 0.03%。当原始硫含量高于 0.1% 后，再增加钢中硫的比例，脱硫率没有明显的变化，整体呈不是十分明显的下降趋势。这是由于当原始硫含量接近冶炼洁净钢要求的水平时脱硫主要靠扩散过程控制，在反应界面和熔融金属内部硫的含量相差不大，所以脱硫率不高。当硫的含量比较高时，整个脱硫过程同时发生化学反应和扩散过程，由于在反应界面和熔融金属内部硫的含量相差较大，使扩散进行较容易，从而使扩散速度加快，促进了脱硫反应的进行，提高了脱硫率。当再提高原始硫含量时，由于反应界面和熔融金属内部硫的含量差进一步加大，使扩散更迅速，在反应界面硫的含量迅速达到饱和值。此时化学反应成为整个脱硫过程的控制环节，因此进一步提高硫的含量时，脱硫率没有什么变化。

C 扫描电镜能谱分析

对与钢液反应 45min 后的镁钙耐火材料试样进行扫描电镜能谱分析，考察反应层中各成分的变化。用宽为 200μm 的长方形区域做面扫描，从试样表面向原砖内一侧连续扫六次，结果见图 3－59。图中，(a) 为形貌图，(b)～(e) 为面

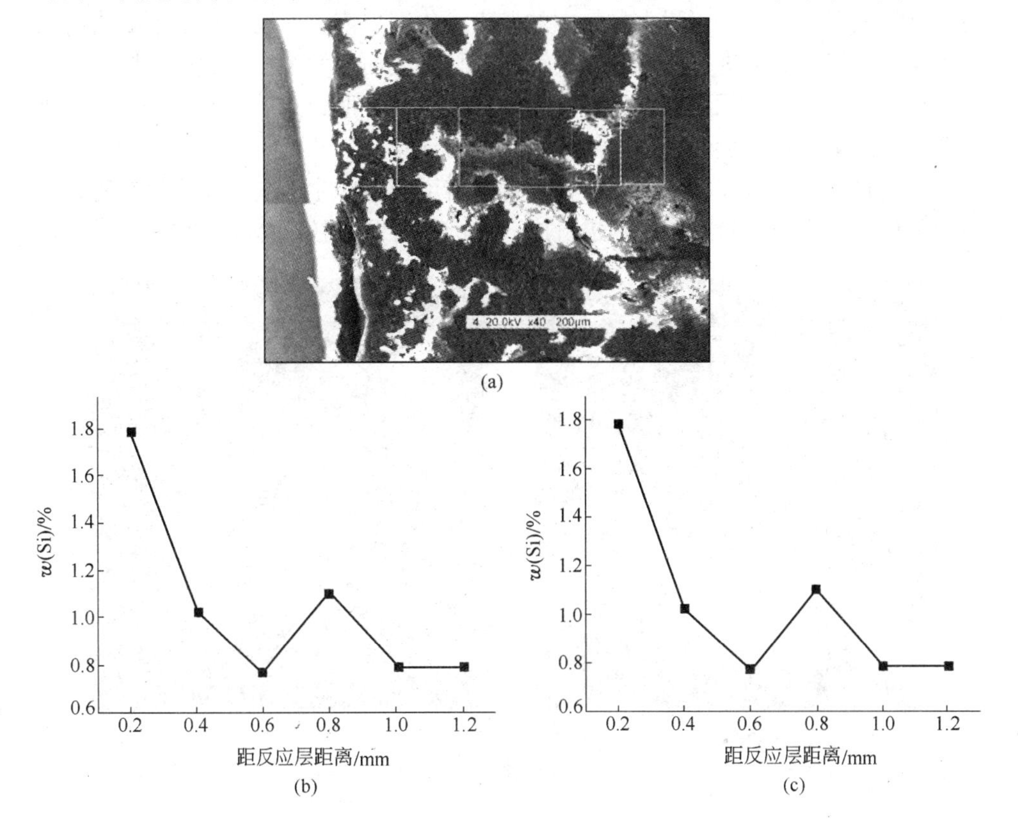

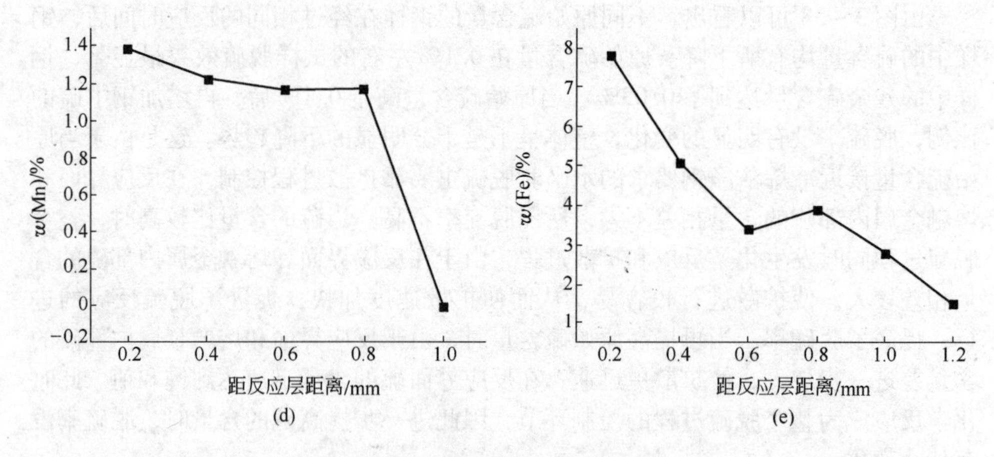

图 3－59　面扫描的反应层中成分变化

扫描所得结果。

从图 3－59 中可以看出，反应层中增加了硫、锰、铁、硅等元素，这些元素的含量从反应层向原砖层逐渐减少。当反应开始时，钢中的夹杂元素迅速向镁钙耐火材料表面扩散与镁钙耐火材料中的游离氧化钙反应，产物留在镁钙耐火材料的表面；随着反应的进行，钢液与镁钙耐火材料表面元素浓度差减小，同时生成的产物层阻碍了钢中元素继续向镁钙耐火材料内部扩散，这就出现了在镁钙耐火材料表面钢中元素含量多，往内部逐渐减少的现象。

通过岩相分析可知，反应后，在耐火材料反应层中生成新的反应生成物，为确定是什么生成物，对新生成物进行成分分析，结果见图 3－60。通过成分分布

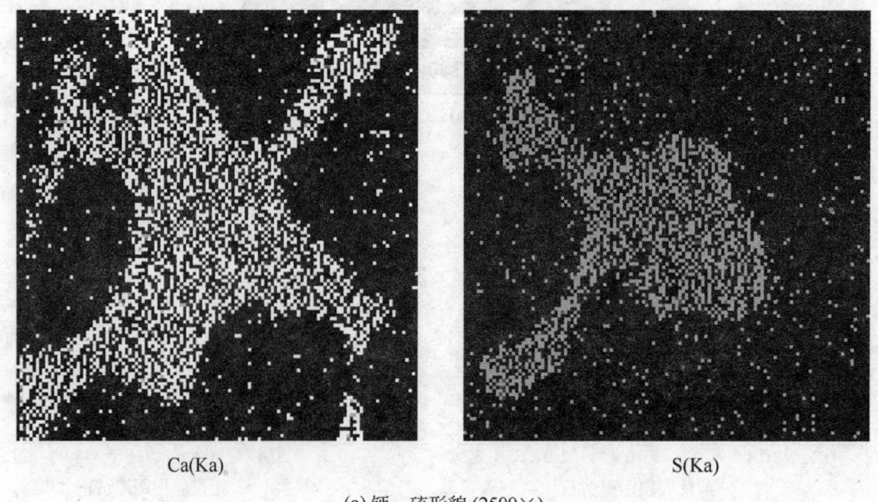

(a) 钙、硫形貌 (2500×)

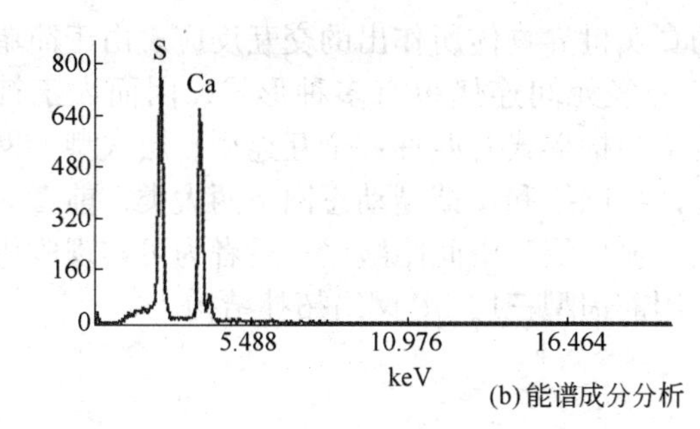

元素	S(Ka)	Ca(Ka)
*k*比	0.41717	0.58283
ZAF修正值	0.9987	0.8877
w(%)	38.8831	61.1169

(b)能谱成分分析

图3－60　反应生成物的电镜分析

和点成分分析可知，硫与钙元素分布相同，在一点硫、钙元素同时出现，说明新的生成物是硫化钙，表明镁钙耐火材料与钢中的硫发生了化学反应，起到了脱硫的作用，净化了钢液。

通过上面分析可知：

（1）镁钙耐火材料有很好的脱硫作用，即使钢液中的硫含量较低时也能达到一定的脱硫效果。

（2）在1600℃下适当延长脱硫反应时间，有助于镁钙耐火材料脱硫反应的进行。在45min时脱硫率达到最大值，再延长脱硫反应时间反而出现“回硫”现象。

（3）镁钙耐火材料在本次试验中对含硫量在0.1%的钢液脱硫效果最显著；再增加硫含量，脱硫率没有大的变化。

3.5　人工神经网络在镁钙系耐火材料研究中的应用

3.5.1　人工神经网络的应用

镁钙系耐火材料是唯一具有净化钢液作用且具有一系列优良性能的耐火材料，因而受到普遍的重视，具有美好的发展前景。但该材料中游离CaO的水化问题制约了其发展，解决抗水化问题是该材料发展的关键问题，是重要的研究课题。影响抗水化性的因素较多，要进行全部试验是很困难的，如何利用有限数据，通过建立数学模型，对未知体系进行合理、科学的预测，可达到事半功倍的效果。进入20世纪80年代，人工神经网络（ANN）得到迅速发展，在许多行业得到应用，但在耐火材料方面应用很少，在合成镁钙系耐火材料水化应用方面未见报道。本节在大量试验数据的基础上，利用计算机神经网络，对影响镁钙砂抗水化性的各因素进行了探讨。

3.5.1.1　ANN基本概念

人工神经网络是由简单单元（通常为适应性）组成的广泛并行互连的网络，

它的组织能够模拟生物神经系统的真实世界物体所作出的交互反应。由于简单单元（人工神经元）有多种类型，其神经元间连接也有多种形式，因而人工神经网络也有多种类型。常见的神经网络结构形式有四种：全互连型、层次型、网孔型和区组互连结构。目前主要有前馈型网络和反馈型动态网络两大类，前者为单方向层次型网络模块，包括输入层、输出层和中间隐蔽层；后者为可实现联想记忆及联想映射的网络。这里主要应用前馈型三层 BP 网络拓扑结构。

3.5.1.2 ANN 的发展过程

人工神经网络是一门高度综合的交叉学科，涉及生物科学、认知科学、数理科学、信息科学、人工智能和计算机科学，吸引了众多学者去研究应用。人工神经网络的发展大致分为四个时期：

（1）探索时期：开始于 20 世纪 40 年代；

（2）第一次研究热潮时期：20 世纪 50 年代末到 60 年代初；

（3）低潮期：20 世纪 60 年代末到 70 年代；

（4）第二次研究热潮：进入 20 世纪 80 年代。

由于人工神经网络的研究又在世界范围内全面展开，研究论文大量发表，应用领域不断扩大。我国有关神经网络方面的研究较晚，但发展较快，已在很多领域得到应用。

3.5.1.3 ANN 的应用

自从 20 世纪 80 年代开始掀起的全球范围内研究 ANN 热潮以来，其应用领域不断扩大，如在模式识别、视觉信息处理、智能控制、人工智能和认知科学及工程上优化预测预报等领域中应用，近来在应用化学和材料学方面也有许多应用。赫克特 - 尼尔森（Hecht - Nielsen）神经计算机公司提供了一个 ANN 的市场发展趋势表，见图 3 - 61。从这个表中可以对 ANN 的应用发展前景有一个直观的了解和启发。在我国，ANN 的应用技术还处在一个初期阶段，将来会逐渐扩大应用领域，并向更高层次发展。

3.5.2 ANN 的基本原理

3.5.2.1 人工神经网络基本单元（神经元）

ANN 的基本结构单元是人工神经元（称处理单元或结点）即神经细胞，是神经系统中接收或产生信息传递和处理信息的最基本单元。人工神经元的数理模型见图 3 - 62，其中：u_i 为神经元的内部状态，Q_i 为阈值，X_i 为输入信号，W_{ij} 表示从 j 神经元传给 i 神经元的信号强度（权值），可用数学式表达神经元的状态：

$$y_i = f\left(\sum_{j=0}^{N} x_j \cdot w_{ji} \right)$$

式中，$f(\quad)$ 为神经元输出特性函数。

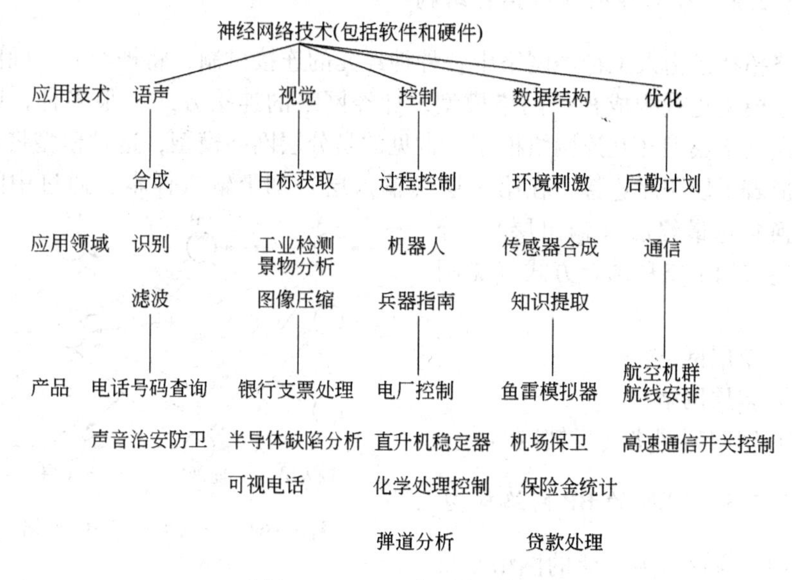

图 3-61 ANN 应用发展结构

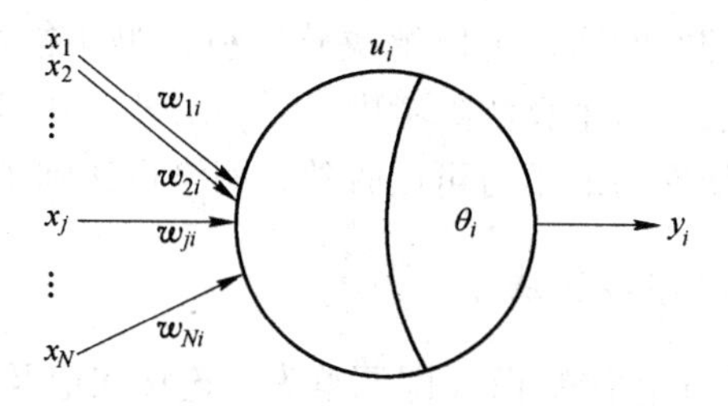

图 3-62 人工神经元的结构模型

常用特性函数有 4 种：阈值型、线性型、S 型和双曲正弦型，见图 3-63。

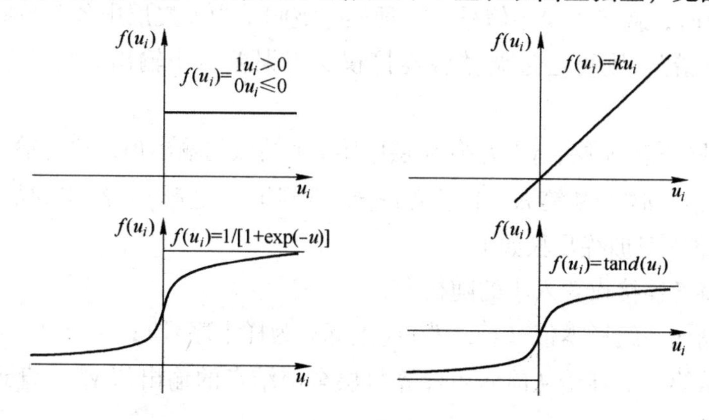

图 3-63 几种常见的转移函数

3.5.2.2 人工神经网络拓扑结构

网络拓扑是指人工神经网络中各种神经元的连接机制，将神经元之间的相互作用关系模型化就构成神经网络模型，神经网络的连接方式有很多种，典型的有：分层网络模型和互连网络模型。常见的是分层网络模型，这种模型将众多神经元分成若干层顺序连接，在第一层（输入层）加上输入样本，通过中间各层进行交换到达最终层（输出层）。分层网络还有如下三种结合方式（见图3-64）：

（1）单层网络；

（2）多层网络；

（3）回归型网络（反馈网络）。

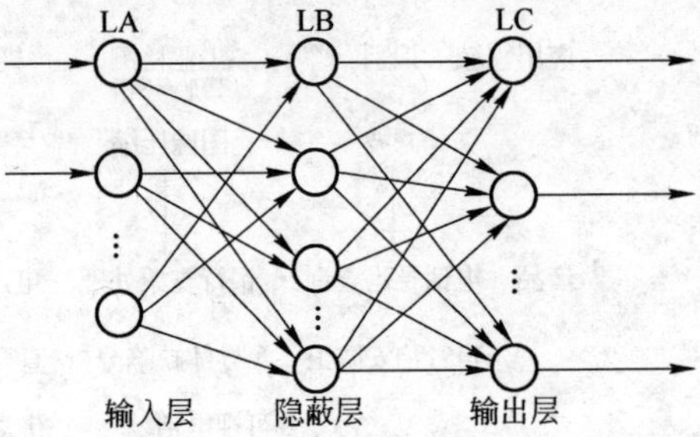

图3-64 三层前馈型BP网络

3.5.2.3 ANN的BP网络模型

目前，应用最为广泛的网络是反向传播（Back Propagation，BP）人工神经网络，是由Runelhart于1986年提出的。这种网络是多层神经网络，可以解决感知机模型不能解决的“异域问题”，并采用了反向传播算法，这个算法除考虑最后一层外，还考虑网络中其他各层权值参数的改变，从而使网络的学习可以收敛，网络也达到了实用水平。

3.5.2.4 BP网络学习算法

三层前馈型BP为了存储知识（即调整为了连接权值及节点阈值）时采用的BP方法，即误差逆传播学习法，是一种典型的误差修正方法。当将某一样本加到输入层时，它将逐个影响下一层状态，最终得到一个输出值。当这个输出值与期望值不符时，就产生误差信号。这种误差被归结为连接层中各节点间连接权及阈值的“过错”，则可通过调整各连接权实现误差最小输出。具体学习步骤如下：

设BP网络有m层，y_j^m为第m层中第j个结点的输出值，y_j^0为输入数组x_j的第j个输入值，w_{ij}^m为从第$m-1$层第i个结点到第m层第j个结点间的连接权值。

BP网络学习训练步骤如下：

（1）将各连接权置入小的随机数；

（2）输入一组样本值（x^k，d^k）（上标k为样本序号）；

（3）从第一层开始从前向后计算每层全部结点的输出值y_j^m，直到输出层算完为止，即

$$y_j^m = f(u_j^m) = f(\sum_i w_{ij}^m y_i^m)$$

（4）从后向前计算每层结点的误差，对于输出层：

$$\delta_h^m = f(u_j^m) \cdot (d_j^k - y_j^m)$$

对于隐层：
$$\delta_h^{m-1} = f(u_j^{m-1}) \sum_i w_{ij}^m \delta_h^m$$

（5）利用连接权修正量计算公式修正连接权，

$$\Delta w_{ij}^m = \eta \cdot \delta_j^m \cdot y_i^{m-1}$$

一般学习率 $\eta = 0.01 \sim 1$。

（6）重复（1）~（5）步，进行计算，直到连接权修正量 Δw_{ij}^m 值很小为止。

3.5.3 合成镁钙砂抗水化性预测

影响合成镁钙砂的水化因素较多，本研究主要确定了 MgO/CaO（M/C）比、添加物种类、添加量、温度及复合添加剂中各成分比（F/T）等，通过人工神经网络的计算，找出各因素与粉化率（目标实测值）之间的影响关系，从而可以预测不同影响因素作用下的粉化率值。

3.5.3.1 神经网络模型构造

A 神经网络模型的拓扑结构

由于 BP 网络模型具有很好的自学习性能，输入输出的映射性能和具有非线性优化的有效学习规则，多层前馈性 BP 网络适合于做上述问题的数据分析和处理工作，为提高网络学习训练之后具有较高精度，选用三层网络，一般三层网络结构比二层具有更好的非线性优化性能。BP 网络模型见图 3－65。有 5 个影响因素输入，有一个输出，即输出层结点只有一个。

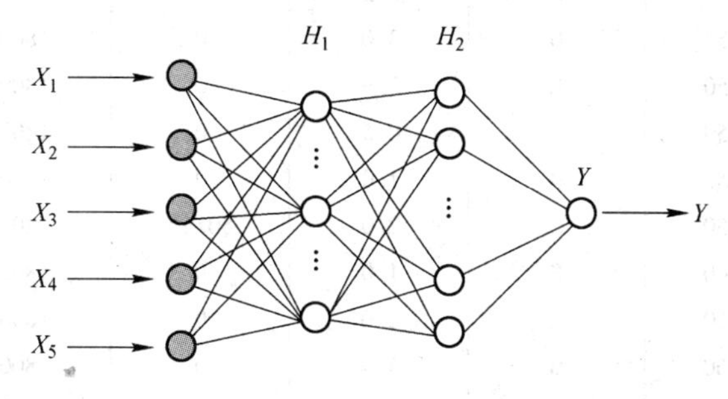

图 3－65 合成镁钙砂抗水化性分析神经网络 BP 模型结构

B 隐层结点的选定

目前，精确地确定各隐层结点的个数是困难的，理想的隐层结点数，一般都是用试验来确定的。研究的内容不同，确定的隐层结点数不同。本网络模型，经过试验第一隐层结点数采用29个，第二隐层结点数采用17个。

3.5.3.2 用于BP网络模型学习训练的数据预处理

在进行BP网络模型训练前，必须对数据进行初始化处理，目的是将原始数据作为网络学习训练的样本输入网络时，不至于由各因素数据之间量值上的差别引起计算误差。数据的初始化计算方法有多种，本研究将各组因素数据除以该组最大数据，将所有数据变成0～1之间数，表3－17为采用的原始数据，*P*和*T*为原始数据初始化结果。

表3－17 原始数据

样本号	*M/C*	添加剂	添加量/%	*F/T*	温度/℃	目标实测值
1	80/20	A	0.3	0	1800	34.65
2	80/20	B	0.5	0	1800	23.10
3	80/20	C	1.0	50/50	1800	47.65
4	80/20	D	2.0	0	1800	25.60
5	80/20	E	3.0	0	1800	35.30
6	70/30	B	2.0	0	1800	46.55
7	70/30	C	3.0	50/50	1800	28.40
8	70/30	D	0.3	0	1800	99.45
9	70/30	E	0.5	0	1800	57.75
10	70/30	A	1.0	0	1800	25.60
11	60/40	C	0.5	50/50	1800	23.30
12	60/40	D	1.0	0	1800	25.00
13	60/40	E	2.0	0	1800	91.40
14	60/40	A	3.0	0	1800	35.05
15	60/40	B	0.3	0	1800	64.65
16	50/50	D	3.0	0	1800	44.20
17	50/50	E	0.3	0	1800	73.85
18	50/50	A	0.5	0	1800	28.85
19	50/50	B	1.0	0	1800	32.85
20	50/50	C	2.0	50/50	1800	27.00
21	40/60	E	1.0	0	1800	82.85
22	40/60	A	2.0	0	1800	34.75
23	40/60	B	3.0	0	1800	34.90
24	40/60	C	0.3	50/50	1800	73.95
25	40/60	D	0.5	0	1800	45.00
26	80/20	C	1.5	70/30	1800	32.80
27	75/25	C	1.5	70/30	1800	33.05

续表 3-17

样本号	M/C	添加剂	添加量/%	F/T	温度/℃	目标实测值
28	65/35	C	1.5	70/30	1800	33.72
29	55/45	C	1.5	70/30	1800	34.20
30	50/50	C	1.5	70/30	1800	35.61
31	45/55	C	1.5	70/30	1800	36.85
32	40/60	C	1.5	70/30	1800	39.75
33	60/40	C	0.5	70/30	1800	38.12
34	60/40	C	0.75	70/30	1800	33.96
35	60/40	C	1.25	70/30	1800	30.50
36	60/40	C	1.50	70/30	1800	28.26
37	60/40	C	1.75	70/30	1800	31.76
38	60/40	C	2.00	70/30	1800	34.00
39	60/40	C	2.25	70/30	1800	34.21
40	60/40	C	2.50	70/30	1800	34.50
41	60/40	C	1.5	100/0	1800	33.38
42	60/40	C	1.5	90/10	1800	32.19
43	60/40	C	1.5	80/20	1800	30.38
44	60/40	C	1.5	60/40	1800	30.12
45	60/40	C	1.5	50/50	1800	29.50
46	60/40	C	1.5	40/60	1800	30.69
47	60/40	C	1.5	30/70	1800	33.50
48	60/40	C	1.5	20/80	1800	32.19
49	60/40	C	1.5	10/90	1800	37.13
50	60/40	C	1.5	0/100	1800	50.50
51	60/40	C	1.5	70/30	1610	93.15
52	60/40	C	1.5	70/30	1680	51.58
53	60/40	C	1.5	70/30	1700	42.20
54	60/40	C	1.5	70/30	1750	36.50
55	60/40	C	1.5	70/30	1800	28.26

P = [0.8 0.8 0.8 0.8 0.8…

0.7 0.7 0.7 0.7 0.7…

0.6 0.6 0.6 0.6 0.6…

0.5 0.5 0.5 0.5 0.5…

0.4 0.4 0.4 0.4 0.4…

0.80 0.75 0.65 0.50 0.55 0.45 0.40…

0.6 0.6 0.6 0.6 0.6 0.6 0.6 0.6…

0.6 0.6 0.6 0.6 0.6 0.6 0.6 0.6 0.6 0.6…

0.6 0.6 0.6 0.6 0.6; …

0 0 0 0 1…
0 0 0 1 0…
0 0 1 0 0…
0 1 0 0 0…
1 0 0 0 0…
0 0 0 0 0 0 0…
0 0 0 0 0 0 0 0…
0 0 0 0 0 0 0 0 0 0 0…
0 0 0 0 0; …

0 0 1 1 0…
0 1 1 0 0…
1 1 0 0 0…
1 0 0 0 1…
0 0 0 1 1…
1 1 1 1 1 1 1…
1 1 1 1 1 1 1 1…
1 1 1 1 1 1 1 1 1 1 1…
1 1 1 1 1; …

0 1 0 1 0…
1 0 1 0 0…
0 1 0 0 1…
1 0 0 1 0…
0 0 1 0 1…
0 0 0 0 0 0 0…
0 0 0 0 0 0 0 0…
0 0 0 0 0 0 0 0 0 0 0…
0 0 0 0 0; …

0.1 1/6 1/3 2/3 1.0…
2/3 1.0 0.1 1/6 1/3…
1/6 1/3 2/3 1.0 0.1…
1.0 0.1 1/6 1/3 2/3…

1/3 2/3 1.0 0.1 1/6…
1/2 1/2 1/2 1/2 1/2 1/2 1/2…
1/6 0.75/3 1.25/3 1.5/3 1.75/3 2/3 2.25/3 2.5/3…
1/2 1/2 1/2 1/2 1/2 1/2 1/2 1/2 1/2 1/2…
1/2 1/2 1/2 1/2 1/2；…

0.0 0.0 0.5 0.0 0.0…
0.0 0.5 0.0 0.0 0.0…
0.5 0.0 0.0 0.0 0.0…
0.0 0.0 0.0 0.0 0.5…
0.0 0.0 0.0 0.5 0.0…
0.7 0.7 0.7 0.7 0.7 0.7 0.7…
0.7 0.7 0.7 0.7 0.7 0.7 0.7 0.7…
1.0 0.9 0.8 0.6 0.5 0.4 0.3 0.2 0.1 0.0…
0.7 0.7 0.7 0.7 0.7；…

1.0 1.0 1.0 1.0 1.0…
1.0 1.0 1.0 1.0 1.0…
1.0 1.0 1.0 1.0 1.0…
1.0 1.0 1.0 1.0 1.0…
1.0 1.0 1.0 1.0 1.0…
1.0 1.0 1.0 1.0 1.0 1.0 1.0…
1.0 1.0 1.0 1.0 1.0 1.0 1.0 1.0…
1.0 1.0 1.0 1.0 1.0 1.0 1.0 1.0 1.0 1.0…
1.61/1.8 1.68/1.8 1.7/1.8 1.75/1.8 1.0]；

T = [0.3465 0.2310 0.4765 0.2560 0.3530…
0.4655 0.2840 0.9945 0.5775 0.2560…
0.2330 0.2500 0.9140 0.3505 0.6445…
0.4420 0.7385 0.2885 0.3285 0.2700…
0.8250 0.3475 0.3490 0.7395 0.4500…
0.3280 0.3305 0.3372 0.3420 0.3561 0.3685 0.3975…
0.3812 0.3396 0.3050 0.2826 0.3176 0.3400 0.3421 0.3450…
0.3338 0.3219 0.3038 0.3012 0.2950 0.3069 0.3350 0.3219 0.3713 0.5050…
0.9315 0.5158 0.4220 0.3650 0.2826]；

3.5.4 BP 网络模型的学习训练方法

本研究采用的三层 BP 网络模型，第一、第二隐层采用了双曲正切型函数，输出层采用线性函数。运用自适应调节学习率方法，即在学习训练时，对网络的每一步反传计算后求算的误差函数与上一步误差函数相比较，如果误差函数没有降低，说明学习率过大而产生过调，应减少学习率；如果误差函数在降低，用增大学习率的方法来加速它的降低。同时还运用了带有动量冲量的学习算法，即为每个调节权上加一个正比于前次连接权变化量的值，要求每次连接权被调节后都要把调节量保存下来，供下一次调节权值运算时使用。加入冲量的作用是避免学习进入函数的饱和区后，运算产生大的摆动，从而使过程向收敛的方向发展。这是误差逆传播学习法，是一种典型的误差修正方法。具体训练步骤如下：

(1) 将实验得到的数据进行初始化处理，并将添加剂种类按 3 位二进制数进行输入。

(2) 输入一组初始化后样本值 (x^k, d^k)，其中：上标 k 为样本序号，x 为输入样本值，d 为期望输出样本值。

(3) 从输入层开始从前向后计算每层全部结点的输出值 y_j^m，即

$$y_j^m = f(u_j^m) = f\left(\sum_{i=1}^{n} w_{ij}^m y_i^m - \theta_j^m\right) = f\left(\sum_{i=0}^{n} w_{ij}^m y_i^m\right)$$

式中，w_{ij}^m 为结点间的连接权值；θ_j^m 为阈值；

$$u_j^m = \sum_{i=1}^{n} w_{ij}^m y_j^m - \theta_j^m = \sum_{i=0}^{n} w_{ij}^m y_i^m$$

当 j 为 H_1 和 H_2 层时，

$$f(u_j^m) = \tanh(u_j^m)$$

当 j 为 y 层时，

$$f(u_j^m) = \sum_{i=0}^{n} w_{ij}^m y_i^m$$

(4) 从后向前反馈计算每层结点的误差，对于输出层有：

$$\delta_h^m = f(u_j^m)(d_j^k - y_j^m)$$

对于隐含层有：

$$\delta_h^{m-1} = f(u_j^{m-1}) \sum_i w_{ij}^m \delta_h^m$$

(5) 利用连接权修正量计算公式修正连接权：

$$\Delta w_{ij} = \frac{\eta^m}{1-\alpha} \delta_j^m \cdot y_i^{m-1}$$

式中，α 为动量增量，在本模型中取为0.95；η^m 为学习率，在本模型建立的训练中取 $\eta = 0.0119$。为了加速学习训练，将 η 取为自适应变化学习率，写成：

$$\eta^m = \eta^{m-1} \cdot k$$

$$k = \begin{cases} 1.04 & \Delta E < 0 \\ 0.96 & \Delta E > 0 \end{cases}$$

式中，k 为自适应学习率系数，ΔE 为误差函数差。

（6）重复（1）~（5）步骤进行计算，直到连接权修正量 ΔW_{ij}^m 值很小或训练次数很大为止。本模型取训练次数为 6×10^4 次，相对误差为0.01；训练参数为：学习率0.0119，步长500，冲量0.95，输出平均误差0.0608。训练结果见图3-66。

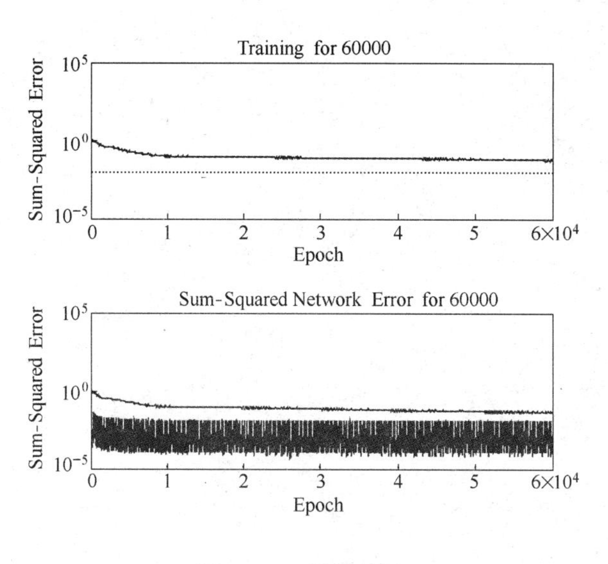

图3-66 训练结果

3.5.5 对BP网络模型的检验

训练之后的BP网络是否可用，要经过检验才能确定，一般采用与实际样本数据相比较的方法，即先把对照组样本的数据经初始化后输入模型，经BP网络模型计算，输出相应数据，然后将对照组样本的实际值与网络输出值相比较，若误差在允许范围内，此网络是可用的，否则要重新训练。将三个对照组样本输入BP网络模型，见表3-18。经计算后输出的结果与实际值相比，平均误差为4.87%，见表3-19，可见网络总体精度较高，可以对不同影响因素的粉化率值进行预报。

表 3-18 检验样本输入参数及计算输出值

MgO/CaO	添加物	添加量/%	*F/T*	温度/℃	计算输出值
70/30	C	1.5	70/30	1800	32.54
60/40	C	1.0	70/30	1800	29.39
60/40	C	1.5	70/30	1800	29.64

表 3-19 计算输出值与实际值比较

项 目	1	2	3	平均误差
实验值	33.43	31.61	28.26	
计算值	32.54	29.39	29.64	
相对误差	0.0266	0.0708	0.0488	0.0487

4 镁钙系耐火材料研究及生产技术

冶金用耐火材料是随着冶炼技术的进步而发展的，目前钢铁冶金已向大型、连续、高效、长寿、洁净化方向发展，冶炼条件更加苛刻，促使耐火材料必须不断更新产品品种，提高质量，耐火材料本身已成冶炼工艺的组成部件之一。随着冶炼条件的苛刻及优质钢需求量的增加，对耐火材料质量要求也越来越高，迫切需要开发性能优异的耐火材料，以适应现代冶炼的长寿、无污染、功能、节能的要求。镁钙系耐火材料因具备上述优点，而广泛地应用到冶炼洁净钢热工容器内衬上。是不断得到发展的一类重要耐火材料。

4.1 定形镁钙系耐火材料

定形镁钙系耐火材料主要包括烧成镁钙砖、镁白云石砖、白云石砖、烧成镁钙锆砖、不烧镁钙砖、不烧镁钙碳砖等。

4.1.1 烧成镁钙系耐火材料

烧成镁钙砖是以 MgO、CaO 为主要化学成分的碱性耐火材料，主要杂质成分是 Al_2O_3、SiO_2、Fe_2O_3，主要矿物成分为方镁石、方钙石，主要结合相有 C_2S、C_3S、C_4AF、C_2F、C_3A 等。C_4AF、C_2F、C_3A 为低熔物，降低材料高温性能，生产中应严格控制 Al_2O_3、SiO_2、Fe_2O_3 含量。主要用原料有镁砂、钙砂、合成镁钙砂、合成镁白云石砂、白云石砂等。产品按制品中 CaO/MgO 比不同，分为镁钙砖、镁白云石砖、白云石砖、钙白云石砖。在诸多耐火氧化物中，只有 CaO 同时具有耐用性和净化作用，满足冶炼洁净钢的需求。今后洁净钢生产将发展全碱性钢包和中间包，应重点开发系列优质镁钙材料新产品。

目前工业生产的烧成镁钙砖中 CaO 含量一般在 20% ~30%，工艺比较成熟；CaO 含量高于 30% 的烧成镁钙砖生产得比较少。本节重点研究了 CaO 含量高于 30% 的烧成镁钙砖结构与性能，以 A、B、C、D、E 五种高钙镁钙合成砂和高纯镁粉为原料，制备 CaO 含量为 40%、50%、60% 的三种高钙镁钙砖。原料的化学成分见表 4－1。

4.1.1.1 高钙镁钙砖的制备

根据要制备的高钙镁钙砖的 CaO 含量不同，选择 A、B、C、D、E 五种合成镁钙砂作为骨料，并添加一定量的高纯镁粉作为基质，以石蜡为结合剂，试验配方见表4－2。

表4－1 试验原料的化学成分 （%）

原料种类	MgO	CaO	SiO_2	Fe_2O_3	Al_2O_3
A砂	56.55	40.19	2.39	0.42	0.45
B砂	46.73	49.28	3.08	0.39	0.52
C砂	35.14	60.8	3.2	0.33	0.53
D砂	26.33	70	2.86	0.28	0.53
E砂	16.78	80	2.46	0.24	0.52
高纯氧化镁粉	97	1.2	0.65	0.80	0.30

表4－2 试验配方 （%）

试样编号	5～1mm MgO－CaO砂	1～0mm MgO－CaO砂	<0.088mm		CaO含量
			高纯镁粉	MgO－CaO砂	
1	A：50	A：10	—	A：40	
2	B：50	B：10	20	B：20	40
3	C：50	C：10	33.4	C：6.6	
4	B：50	B：10	—	B：40	
5	C：50	C：10	16.7	C：23.3	50
6	D：50	D：10	28.6	D：11.4	
7	C：50	C：10	—	C：40	
8	D：50	D：10	14.3	D：25.7	60
9	E：50	E：10	25	E：15	

注：1. 结合剂石蜡加入量为3%（外加）；

2. A、B、C、D、E分别为CaO含量40%、50%、60%、70%和80%五种合成镁钙砂。

将5～1mm的骨料颗粒预热后加入结合剂混合均匀，使结合剂充分包裹骨料表面，再加入1～0mm和<0.088mm的细粉，混合均匀，由液压机压制成ϕ50mm×50mm的圆柱形试样和外径为ϕ60mm×60mm、内径为ϕ36mm×35mm的坩埚试样，于大石桥某耐火厂隧道窑中1600℃烧成，推车时间为80min/车，共计50个车位。

4.1.1.2 试验结果及讨论

A 体积密度及显气孔率分析

图4－1为不同CaO含量镁钙砖的体积密度变化图，图4－1（a）为CaO含量

分别为40%、50%和60%的平均体积密度变化，图4-1（b）为九种试样的体积密度变化曲线。

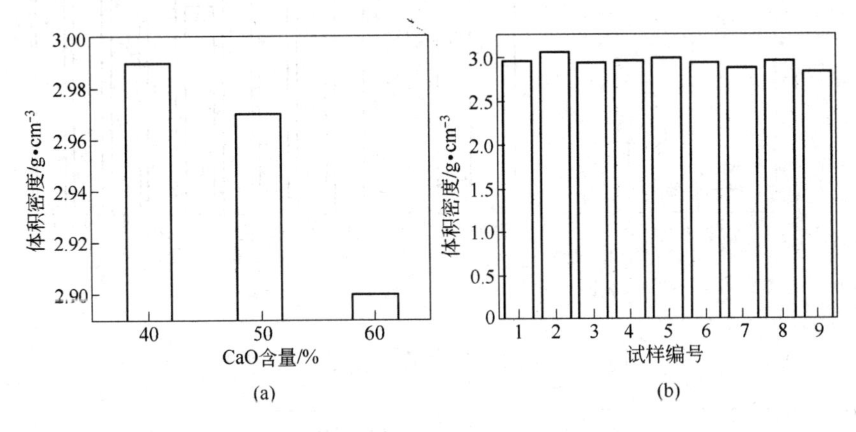

图4-1 不同CaO含量的体积密度

由图4-1（a）可知，高钙镁钙砖的体积密度随着CaO含量的增加而不断减小。CaO含量为40%和50%时，试样的体积密度相差不大；当CaO含量增加到60%时，体积密度明显减小。这是因为CaO含量越高的镁钙砖，其原料合成镁钙砂的CaO含量越高，由前面研究可知，随镁钙砂中CaO含量增加，体积密度降低；另外，随砖中CaO含量增加，烧结性下降，所以，CaO含量越高的试样其体积密度越小。

由图4-1（b）可知，对于同一种CaO含量的三种不同配方镁钙砖而言，其中间试样体积密度最大，最后一个试样体积密度最小，其原因可能为中间试样与没加镁粉的试样相比，添加镁粉的试样，镁粉中的杂质SiO_2、Al_2O_3会与砖中的游离CaO反应，生成少量低熔物促进了烧结，使砖体结构致密化，提高了砖的体积密度，当MgO含量最大的时候，用的是CaO含量高的镁钙砂，镁钙砂密度较低，导致体积密度降低。

图4-2为不同CaO含量的显气孔率变化，可见，试样的显气孔率是随着CaO含量的增加而不断变大的，对于相同CaO含量的三种不同镁钙砖配方而言，中间试样的显气孔率最小。对比图4-1和图4-2，试样的显气孔率与体积密度正好呈现相反的规律。

B 常温耐压强度分析

常温耐压强度可以表明制品的烧结情况以及与其组织结构相关的性质，是耐火材料的重要指标之一。试样的常温耐压强度变化如图4-3所示。

由图4-3（a）可知，高钙镁钙砖的耐压强度是随着CaO含量的增加而变小的。镁钙砖中的CaO含量为40%时，试样的耐压强度48MPa；CaO含量增大到

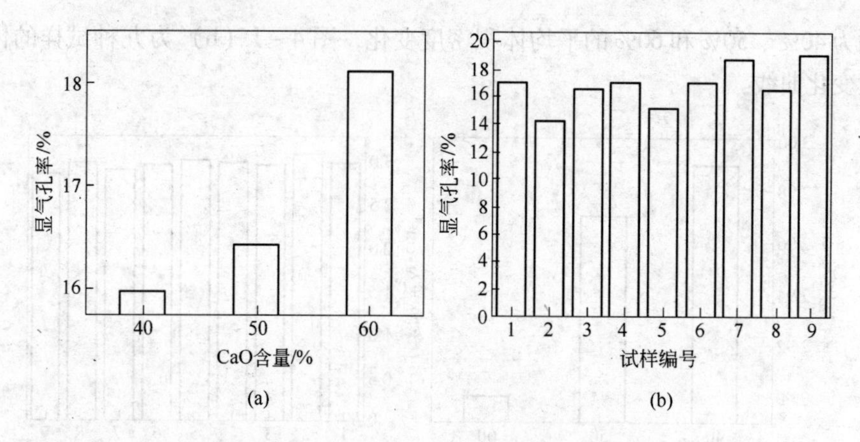

图 4-2 不同 CaO 含量对显气孔率的影响

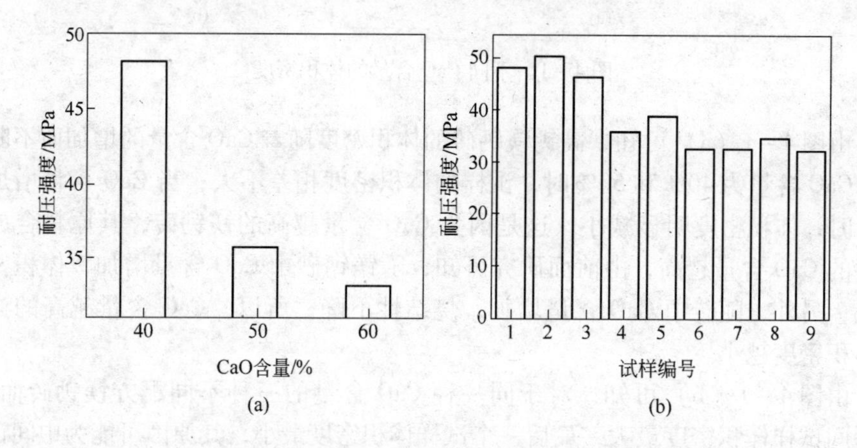

图 4-3 不同 CaO 含量对试样常温耐压强度的影响

50% 时，试样的耐压强度急剧减小。CaO 含量为 50% 和 60% 的镁钙砖的耐压强度差别不大。镁钙砖中的主要成分为 MgO 和 CaO，在相同温度下，CaO 要比 MgO 难烧结的多，当 CaO 含量增多时，造成试样的体积密度减小，气孔率增大，结构疏松，耐压强度也随之减小。

在图 4-3（b）中，对于相同 CaO 含量的三种不同配方的镁钙砖而言，基质添加部分镁粉的试样耐压强度最大，基质全部为合成砂的次之，加入镁粉最多的试样强度最小。

C 热震稳定性分析

由于镁钙材料在常温时会与水发生水化反应，使制品损坏，所以本试验采用空气急冷法对 9 组试样进行 8 次风冷测试，试样外貌在风冷前后没有太大变化，个别试样有大裂纹出现，说明材料具有良好的热震稳定性。试样风冷前后外观变化见表 4-3，热震前后耐压强度变化见图 4-4。

表 4-3 热震稳定性的检测结果

试样编号	1	2	3	4	5	6	7	8
1	○	○	○	○	□	△	△	△
2	○	○	○	○	□	□	△	△
3	○	○	○	○	□	□	△	△
4	○	○	○	○	○	□	△	△
5	○	○	○	○	○	□	□	△
6	○	○	○	○	□	□	□	△
7	○	○	○	○	○	○	□	□
8	○	○	○	○	○	□	□	□
9	○	○	○	○	○	○	□	□

注：○—无裂纹；□—小裂纹；△—大裂纹。

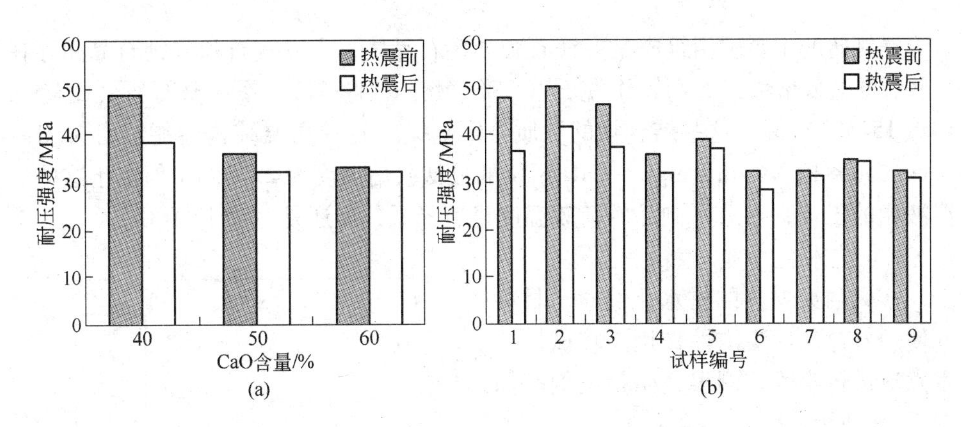

图 4-4 热震前后试样的耐压强度

由表 4-3 可知，不同 CaO 含量的九种镁钙试样外形在热震前后变化都不大，CaO 含量为 60% 的试样外形最完整，出现的裂纹最少；而 CaO 含量为 40% 的试样外形裂纹最多。从图 4-4 可知，CaO 含量为 40% 的镁钙砖热震前后耐压强度变化比较大，而 CaO 含量为 50%、60% 镁钙砖热震前后耐压强度变化则不大。这是因为游离 CaO，在高温下，蠕变大，塑性好，可以缓冲因温度波动产生的热应力，具有良好的抗热震性，热震前后几乎不改变镁钙砖的结构。所以对于 CaO 含量高的镁钙砖来说，热震前后耐压强度几乎不变化。对于不同 CaO 含量的镁钙材料而言，CaO 含量越高，制品的热震稳定性越好。

D 荷重软化温度分析

经测试 1~9 号试样的荷重软化温度均达到 1700℃，且各种试样的荷重变形-温度曲线变化大体相同，所以只画出 1 号的变化曲线，具体如图 4-5 所示。

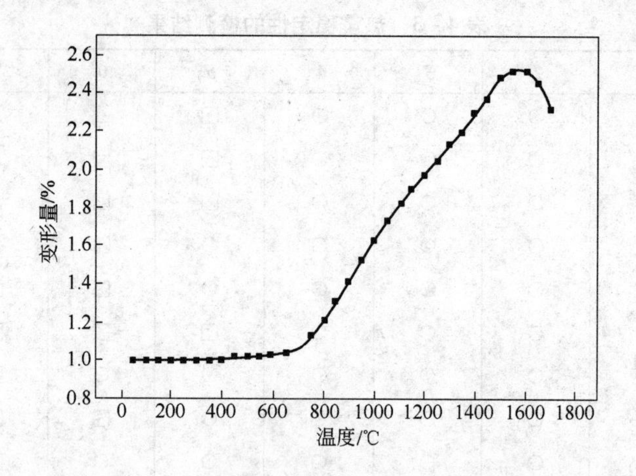

图 4-5 1 号试样的荷重变形-温度曲线

镁钙砖的主要矿相组成是方镁石和方钙石晶体，在方镁石和方钙石晶间存在一些硅酸盐低熔物，如钙镁橄榄石（CMS，熔点 1498℃）、镁蔷薇辉石（C_3MS_2，熔点 1575℃）等。这些结合物的性质会影响镁钙砖的高温结构性能。由 MgO-CaO 二元系相图可知，MgO-CaO 系统的最低共熔温度为 2370℃。但由于这些低温液相的出现，导致了制品的荷软温度显著降低，但还是达到 1700℃。

E 抗水化性能分析

镁钙耐火材料的抗水化性对于材料的使用寿命起着决定性作用。将试样按水煮法进行实验，测得其质量增加率如图 4-6 所示。

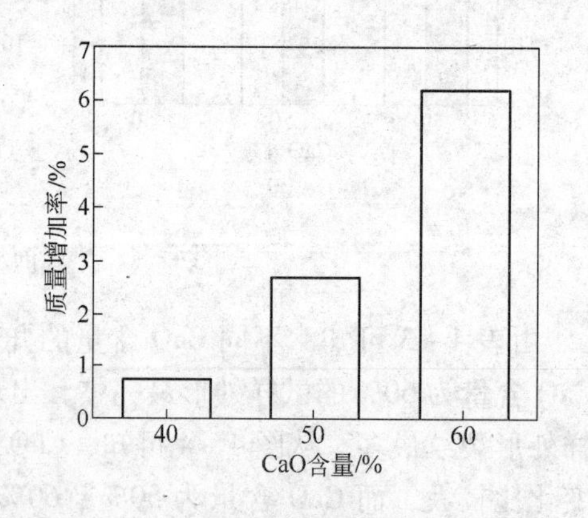

图 4-6 CaO 含量对试样抗水化性的影响

从图 4-6 可以看出，试样的抗水化性是随着 CaO 含量的增大而变小的。当 CaO 含量为 40% 时，试样的质量增加率不到 1%；当 CaO 含量增大到 50%、60% 时，试样的质量增加率急剧增大。这是因为随着 CaO 含量的提高，试样中的主晶相方钙石越来越多，方钙石容易与水反应生成 $Ca(OH)_2$，导致制品的开裂，水分沿着裂纹进入砖的内部与游离 CaO 反应，如此不断循环，最终导致制品开裂粉化。所以，CaO 含量越高，抗水化性越差。

F 抗渣侵蚀性分析

实验所用的炉渣为 VOD 渣，其理化指标如表 3-1 所示，将渣放入制好的镁钙质坩埚中，在高温炉中加热到 1600℃后保温 3 个小时，冷却后取出试样，发现九组试样没有出现明显的熔蚀迹象，渣侵部位由原来的灰色变成黑色。

经显微分析得知，镁钙砖的侵蚀深度与砖中 CaO 含量之间的关系如表 4－4 所示。

表 4－4 镁钙砖的侵蚀深度与 CaO 含量之间的关系

试样号	1	2	3	4	5	6	7	8	9
侵蚀深度/mm	1.964	2.154	1.836	1.864	1.953	1.775	0.813	0.954	0.648
CaO 含量/%	40			50			60		

由表 4－4 可知，三种不同 CaO 含量的镁钙砖的渣侵深度依次为：$H_{40\%} > H_{50\%} > H_{60\%}$，渣侵深度随着 CaO 含量的增加而减少。另外，相同 CaO 含量的三种不同合成镁钙砂配制的镁钙砖侵蚀情况基本相似。

通过上面分析可知：

（1）对于不同 CaO 含量的镁钙砖而言，CaO 含量的增加会降低镁钙砖的体积密度和常温耐压强度，CaO 含量从 40% 到 50% 变化不大，到 60% 后体积密度和常温耐压强度急剧减小；而对于相同 CaO 含量的不同配方而言，基质中添加少量高纯镁粉的体积密度和常温耐压强度最大。

（2）随着 CaO 含量的提高，镁钙砖的热震稳定性增加。

（3）CaO 含量的增加不会降低高钙镁钙砖的荷重软化温度，九种镁钙砖的荷软温度都达到 1700℃。

（4）镁钙材料的抗水化性随着 CaO 含量的提高而降低，CaO 含量越高，抗水化性下降趋势越明显。

（5）砖中 CaO 含量越高，抗侵蚀效果越好。

4.1.2 烧成镁钙锆耐火材料

由于 CaO 易水化，使镁钙系耐火材料的生产、使用受到了限制，因此迫切需要开发具有优良性能和抗水化性的镁钙系复合耐火材料。近年来研究表明，添加 ZrO_2 可以改善镁钙材料的抗水化性能，同时也促进了荷重软化温度和热震稳定性的提高，这对镁钙材料的广泛应用有着非常重要的意义，ZrO_2 复合镁钙材料日益受到重视。

ZrO_2 复合碱性耐火材料在近来得到了迅速发展，已成为 20 世纪 90 年代以来耐火材料研究的中心课题之一。ZrO_2 复合 MgO－CaO 系耐火材料包括：ZrO_2 复合 MgO 质耐火材料，ZrO_2 复合 CaO 质耐火材料和 ZrO_2 复合任意 MgO/CaO 比例的镁钙系耐火材料。

20 世纪 80 年代，日本的耐火材料研究者发现，ZrO_2 作为添加剂能促进方镁石晶体的长大。例如，在海水镁砂中添加极少量的 ZrO_2，能将原来约 50μm 的方镁石晶体成功地提高到100μm以上。这种添加了ZrO_2的镁砂最显著的特征是方镁石呈镶嵌结合，其中的ZrO_2主要同方镁石晶界区中的CaO反应生成$CaZrO_3$，从而促进了方镁石晶体的长大。使用这种镁砂生产的镁碳砖能够适应吹氧转炉衬中使用条件最严苛的部位。

$CaO-ZrO_2$复合耐火材料是为连铸开发的，用于连铸耐火材料的“三大件”（浸入式水口、长水口和整体塞棒），属于“功能材料”。20世纪90年代初期，日本为解决连铸浸入式水口的堵塞问题，开发了以$CaZrO_3$为主要成分的$ZrO_2-CaZrO_3$砂，并与石墨复合生产了$ZrO_2-CaO-C$质浸入式水口，在实际使用过程中取得了良好的效果，为防止Al_2O_3堵塞开辟了新途径，并为生产高洁净钢创造了较好的条件。

近年来，用镁铝砖代替镁铬砖，在水泥回转窑烧成带上应用，以解决六价铬对环境的污染。由于镁铝砖在实际使用中存在挂水泥窑皮性较差的缺点，而影响了使用寿命，因此开发了添加ZrO_2的镁钙系耐火材料。试用结果表明，它们与超高温烧成的镁铬砖相比，其挂窑皮性相同，并且对水泥成分熔蚀的抵抗性还要强些。此外，该材料中存在$CaZrO_3$相，因而其组织稳定性好，使其寿命大于或等于其他碱性砖，成为水泥回转窑烧成带的重要材料。

众多的研究成果和生产使用实践都表明，加入ZrO_2的镁白云石制品不只是抗热震性和抗渣渗透性提高，抗水化性能也明显改善，因而其适用性和耐用性都比较好。但其使用中也存在着一些问题，例如，采用ZrO_2复合$MgO-CaO$系原料制作的出钢口砖或者连铸用水口砖具有很好的高温强度和抗热震性能，但存在易于被熔渣侵蚀而发生反应的缺点。为此，可以采取用碳进一步复合的办法来改善其抗蚀性能。另外，其使用中的剥落严重影响了砖的寿命，这是今后研究中要注重改进的主要性能之一。除此之外，也有相关相图表明：镁钙锆材料抗Al_2O_3含量不太高的碱性精炼渣或硅酸钙水泥熟料的侵蚀是好的，但抗Al_2O_3含量高的精炼渣特别是酸性渣或铝酸钙水泥熟料（包括高铝水泥）的侵蚀则是不太好的。

镁钙锆耐火材料属于高级氧化物复合耐火材料系列，是一种很有潜力的优质耐火材料，但其应用目前尚处于开发阶段，仍存在一些问题需要解决。相信随着对镁钙锆耐火材料研究的不断深入，性能的不断优化，其应用范围将会愈加广泛，具有很好的发展前景。

要制备性能优异的镁钙锆耐火材料，必须有优质原料，本节主要研究镁钙合成砂对镁钙砖结构与性能的影响。

4.1.2.1 合成砂对镁钙锆砖结构与性能的影响

关于镁钙锆砂的合成前已论述，见2.3.3节。试验选用前面1号、3号、5号合成砂制成CaO含量为30%的镁钙锆砖，研究合成砂对镁钙砖各项性能的影响，具体配方见表4-5。

表4-5 试验配方

砂种	5~1mm 合成砂/%	1~0mm 合成砂/%	<0.088mm 高纯镁粉/%
A（加合成砂1）	50	10	40
B（加合成砂3）	50	10	40
C（加合成砂5）	50	10	40

将5~1mm的骨料颗粒预热后加入3%的石蜡结合剂，搅拌均匀后加入1~0mm及<0.088mm的细粉充分搅拌，由200t液压机上压制成$\phi50\times50$mm的圆柱形试样，成型后的试样在大石桥某耐火厂隧道窑1600℃烧成。

A 常温性能分析

不同合成砂对制品常温性能的影响见图4-7。

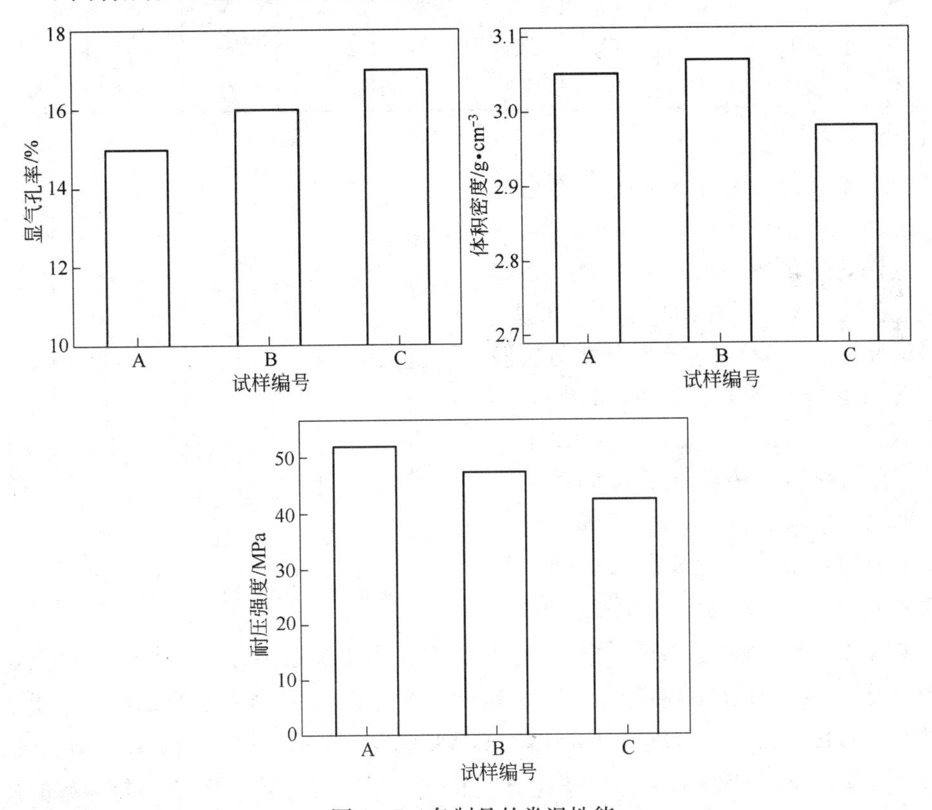

图4-7 各制品的常温性能

从图4-7可以看出，添加3号合成砂的制品显气孔率和体积密度均比添加1号合成砂的制品有所提高，耐压强度则稍有下降。而添加5号合成砂的制品在三种制品当中气孔率最高，体积密度和耐压强度最低。这是因为：添加3号合成砂的制品，由于合成砂本身的体积密度比1号合成砂大，所以制品的体积密度有所上升。但制品中存在较多的方镁石、方钙石与$CaZrO_3$间的直接结合，由于三者均为高熔点相，且三者之间无化合物生成，这使制品在1600℃的温度下难以烧结充分，因此气孔率较高，强度降低。添加5号合成砂的制品，虽然合成砂中含有一定量的硅酸盐相会促进制品的烧结，但由于合成砂本身的结构就比较疏松，因此气孔率最高，体积密度和耐压强度都最低。

B 热震性分析

按空气急冷法对三组试样进行了8次急冷、急热，发现试样都没有较大的损坏，只是个别出现裂纹。现将宏观检测结果列于表4－6。

表4－6 热震稳定性的检测结果

试样编号	0	1	2	3	4	5	6	7	8
A	□	□	□	△	△	△	△	△	△
B	□	□	□	□	□	△	△	△	△
C	□	□	□	□	□	□	△	△	△

注：□—小裂纹；△—大裂纹。

总体来说，添加3号和5号合成砂的试样，其抗热震性都有所提高。C组试样的抗热震性要稍好一些，B组试样次之，A组试样的抗热震性最差。将试样热震实验后的残余强度与实验前的强度进行比较，结果如图4－8所示。

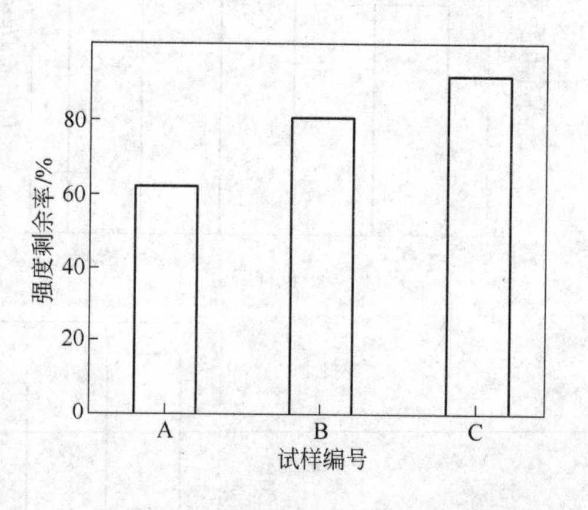

图4－8 热震前后强度剩余率

耐火材料抗热震性的好坏可用其强度剩余率来描述。由图4－8可以看出，添加含锆英石合成砂的试样，其强度剩余率最高，抗热震性能最好。添加含ZrO_2合成砂的试样，强度剩余率次之。不添加合成砂的试样，其强度剩余率最低，说明抗热震性能最差。这是因为添加含ZrO_2合成砂的试样，由于生成了一部分$CaZrO_3$，伴随有7%～8%的体积膨胀，使合成砂的内部存在微裂纹；另一方面，由于$CaZrO_3$的热导率比方镁石低，方镁石与$CaZrO_3$之间热导率的差异，导致方镁石和$CaZrO_3$间产生微裂纹。这些微裂纹的存在可以吸收、分散材料内的热应力，从而提高试样的韧性和抗热震性能。而添加含锆英石合成砂的试样，合成砂中不但生成$CaZrO_3$，还生成了C_2S、C_3S等新相，C_2S的晶型转变也伴随有体积膨胀，产生微裂纹，因此试样具有良好的抗热震性能。

C 抗水化性分析

按照煮沸试验法实验，将干燥试样称重后，水煮1h并观察其宏观变化。A组、B组试样底部均出现掉块现象；C组试样则出现了掉渣现象。水煮后的试样干燥24h后称重，其结果如图4－9所示。

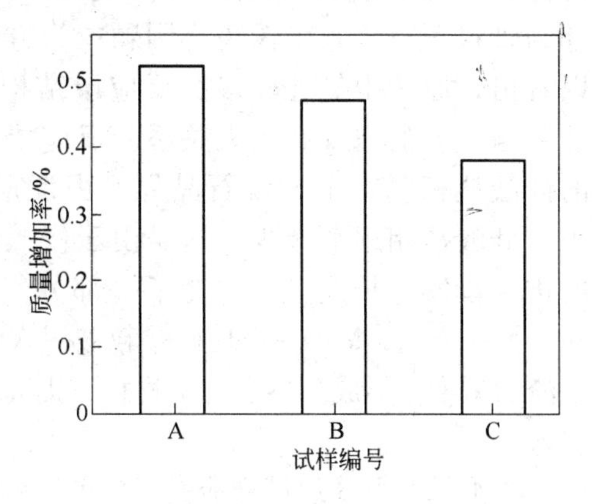

图4－9 不同试样水化结果

在水化时间一定的情况下，试样的质量增加率越大，表明材料的水化速度越快，抗水化性越差。从图4－9可以看出，A组试样的抗水化效果最差，C组最好，也就是添加含ZrO_2或锆英石合成砂的试样，其抗水化效果都优于A试样。这是因为CaO与ZrO_2反应生成$CaZrO_3$相，可以固定一部分游离CaO。

D 抗渣侵蚀分析

试验所用的炉渣是VOD炉渣，其理化指标见表3－1。

三组试样做完渣侵蚀试验后外形均完整，无明显熔蚀迹象。将渣侵蚀后的试样纵向剖开观察，渣侵蚀部位由原来的灰褐色变为深绿色，结构致密。各试样的渣侵蚀深度如表4－7所示。

表4－7 各试样的渣侵蚀深度

试样编号	A	B	C
侵蚀深度/mm	3.8	2.3	2.5

图4－10为A组试样渣侵反应前后的显微结构照片。

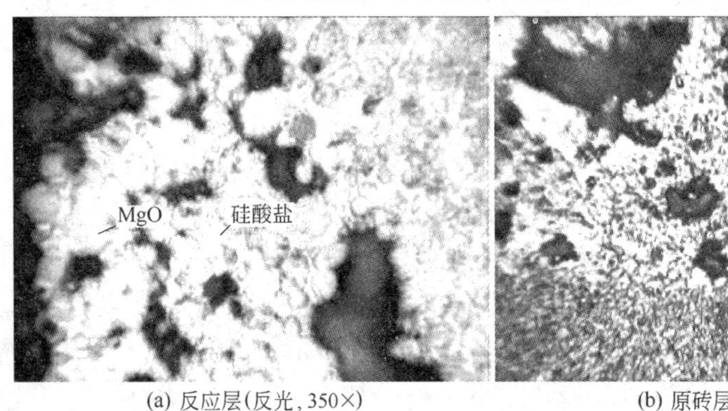

(a) 反应层(反光，350×)　(b) 原砖层(反光，150×)

图4－10 A组试样渣侵反应前后的显微结构

图4－10（a）中灰色略显突起的颗粒为方镁石，填充于方镁石晶界处浅灰色物质为硅酸盐相，黑色部分为气孔。图4－10（b）中上半部为基质，下半部为骨料颗粒，其中深色小圆颗粒为方钙石，浅色颗粒为方镁石。从图中可以看出，原砖中气孔较多，反应层结构比原砖要致密，但也存在大量气孔，这与合成砂的裂纹有很大关系。反应层中方镁石晶粒有长大的现象，有较多的硅酸盐相填充于方镁石晶界，由反应层向原砖过渡，方镁石颗粒逐渐减小，硅酸盐相逐渐减少。这是由于侵入砖中的熔渣一方面促进了方镁石晶体的进一步发育长大，且填充了一部分气孔形成致密层，阻止了渣的进一步渗入；另一方面，MgO－CaO砂颗粒被侵入砖中的炉渣熔蚀，熔入渣中的CaO提高了渣的碱度，形成高熔点的矿物相，提高了渣的黏度，从而抑制了熔渣的进一步渗入。

图4－11为B组试样渣侵反应前后的显微结构照片。

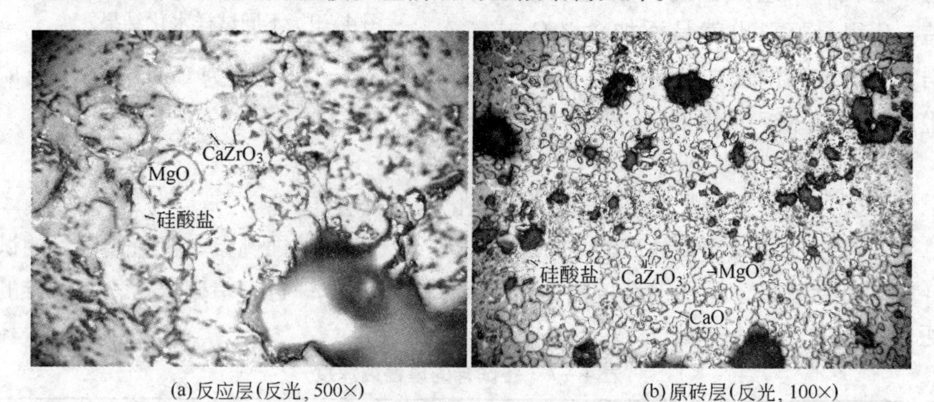

(a)反应层(反光，500×)　(b)原砖层(反光，100×)

图4－11 B组试样渣侵反应前后的显微结构照片

图中灰色略显突起的颗粒为方镁石，填充于方镁石晶界处深灰色物质为硅酸盐相，灰白色物质为$CaZrO_3$，浅灰色小圆颗粒为方钙石，黑色部分为气孔。从图中可以看出，原砖中气孔较多，反应层由于熔渣的渗入填充了大部分气孔，同时又促进了方镁石晶体的进一步发育长大，结构比较致密。反应层中有较多的硅酸盐相填充于方镁石晶界，存在少量$CaZrO_3$相分布于硅酸盐相之中。由于原砖中$CaZrO_3$相大部分存在于骨料颗粒之中，基质主要为方镁石，因此可以看出，仅有少量骨料颗粒被熔渣侵蚀，说明合成砂的抗侵蚀性很好，熔渣主要沿着基质的晶间和气孔向砖内部渗入。这是因为合成砂中的$CaZrO_3$与炉渣不发生反应，阻止了熔渣向骨料颗粒内部的侵入和减小了渣对CaO的侵蚀，从而提高了制品的抗侵蚀性能。

图4-12为C组试样渣侵反应前后的显微结构照片。

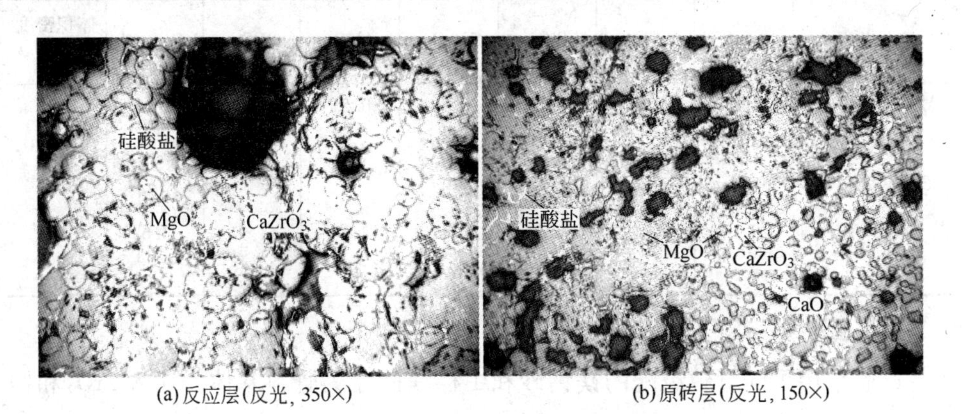

(a)反应层(反光, 350×)　(b)原砖层(反光, 150×)

图4-12 C组试样渣侵反应前后的显微结构照片

图中灰色圆形颗粒为方镁石，深灰色大片无规则形状的物质为硅酸盐相，灰白色物质为$CaZrO_3$，大颗粒中浅灰色形成连续结构的为方钙石，黑色部分为气孔。从图4-12（b）可以看出，原砖中存在大量气孔，说明制品烧结不好。从图4-12（a）可以看出，反应层比较致密，存在大片的硅酸盐相，方镁石晶粒有长大的现象。靠近反应层有部分骨料颗粒被熔蚀，被熔蚀的骨料颗粒中$CaZrO_3$逐渐富集，形成富集层，阻挡了熔渣的进一步渗透。

通过以上分析可知：

（1）添加合成砂的制品，其常温性能都没有明显改善；相比之下，添加含锆英石合成砂的制品，显气孔率高，体积密度和常温耐压强度低。

（2）合成砂都会提高制品的抗热震性能，尤其是添加含锆英石合成砂的制品，其抗热震性能显著提高。

（3）合成砂都会改善制品的抗渣侵性能，添加含ZrO_2合成砂的制品抗渣侵性较好。

4.1.2.2 ZrO_2和锆英石对镁钙砖结构与性能研究

前面研究了ZrO_2和锆英石以镁钙锆合成砂的形式加入时，对镁钙砖结构与性能的影响。本节主要研究ZrO_2和锆英石以细粉的形式加入到镁钙砖中，对镁钙砖结构与性能的影响。

A 原料

试验原料选用辽宁大石桥的镁钙砂、中档镁砂和高纯镁粉，以及市售单斜氧化锆，锆英石。各原料的理化指标如表4-8所示。

表 4-8 试验原料的理化指标 （%）

原料种类	MgO	CaO	SiO_2	Fe_2O_3	Al_2O_3	ZrO_2	灼 减	体积密度 /$g \cdot cm^{-3}$
MgO - CaO 砂	41	56	1.32	0.59	0.51		0.24	3.26
中档镁砂	95.19	1.68	1.71	0.59	0.54		0.25	3.25
高纯镁粉	97.15	0.27	1.28				0.34	
锆英石	0.1	0.1	31.52	0.41	2.14	61.91	3.6	
ZrO_2						>99		

B 镁钙锆砖制备

试验采用不同颗粒级配的镁钙砂和中档镁砂作为骨料基体，加入 ZrO_2 和锆英石，以石蜡作为结合剂成型。具体配方见表 4-9。

表 4-9 试验配方 （%）

试样编号	5~1mm	1~0mm		<0.088mm		
	MgO - CaO 砂	MgO - CaO 砂	中档镁砂	高纯镁粉	ZrO_2	锆英石
1	50	3.6	6.4	40	—	—
2	50	3.6	6.4	38	2	—
3	50	3.6	6.4	35	5	—
4	50	3.6	6.4	33	7	—
5	50	3.6	6.4	30	10	—
6	50	3.6	6.4	28	12	—
7	50	3.6	6.4	25	15	—
8	50	3.6	6.4	38	—	2
9	50	3.6	6.4	35	—	5
10	50	3.6	6.4	33	—	7
11	50	3.6	6.4	30	—	10

注：结合剂石蜡加入量为 3%（外加）。

将 5~1mm 的骨料颗粒预热后加入结合剂搅拌均匀，然后加入 1~0mm 及 <0.088mm 的细粉充分搅拌，在 200t 液压机上压制成 $\phi 50 \times 50$mm 的圆柱形试样。成型后的试样在大石桥某耐火厂隧道窑 1600℃烧成，推车时间为 80min/车。

C 体积密度、显气孔率分析

试样的体积密度和显气孔率的检测结果如图 4-13 及图 4-14 所示。

从图 4-13 和图 4-14 可以看出，ZrO_2 和锆英石的加入量对试样体积密度和气孔率的影响还是比较明显的。试样的体积密度随 ZrO_2 含量的增加而增大，当

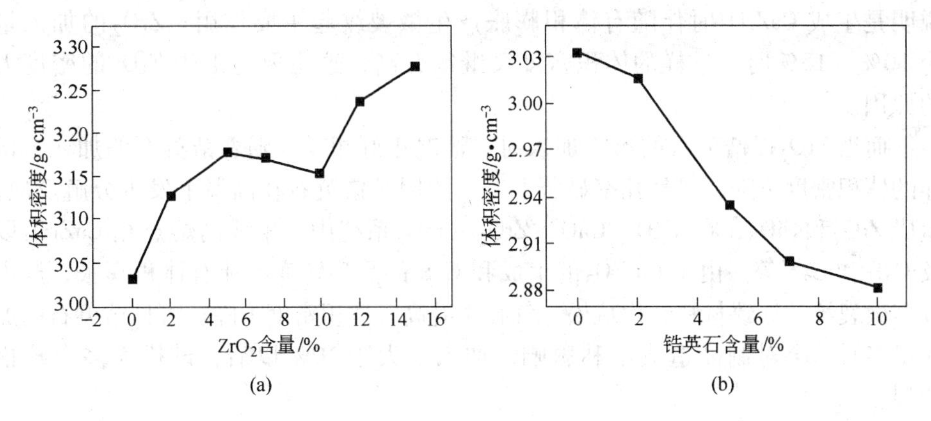

图 4－13 ZrO_2和锆英石的含量对试样体积密度的影响

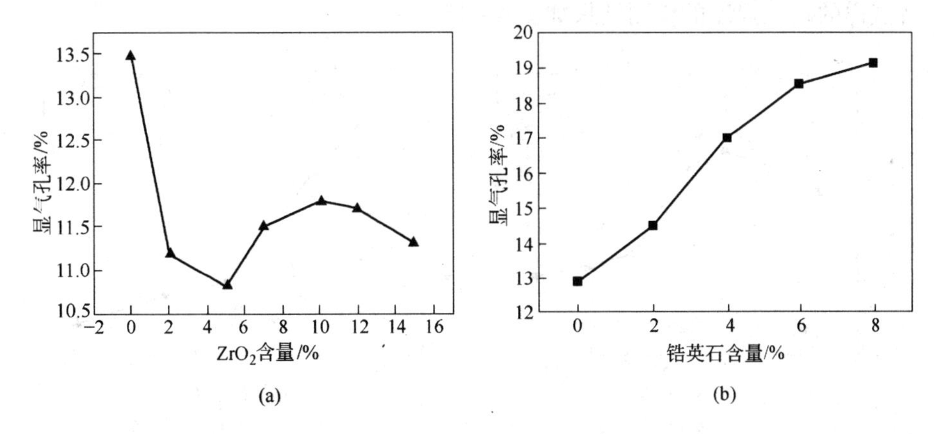

图 4－14 ZrO_2和锆英石的含量对试样显气孔率的影响

ZrO_2含量为7%～10%之间时，其体积密度有所下降，但随着ZrO_2含量继续增加，其体积密度又呈上升趋势。而试样的显气孔率则随着ZrO_2的加入基本上呈下降趋势，当ZrO_2含量为5%时，其显气孔率最低，以后略有增加，直到ZrO_2含量超过10%以后，试样的显气孔率又继续下降。这一方面是由于ZrO_2的密度比MgO和CaO的大得多，因此试样的体积密度随着ZrO_2含量的增加而增大；另一方面是由于材料中的ZrO_2与CaO反应生成化合物$CaZrO_3$，增加了固相反应烧结的推动力，从而促进了材料的烧结。随着ZrO_2含量的增加，$CaZrO_3$的生成量也增加，因此试样的体积密度增大。但是$CaZrO_3$的生成伴随有体积膨胀，使试样的内部产生微裂纹，随着$CaZrO_3$生成量的增加，微裂纹的数量也增加，又使试样的显气孔率略有增加。ZrO_2的加入量为2%～7%之间时，试样的体积密度较高，显气孔率较低，说明是ZrO_2的加入促进了材料的烧结起主要作用；ZrO_2的加入量为7%～10%时，试样的体积密度略有下降，显气孔率又较高，

说明是生成 $CaZrO_3$ 时伴随有体积膨胀产生微裂纹起主要作用；ZrO_2 的加入量为 10% ~15% 时，试样的体积密度又继续升高，这主要是由于 ZrO_2 的密度大的原因。

而当 ZrO_2 以锆英石的形式加入时，情况正好相反。随着锆英石的加入，试样的体积密度下降，显气孔率显著上升。原因是锆英石在高温下发生分解反应，生成 ZrO_2 和 SiO_2，在 $MgO-CaO-ZrO_2-SiO_2$ 系统中，生成高熔点相 $CaZrO_3$ 以及 C_2S 和 C_3S 等。由于 $CaZrO_3$ 的生成和 C_2S 的晶型转变都伴有体积膨胀，产生较多微裂纹，导致材料结构疏松，气孔率升高，体积密度下降。可见锆英石的加入量多时，会对制品造成不利影响，加入量大于 10% 以后，试样大多会疏松开裂。

D 耐压强度分析

试样的耐压强度的检测结果如图 4－15 所示。

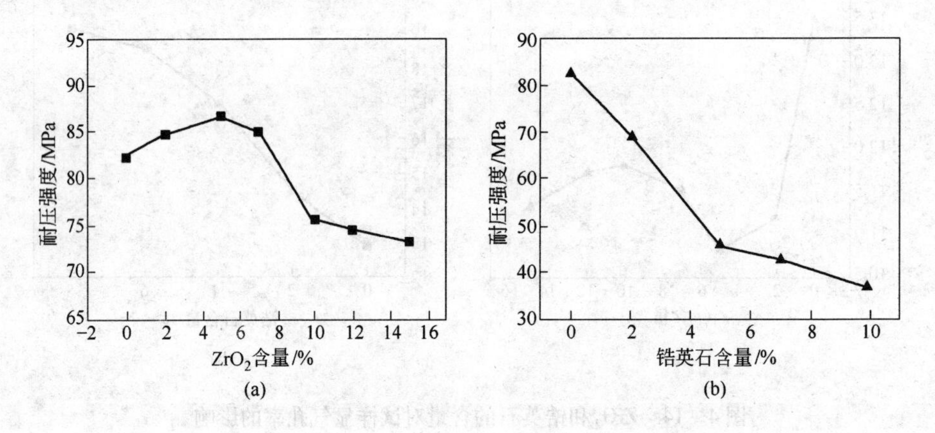

图 4－15 ZrO_2 和锆英石的含量对试样耐压强度的影响

从图 4－15 可以看出，常温下，随 ZrO_2 含量的增加，试样的强度呈现先上升后下降的趋势，但就数值而言，变化程度并不是很明显。ZrO_2 的加入量为 2% ~7% 时，试样的强度提高，这是因为试样的体积密度较高，显气孔率较低，结构比较致密。ZrO_2 的加入量大于 7% 以后，由于产生了一定量的微裂纹，导致材料的强度有所下降。而锆英石的加入对试样强度的影响则是比较大的，当试样中加入锆英石后，其强度显著下降。锆英石含量为 5% 的 9 号试样，烧后强度要比 1 号空白样降低接近一半。很明显，引入锆英石比引入 ZrO_2 对材料强度的影响要大。这是因为向 $MgO-CaO$ 材料中加入锆英石可生成 $CaZrO_3$ 和 C_2S 等新相，其伴有的体积膨胀会产生微裂纹，使气孔率上升。气孔的增多，导致试样结构疏松，削弱了试样内部结构的致密性，从而导致材料强度下降。

E 热震稳定性分析

采用空气急冷法对各组试样进行了8次急冷、急热，发现试样都没有较大的损坏，只是个别出现了明显的裂纹，加了锆英石的试样略有膨胀。观察到的宏观检测结果列于表4-10。

表4-10 热震稳定性的检测结果

试样编号	0	1	2	3	4	5	6	7	8
1	○	○	□	□	□	□	△	△	△
2	○	○	□	□	□	□	□	△	△
3	○	○	○	□	□	□	□	□	△
4	○	○	□	□	□	□	□	△	△
5	○	○	○	○	□	□	□	□	□
6	○	○	○	□	□	□	□	□	□
7	○	○	○	○	□	□	□	□	□
8	○	○	□	□	□	□	□	△	△
9	□	□	□	□	□	□	□	□	△
10	□	□	□	□	□	□	□	□	△
11	□	□	□	□	□	□	□	△	△

注：○—无裂纹；□—小裂纹；△—大裂纹。

总体来说，加入ZrO_2或锆英石后，试样的抗热震性都有所提高。对表4-10中的情况进行比较可以看出，5号、6号、7号试样的抗热震性要稍好一些，9号、10号、11号试样次之，1号试样的抗热震性最差。为进一步说明此现象，将试样热震试验后的残余强度与试验前的强度进行比较，结果如图4-16所示。

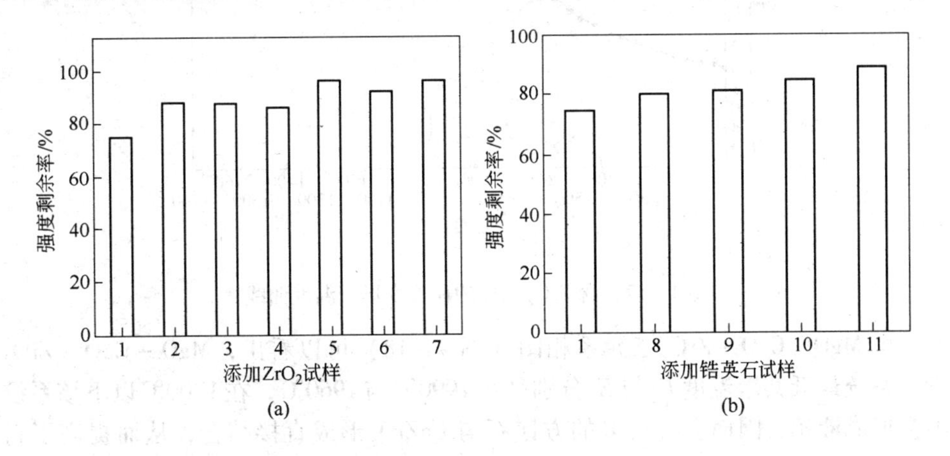

图4-16 热震前后试样的耐压强度

由图 4 – 16 可以看出，随着 ZrO_2 含量的增加，试样的强度剩余率增高，5 号、6 号、7 号试样的强度剩余率最高，具有较好的热震稳定性。MgO – CaO 试样随着锆英石的加入，其热震稳定性也有明显的改善，其强度剩余率逐渐提高。原因是加入 ZrO_2 以后，一方面试样中生成 $CaZrO_3$ 伴随有体积膨胀，使砖的内部出现微裂纹；另一方面方镁石与 $CaZrO_3$ 之间热导率有差异，导致方镁石和 $CaZrO_3$ 间产生微裂纹。这些显微裂纹在裂纹尖端张应力的作用下扩展，起着消耗和分散主裂纹尖端能量的作用，阻碍主裂纹的扩展，从而提高了材料的韧性和抗热震性能。而加入锆英石以后，试样中不但生成 $CaZrO_3$，还生成了 C_2S、C_3S 等新相。由于 C_3S 只在 1250℃以上才稳定存在，低于 1250℃将分解为 $\alpha' - C_2S$ 和 CaO，以及 $\alpha' - C_2S \xrightleftharpoons{850℃} \gamma - C_2S$ 伴随有体积膨胀。因此在热震过程中，试样中又会有一部分 $C_3S \rightarrow C_2S$ 以及 C_2S 的晶型转变发生，产生较多微裂纹，导致试样的强度稍有下降。这也是热震试验后加锆英石试样体积略有膨胀的原因。

F 荷重软化温度分析

测得 1 ~ 9 号试样的荷重软化温度均大于 1700℃，只有 10 号（含锆英石 7%）及 11 号（含锆英石 10%）试样的荷重软化温度稍有下降，分别为 1684℃ 和 1656℃。由于各组试样的变形曲线类似，故只列出 3 号（含 ZrO_2 5%）试样的变形曲线，如图 4 – 17 所示。

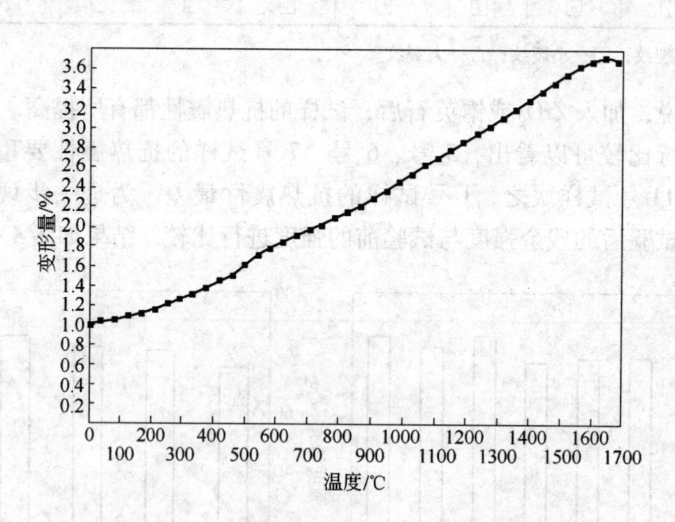

图 4 – 17 含 ZrO_2 试样的荷重变形 – 温度曲线

由 MgO – CaO – ZrO_2 三元系相图（图 4 – 18）可以看出，MgO – CaO – ZrO_2 三元系统最低共熔温度 E_1 与 E_2 分别高达 1990℃与 1960℃，在 1700℃以下该系统不会形成液相，因而会有较多的方镁石与 $CaZrO_3$ 形成直接结合，从而提高了材料的荷重软化温度。随着锆英石的加入，材料中含有一定量的 SiO_2，会生成低熔点相降低其高温强度，再加上试样的疏松结构，导致变形温度降低。ZrO_2的加入不会降低 MgO - CaO 试样的荷重软化温度，而随着锆英石含量的增加，试样的荷重软化温度逐渐降低。

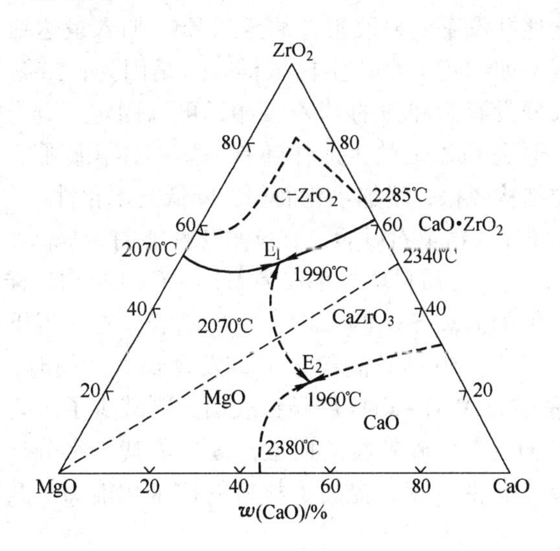

图 4 - 18 MgO - CaO - ZrO_2三元系相图

G 抗水化性分析

按照煮沸试验法将干燥试样称重后，水煮 1h 并观察其宏观变化。9 号、10 号、11 号试样均没有什么明显损坏，只是表面出现一层白色物质；2 号、3 号、8 号试样底部出现少量掉渣现象；1 号、4 号、5 号、6 号试样则出现较严重的掉渣现象；7 号试样损坏最为严重，出现了掉块现象。水煮后的试样干燥 24h 后称重，其结果如图 4 - 19 所示。

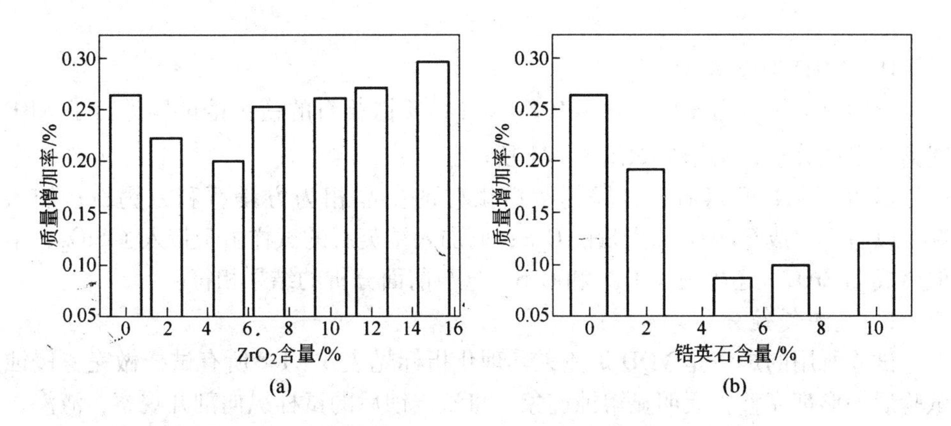

图 4 - 19 ZrO_2和锆英石的含量对试样质量增加率的影响

在水化时间一定的情况下，质量增加率越大，材料的水化速度越快，说明其抗水化性越差。从图4－19可以看出，MgO－CaO试样中加入少量ZrO_2以后，其抗水化性有所提高，其中ZrO_2加入量为5%时抗水化效果最好。但随着ZrO_2含量的增加，其抗水化性并没有明显改善，甚至当ZrO_2加入量达到15%时，其抗水化性反倒变差，还不如MgO－CaO空白试样。这是因为：虽然材料中的CaO与ZrO_2反应生成对水分没有亲和力的$CaZrO_3$相，可以固定一部分游离CaO，减少水化反应的发生，但是$CaZrO_3$的生成伴随有一定的体积膨胀，产生微裂纹，生成量多会导致试样结构疏松，增加水化面积，降低抗水化性。

MgO－CaO试样加入锆英石以后，其抗水化性能明显提高。当锆英石加入量为5%时抗水化效果最好，质量增加率仅为MgO－CaO空白试样的33%。这是由于锆英石分解后产生的游离SiO_2与CaO、MgO结合，在高温下产生液相，促进了试样烧结，使方镁石、方钙石晶粒进一步发育长大。同时，生成的$CaZrO_3$、C_2S、C_3S等新相覆盖在MgO－CaO砂颗粒表面，既减少了游离CaO的含量，又阻塞了水分进入MgO－CaO砂颗粒的通道，减少了其与水分接触的表面积，从而明显减少了CaO水化的几率，提高了材料的抗水化能力。其作用示意图见图4－20。

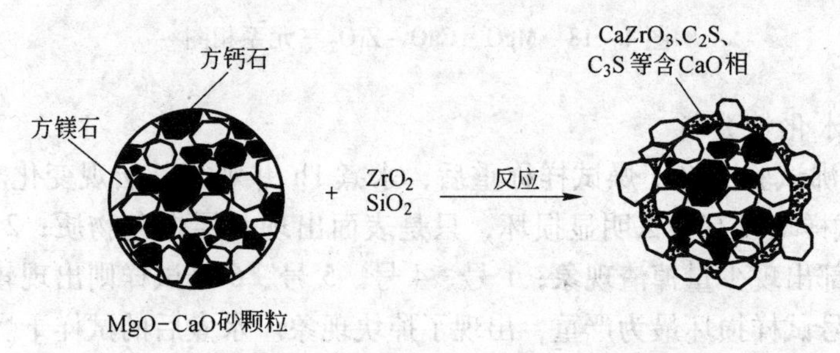

图4－20 锆英石提高MgO－CaO材料抗水化性示意图

H XRD图谱分析

分别对镁钙空白试样、含10% ZrO_2和10%锆英石的镁钙锆试样进行了XRD图谱的定性分析，其结果如图4－21所示。

由图4－21可以看出，镁钙空白试样的主晶相为方镁石和方钙石；加入ZrO_2以后，生成$CaZrO_3$和少量的C_2S；而加入锆英石的试样由于带入了SiO_2，不但生成$CaZrO_3$，还生成了C_3S和C_2S。这与前面分析的结果相符。

I 抗渣侵蚀分析

试验所用的炉渣是VOD炉渣，其理化指标见表3－1。所有试样做完渣侵蚀试验后外形都完整，无明显熔蚀迹象。将渣侵蚀后的试样纵向剖开观察，渣渗入部位由原来的灰褐色变为深绿色，结构致密。各试样的渣侵蚀深度见表4－11。

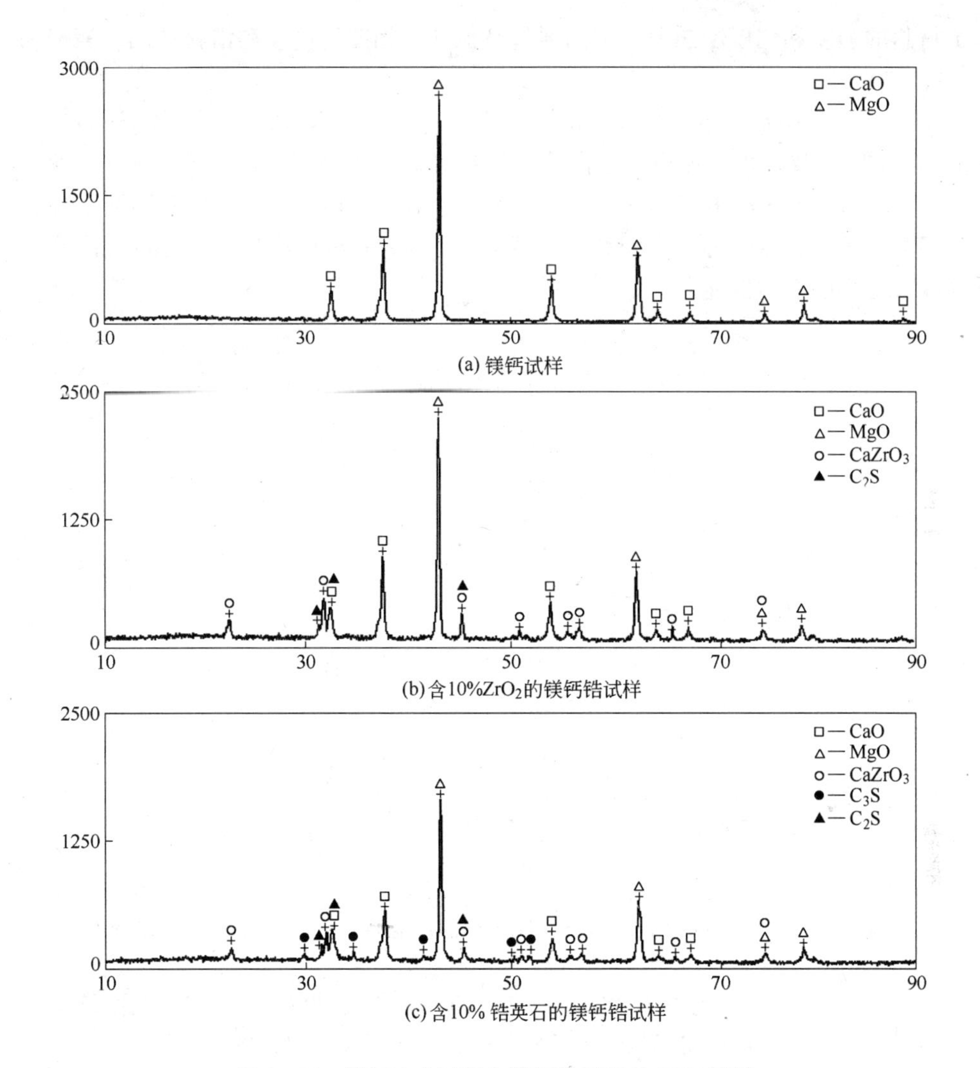

图 4－21　镁钙空白试样和镁钙锆试样的 XRD 图谱

表 4－11　各试样的渣侵蚀深度

编　号	1	2	3	4	5	6	7	8	9	10	11
侵蚀深度/mm	2.9	2.6	2.4	2.5	2.4	2.5	3.0	3.7	3.5	4.3	7.7

J　相图分析

采用前面处理方法，可将镁钙锆复合材料抗 VOD 炉渣的侵蚀，简化为抗 C/S（摩尔比）为 1.88 的 $CaO-SiO_2$炉渣的侵蚀进行分析讨论。

前面已经分析了 $MgO-CaO-ZrO_2$三元系统最低共熔温度为 1960℃，有较多的方镁石与 $CaZrO_3$形成直接结合，其晶粒间不易被液相或熔渣渗透，从而提高了材料的强度和抗侵蚀能力。下面通过其他几个相图讨论镁钙锆材料的抗渣侵蚀性能。

由 $MgO-ZrO_2-SiO_2-CaO$ 系中的 $MgO-CaO\cdot ZrO_2-2CaO\cdot SiO_2$ 等组成截面图（图4－22）可以看出，它们的最低共熔点温度为1750℃ ±10℃。在该亚系统中，随着 $CaO\cdot ZrO_2/2CaO\cdot SiO_2$ 的降低，亚液相线温度由2050℃逐渐下降到1750℃ ±10℃，然后再上升到约1815℃。说明随着 SiO_2 的引入，会降低镁钙锆系耐火材料的高温性能。

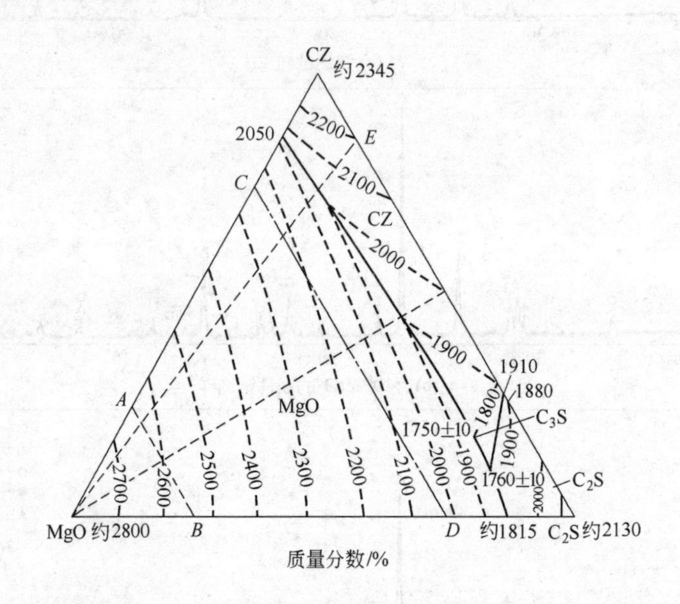

图4－22 $MgO-ZrO_2-SiO_2-CaO$ 系中的 $MgO-CaO\cdot ZrO_2-2CaO\cdot SiO_2$ 截面图

镁钙材料抗 C/S 比为1.88的 $CaO-SiO_2$ 炉渣侵蚀情况，可以借助 $MgO-CaO-SiO_2$ 系在1600℃和1700℃的等温截面图（图4－23，图4－24）来分析。图中 X 点为炉渣组成点（C/S 比为1.88），Y 点为镁钙耐火材料组成点（70% MgO，30% CaO），将 X 点与 Y 点连线可以看出，镁钙材料在1600℃和1700℃与炉渣反应量均为87%时才开始有液相生成，1600℃与渣反应量达100%时生成的液相量为16.2%，而1700℃与渣反应量达100%时生成的液相量也仅为24%。镁钙材料与炉渣反应量与液相生成量之间的关系如图4－25所示。可以说，镁钙材料具有良好的抗 C/S 比为1.88炉渣侵蚀能力。

由 $CaO-ZrO_2-SiO_2$ 三元相图（图4－26）1700℃液相线位置可以看出，C/S 比为1.88的组成点没有落在液相区内，说明 $CaO-ZrO_2$ 材料中引入 C/S 比为1.88的炉渣，不会生成大量液相，$CaO-ZrO_2$ 材料抗 C/S 比为1.88炉渣的侵蚀很好。可以推测，$CaO-ZrO_2$ 材料在1600℃时抗 C/S 比为1.88炉渣的侵蚀也很好。

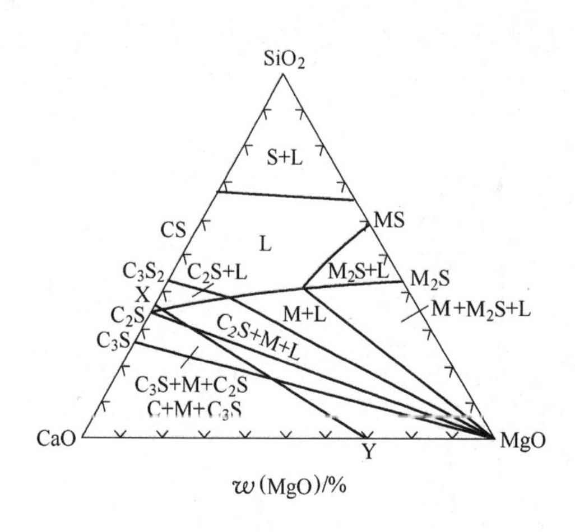

图 4-23 MgO-CaO-SiO_2系在1600℃的等温截面图

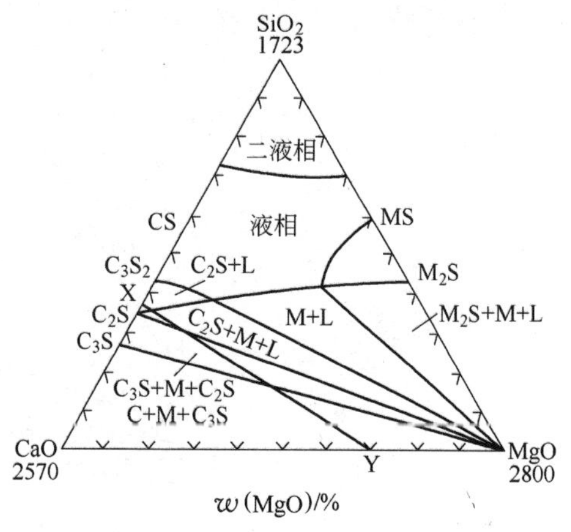

图 4-24 MgO-CaO-SiO_2系在1700℃的等温截面图

从上面分析可知，镁钙锆材料具有良好的抗 C/S 比为 1.88 炉渣侵蚀性能。下面通过显微结构分析再进一步讨论镁钙锆材料的抗渣侵蚀性能。

K 显微结构分析

图 4-27 为镁钙空白试样渣侵反应前后的显微结构照片。图其中略显突起的浅灰色颗粒为方镁石，方镁石晶间暗灰色无规则形状的部分为硅酸盐相，灰黑色呈浑圆粒状的物质为方钙石，黑色部分为气孔。从图中可以看出，原砖中镁钙试样骨料颗粒中方镁石与方钙石晶粒大小接近，分布均匀。反应层中，随着炉渣的渗入，方镁石晶间被硅酸盐相填充，高温下液相促进了方镁石晶粒的发育长大。骨料颗粒被渣熔蚀，方钙石与渣反应，使渣中生成高熔点矿物相，提高了渣的黏度，减缓了渣的进一步渗入，无明显的渣侵蚀界限。

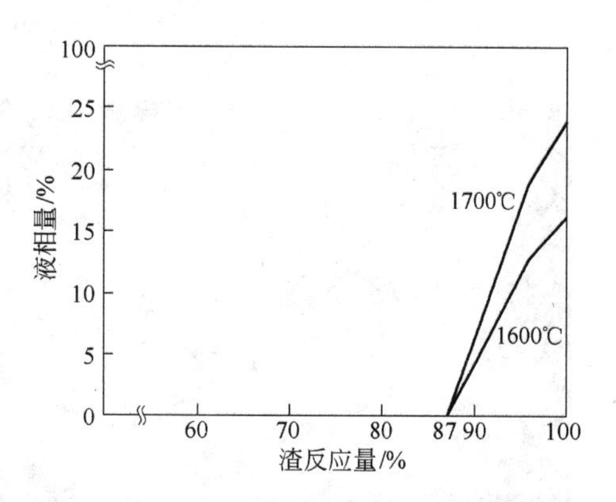

图 4-25 MgO-CaO 材料与炉渣反应量与液相生成量之间的关系

图 4-28 为含 7% ZrO_2 的镁钙试样渣侵反应前后的显微结构照片。图中浅灰色略显突起的颗粒为方镁石，方镁石晶间灰白色的物质为 $CaZrO_3$，暗灰色部分为硅酸盐相。从图中可以看出，原砖基质中粒状的方镁石构成连续结构，其中方镁石与方镁石之间以及方镁石与 $CaZrO_3$ 之间大部分呈直接结合。靠近反应层，随着炉渣的渗入有少量硅酸盐相出现，填充于方镁石晶粒之间，方镁石晶粒有长

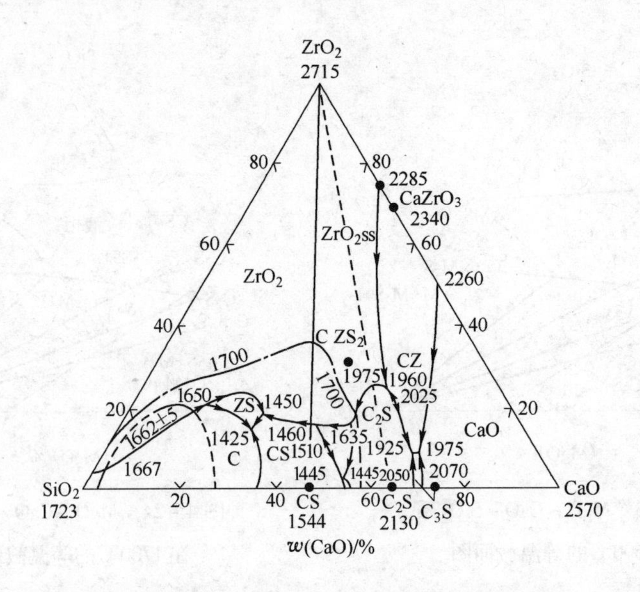

图 4－26　CaO－ZrO_2－SiO_2三元相图

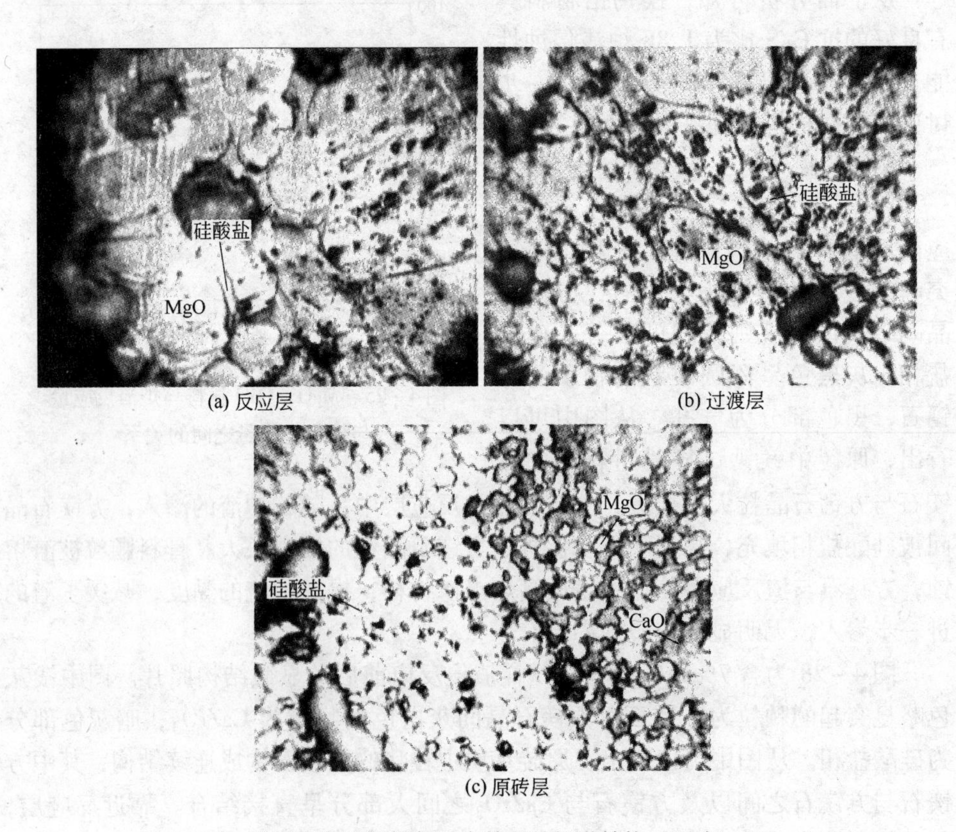

(a) 反应层　(b) 过渡层　(c) 原砖层

图 4－27　镁钙空白试样渣侵反应前后的显微结构（反光，500×）

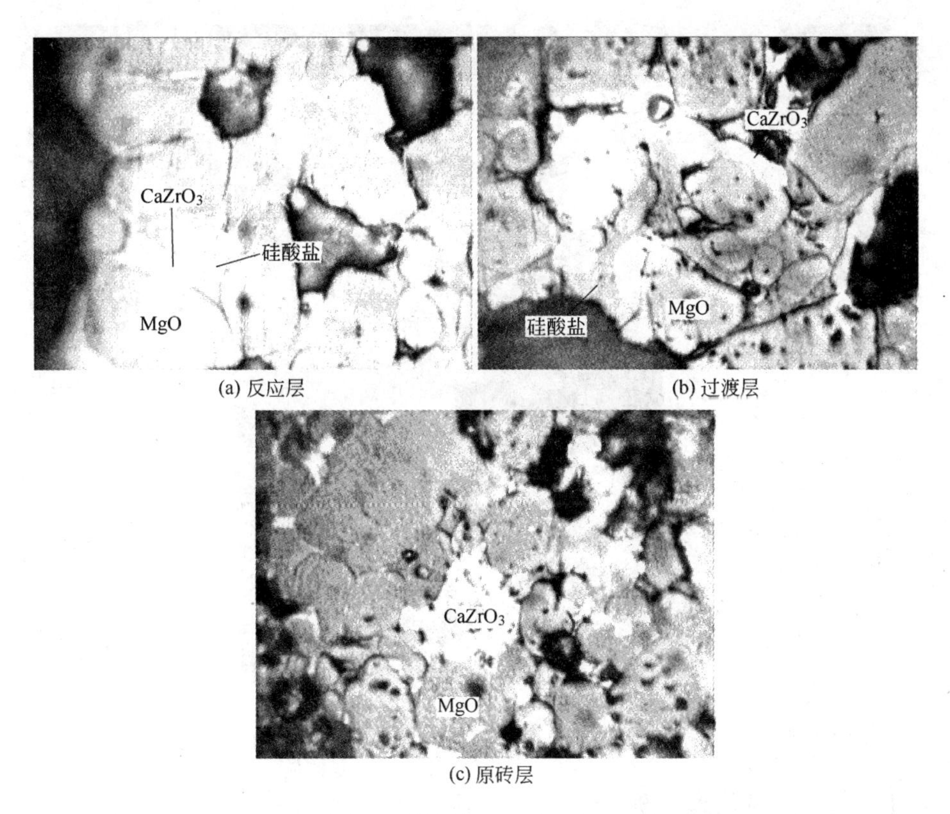

(a) 反应层　(b) 过渡层　(c) 原砖层

图 4－28　含 7% ZrO_2 的镁钙试样渣侵反应前后的显微结构（反光，500×）

大的现象，结构变得更加致密。反应层较薄，与原砖之间没有明显的渣侵蚀界限。从反应层可以看出，方镁石与 $CaZrO_3$ 呈直接结合的区域很少有硅酸盐相的侵入，仍保留原来的直接结合状态。而方镁石与方镁石直接结合的区域则有部分直接结合被破坏，有少量硅酸盐相填充于方镁石晶粒之间。这说明方镁石晶间的 $CaZrO_3$ 对渣具有惰性，一方面可以减少炉渣对方镁石颗粒的熔蚀；另一方面对炉渣的侵入又起到堵塞作用，减缓了渣的渗透，从而提高了试样的抗侵蚀性能。

图 4－29 为含 7% 锆英石试样渣侵反应前后的显微结构照片。图中浅灰色略显突起的颗粒为方镁石，方镁石晶间灰白色的物质为 $CaZrO_3$，暗灰色部分为硅酸盐相。从图中可以看出，原砖中存在较多形状不规则的大气孔，说明试样结构比较疏松。方镁石晶间被 $CaZrO_3$ 以及硅酸盐相填充，硅酸盐相分布不均匀。反应层较厚，结构比较致密，出现大片硅酸盐相，说明熔渣渗透比较严重。其原因是镁钙材料中加入锆英石以后，由于 SiO_2 含量增加，在方镁石晶间形成了一定量低熔点的硅酸盐相，再加上试样疏松的结构，熔渣会沿着气孔和方镁石晶界进入试样内部，直接导致方镁石、方钙石颗粒的熔蚀，对 MgO－CaO 材料的抗侵蚀性起不利作用。

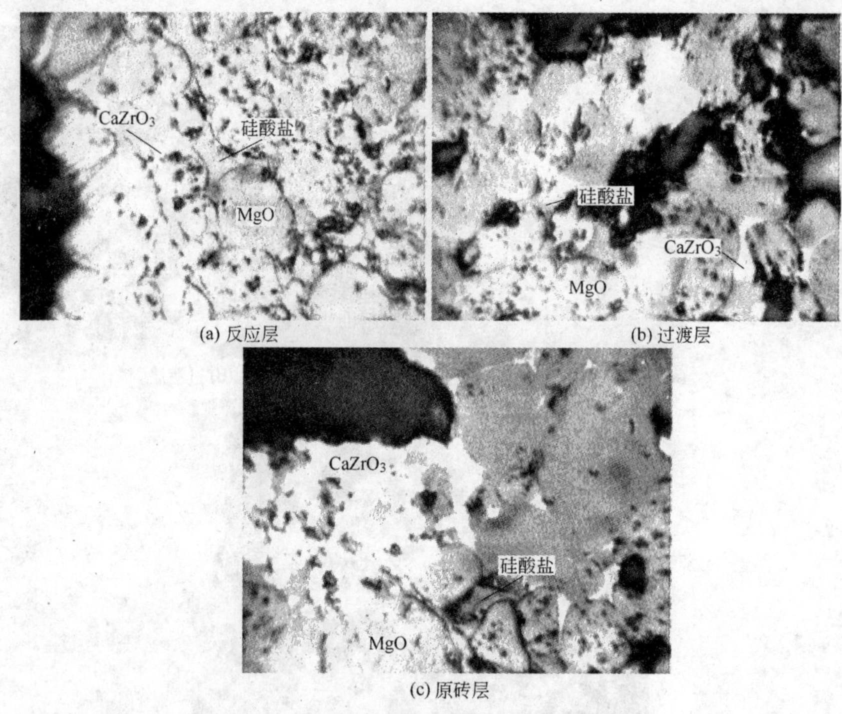

图4-29 含7%锆英石的镁钙试样渣侵反应前后的显微结构（反光，500×）

L 扫描电镜能谱分析

对试样进行扫描能谱分析，检测试样中生成新相的成分及反应层中成分的变化。

（1）含 ZrO_2 试样在方镁石晶间生成的新相处做能谱分析，结果见图4-30，图4-30（a）为形貌图，图4-30（b）为图4-30（a）中“+”位置的点扫描结果。

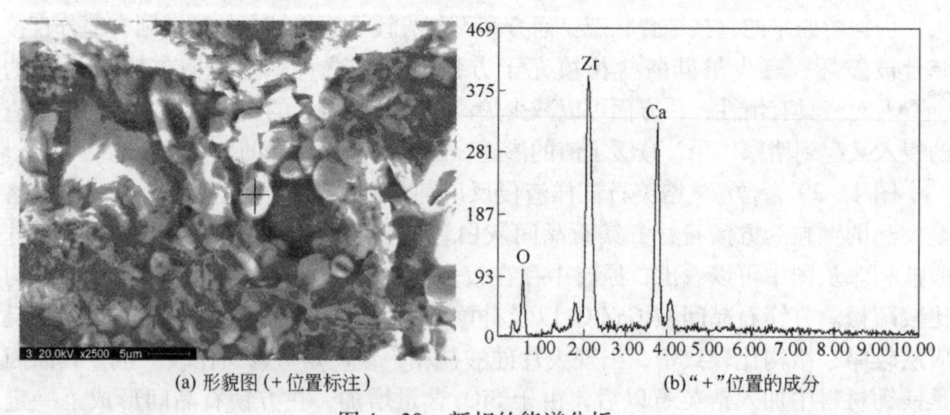

(a) 形貌图（+位置标注） (b)“+”位置的成分

图4-30 新相的能谱分析

由图4-30可知，镁钙材料中加入 ZrO_2 以后，CaO 会与 ZrO_2 反应生成 $CaZrO_3$，为前面的分析提供了依据。

（2）利用电镜分析含 7% ZrO_2 的镁钙锆砖抗渣侵蚀状况，考察反应层中各成分的变化。已测得反应层厚度约为 2.5mm，用宽为 795μm 的长方形做面扫描，从工作面向原砖层一侧连扫 6 次，考察反应层中成分的变化。结果见图 4－31，图 4－31（a）为形貌图，图 4－31（b）和图 4－31（c）为面扫描所得结果。

(a) 形貌图

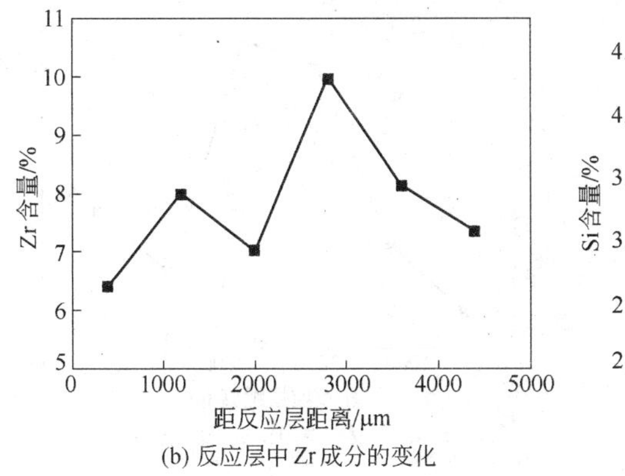

(b) 反应层中 Zr 成分的变化

(c) 反应层中 Si 成分的变化

图 4－31　反应层中成分的变化

由前面的分析已知，试样中 Zr 以 $CaZrO_3$ 的形式存在，Si 以硅酸盐的形式存在。从图 4－31 可以看出，从工作面向原砖层方向，Zr 含量基本上呈先上升后下降的趋势；在反应层与原砖层过渡的一段区域，Zr 含量最高；过渡到原砖层之后，Zr 含量又有所下降。而 Si 含量则基本上呈下降的趋势，并且在 Zr 含量达到最高值以后，Si 含量也明显下降。说明从工作面向原砖层方向，炉渣的渗透逐渐减弱，过了 Zr 富集的区域之后，渗透基本消失。其原因可能是：$CaZrO_3$ 在高温下随着熔渣的渗入逐渐向内部移动并富集，形成富集层，阻挡了渣的进一步渗透，从而提高材料的抗侵蚀性。

(3) 利用电镜分析含7%锆英石的镁钙锆砖抗渣侵蚀状况，考察反应层中各成分的变化。已测得反应层厚度约为4.3mm，用宽为779μm的长方形做面扫描，从工作面向原砖层一侧连扫6次，考察反应层中成分的变化。结果见图4-32，图4-32（a）为形貌图，图4-32（b）和图4-32（c）为面扫描所得结果。

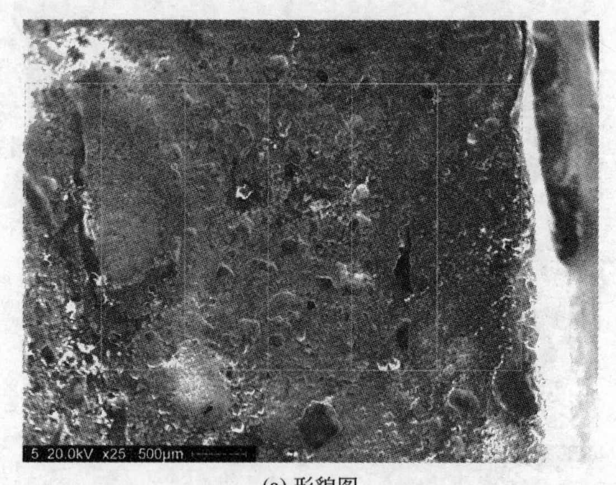

(a) 形貌图

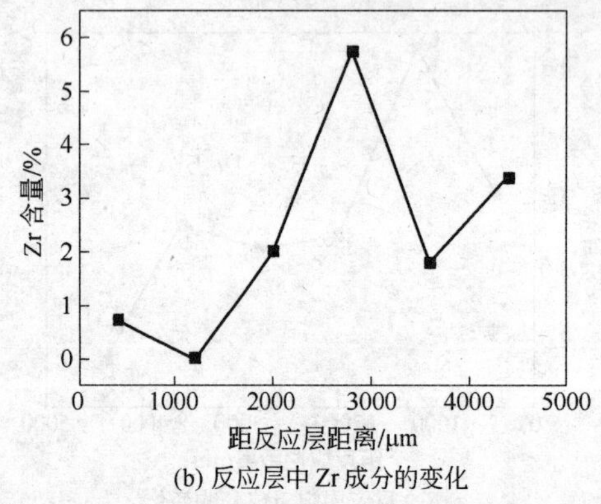

(b) 反应层中Zr成分的变化

(c) 反应层中Si成分的变化

图4-32　反应层中成分的变化

从图4-32可以看出，从工作面向原砖层方向，Zr含量明显呈先上升后下降的趋势；在距工作面2.7mm左右，Zr含量最高达到5.74%；之后Zr含量又有所下降。而Si含量也呈先上升后下降的趋势，与Zr几乎同时达到最高值；之后Si含量明显下降。可以看出，与加入ZrO_2的镁钙试样相比，反应层中硅酸盐相明显增加，其抗渣侵蚀性能明显减弱。不过还是可以看出，$CaZrO_3$对于阻挡渣的渗透起了较大作用。从Zr富集的区域向原砖方向，Si含量明显下降。这是因为，随着锆英石的引入，试样中引入了一定量的Si，直接导致试样高温性能的下降。虽然$CaZrO_3$在高温下随着液相向内部移动并富集，形成富集层，阻挡了渣的进一步渗透，但是由于高温液相较多，因此，$CaZrO_3$向内部迁移的距离也相对大一些，所以试样反应层较厚，抗侵蚀性有所下降。

通过上面分析可知：

（1）ZrO_2 的加入可促进 MgO－CaO 砖的烧结，使结构致密，但不是加入越多越好，ZrO_2 加入量在 2%～7% 时，试样具有较高的体积密度和强度。

（2）MgO－CaO 试样中加入锆英石以后，加入量越多，体积密度和强度降低越多，锆英石加入量高于 10% 以后，试样大多开裂。

（3）随着 ZrO_2 和锆英石含量的增加，MgO－CaO 试样的抗热震性逐步提高，ZrO_2 的加入量为 10%～15% 时，抗热震效果最好；锆英石的加入量为 5%～10% 时，抗热震效果较好。

（4）ZrO_2 的加入不会降低 MgO－CaO 试样的荷重软化温度，而随着锆英石含量的增加，试样的荷重软化温度逐渐降低。

（5）ZrO_2 的加入对于提高 MgO－CaO 试样抗水化性的效果并不明显，加入量为 5% 时效果较好；加入量为 12%～15% 时，反而会降低其抗水化性。锆英石的加入会明显提高 MgO－CaO 试样的抗水化性，加入量为 5% 时，其抗水化性最好。

（6）ZrO_2 的加入可以改善 MgO－CaO 试样的抗渣侵性，而锆英石的加入由于带入了一定量的 SiO_2，会对材料的抗渣侵性能产生不利影响。

（7）MgO－CaO 试样中加入 ZrO_2 或锆英石以后，生成的 $CaZrO_3$ 会随着高温液相移动并富集形成富集层，阻挡渣的进一步渗入。

前面介绍了高钙镁钙砖及镁钙锆砖结构与性能研究，下面简单介绍烧成镁钙质砖耐火材料生产工艺及需要注意的地方。

4.1.3 烧成镁钙质耐火材料生产工艺

根据使用原料的不同，烧成镁钙砖分为以天然白云石为原料的白云石砖和以合成镁钙砂为原料的合成镁钙砖。合成镁钙砖中 CaO 含量可根据实际需要调整，生产具有不同 CaO 含量的系列制品。有关白云石制品生产，许多书中已有较详尽论述，这里就烧成镁钙质耐火材料生产作一简单介绍。

烧成镁钙砖主要原料为合成镁钙砂、镁砂和结合剂，经高温煅烧制得。

为保证砖高温性能指标，合成镁钙砂要求尽量提高 MgO、CaO 含量，降低 Al_2O_3、SiO_2、Fe_2O_3 杂质总量，提高纯度，提高煅烧温度，来提高合成砂的密度及良好的显微结构。

烧成镁钙砖生产工艺见图 4－33。

（1）原料的制备。根据钢厂的实际需要，对生产洁净钢、超洁净钢，需要含高游离 CaO 的镁钙系耐火材料，为此需配制 CaO 含量 40%～60% 甚至更高的合成镁钙砂，以制备高钙镁钙砖，随着 CaO 含量增加，生产越困难，成品率降低，目前我国通常生产 CaO 含量 20% 或 30% 的镁钙砖，应用广泛，质量比较过

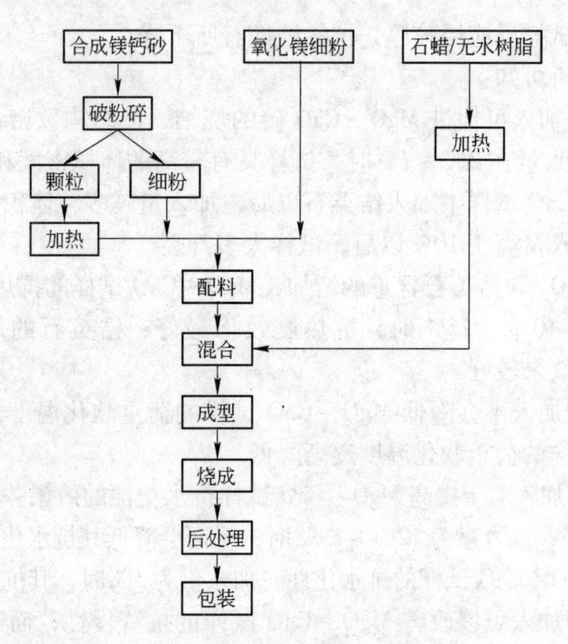

图 4-33 镁钙砖生产工艺

关。CaO 含量高于 30% 镁钙砖，今后将有更广阔的应用领域。

（2）原料的破粉碎。一般采用颚式破碎机、对辊破碎机和圆锥破碎机，粒度在三个范围：5～1mm，1～0mm 和 <0.088mm。为改善这种砖抗热震性差的缺点及砖型的实际尺寸，可适当提高临界粒度，提高砖坯的体积密度，降低烧成过程中的冷裂废品率。

（3）配料。在生产中可以采用三级或四级配料，三级配料：5～1mm，1～0mm 和 <0.088mm，四级配料：5～3mm，3～1mm，1～0mm 和 <0.088mm。对低钙镁钙砖，细粉采用镁钙砂，由于细粉比表面大、活性大，考虑到水化问题，实际生产时要随用随磨。

（4）混练。结合剂采用石蜡或无水树脂，先加粗、中颗粒，再加石蜡，充分混合后，再加细粉，混练时间大于 20min。

（5）成型。根据砖型不同一般采用摩擦压砖机或液压机，砖坯密度控制在 2.98～3.05g/cm^3，由于烧成过程中制品产生收缩，需放尺处理。

（6）烧成。成型后的砖坯不需要干燥处理，且要求砖坯在成型后几小时内入窑烧成。码砖时要码单垛，火道均匀，有利于结合剂迅速排除，烧成温度在 1550～1620℃，保温时间不少于 5h。

（7）防水化处理。为保证贮存、运输不水化，烧好的镁钙砖需要防水化处理，通常采取浸蜡和塑封，这样常温下可以保存 6 个月。

烧成镁钙砖生产过程中需注意的几个问题：

（1）选择抗水化好的镁钙砂，烧结致密，最好是回转窑生产的。如果是普通竖窑生产的，应随用随生产。

（2）选择无水结合剂，如无水树脂、石蜡及其他合成的无水结合剂。

（3）混料需在一定温度下热混，保证结合剂充分分散，充分发挥作用。

（4）砖坯入窑温度要高，保证石蜡快速脱出，砖坯有一定强度。

（5）砖烧成后，表面要进行防水化处理，一般是蜡封、抽真空包装及其他表面改性处理。

4.1.4 不烧镁钙系耐火材料

耐火材料分为烧成耐火材料和不烧耐火材料两大类。不烧耐火材料又可分为不定形散装料和定形不烧砖两种。定形不烧砖中，有一部分是用不定形散装料预制成块。不烧耐火砖又可以按结合剂、原料或添加剂三种方法进行分类。按结合剂分类有磷酸盐、水玻璃、硫酸盐、氯化物、水泥、碳结合剂（如树脂、沥青等）。按原料分为硅酸铝质、硅质、镁质等。实际上，几乎所有耐火原料均可以制成不烧砖。近年来，由于发现添加剂可以大大改善不烧砖的性能，又出现了以添加剂命名的不烧砖。目前由于镁钙系材料的卓越性能，不烧镁钙砖的研发再次受到重视。

不烧耐火砖是不经烧成而能直接使用的耐火材料，具有节能、热震稳定性良好、生产工艺简便等优点，可以在广泛的领域中取代烧成耐火制品。不烧耐火砖在工艺上有许多不同于烧成耐火制品的特点，主要反映在如下几个方面：要求原料煅烧良好，必须有合理的颗粒配比并施加较高的成型压力，选择适当的结合剂、添加剂，控制干燥制度等。

不烧镁钙（碳）砖是以 MgO、CaO 或 C 为主要化学成分，不经高温烧成的碱性耐火材料，具有良好的抗渣性，而且在高温下稳定性强，特别是游离的 CaO 能够吸附钢液中（S）、（P）等非金属夹杂物，对钢液有净化作用，被应用于各种精炼钢包的包壁和 AOD 炉的炉帽等部位。由于其不用烧成，且性能优越和结构设计自由度大，经济效益高，在当前能源紧缺的情况下，开发这一类耐火材料具有重要现实意义，也是今后发展的一个重要研究方向。

不烧耐火砖实际上已有较长的研究历史，20 世纪初国外已有不烧镁砖（又称化学结合砖）应用，不烧磷酸盐结合的高铝砖也有广泛的应用。我国 20 世纪 50 年代初已有不烧黏土砖问世。50 年代末期相继出现了磷酸结合、水玻璃结合、硫酸盐结合、氯化物结合和水泥结合的不烧砖。60 年代末和 70 年代初，随着耐火混凝土和不定形耐火材料的发展，生产量逐步扩大。80 年代中期，不烧砖的研究和生产有了较大的进展，除了原先以结合剂分类的不烧砖以外，出现了各类通过加入物改性的不烧耐火砖，如不烧镁铬砖、不烧铝镁砖、不烧铝镁碳砖、$Al_2O_3-SiC-C$ 砖、$MgO-SiC-C$ 砖。不烧耐火砖已成为近年来耐火材料中发展很快的一个新兴品种，对它的研究和生产、应用状况应该引起重视。

4.1.4.1 不烧镁钙砖制备

本节通过对试样常温抗折强度、常温耐压强度、体积密度、显气孔率、抗渣性以及显微结构等进行检测，研究了氧化钛、氧化锆、石墨以及锆英石这四种添加剂在分别添加2%、4%、6%和8%时，其对不烧镁钙砖各性能的影响。

A 试验用原料

镁钙砂是生产镁钙砖的主要原料，它对砖的质量影响很大，选用的镁钙砂要求组织均匀、结构致密、杂质含量少，方镁石与方钙石分布均匀。细粉使用的是高纯氧化镁粉，添加剂为氧化钛、氧化锆、石墨以及锆英石。生产不烧镁钙（碳）砖要选用无水的或含水量极低的结合剂，因为结合剂中的水分被带入砖中，引起镁钙砖内部发生水化，使砖体内部组织结构疏松、强度下降，使用性能受到严重影响。在实际生产中，要求结合剂中的残留水分不高于0.5%。本试验以无水树脂作为结合剂。各原料的化学组成见表4－12和表4－13。

表4－12 实验原料的化学组成 （%）

原料种类	MgO	CaO	$\sum(F+A+S)$	TiO_2	ZrO_2	C	SiO_2	灼减
镁钙砂	45	50	≤2.8	—	—	—	—	—
高纯镁粉	>97	<1.3	≤1.7	—	—	—	—	<0.5
TiO_2	—	—	—	>99	—	—	—	—
$m-ZrO_2$	—	—	—	—	>99	—	—	—
石墨	—	—	—	—	—	>99	—	≤1
锆英石	<0.1	<0.1	≤34	≤0.5	61.91	—	—	3.6

表4－13 无水树脂的性能指标

外　观	残碳（800℃）/%	固定碳（1350℃）/%	水分/%	游离酚/%	黏度/Pa·s	pH值
棕红色	>30	>80	<0.5	<3	80	9

B 各添加剂的基础性质

纯氧化钛是白色粉末，不溶于水也不溶于稀酸，但能溶解于强酸。它具有两性性质，但所表现出来的酸性和碱性都很微弱，熔点1850℃。纯氧化锆的熔点为2750℃，密度为5.4～6.0g/cm^3，其在1500℃即略有软化，在压力下容易屈服，熔点虽高，荷重软化点并不高，仅为1340℃。热震对氧化锆完全不产生影响，在高温下具有较高的机械强度。锆英石是硅酸锆，化学式为$ZrSiO_4$或$ZrO_2 \cdot SiO_2$，由66.99% ZrO_2和33.01% SiO_2组成。纯锆英石无色，因碱化合物的存在，一般晶体呈棕色或黄色，密度4.0～4.7g/cm^3，熔点约为2430℃。纯锆英石的线膨胀为4.6%，锆英石与硅石可形成两个共熔点，一含97% SiO_2，熔点为1750℃；另一含40% SiO_2，熔点为2220℃。石墨具有层状结构，层间由范德华力约束，使其有很强的方向性。石墨材料具有很高的热稳定性而不熔化，升华温度为3800℃，在3000℃时蒸汽压只有0.1kPa。石墨非常具有挠性，将其配入氧化物中也可以给予含石墨复合材料的坯体内部增加挠性。石墨材料另一重要特征是非线性变形，它是材料在破坏之前可承受很大的变形，所以其抗热震性能是相当优越的。

C 试验方案

试验采用四级配料，临界粒度5mm，砖中分别添加了2%、4%、6%和8%的TiO_2、ZrO_2、石墨和锆英石粉，研究了它们对不烧砖各种性能的影响。试样的配料组成如表4-14所示。其中分别以T、Z、C、S代表氧化钛、氧化锆、石墨和锆英石这四种添加剂，空白样用0表示。

表4-14 试样的配料组成 (%)

试样	镁钙砂/mm			氧化镁细粉 <0.088mm	无水树脂	TiO_2	ZrO_2	石墨	锆英石
	5～3	3～1	1～0						
0	25	30	15	30	4	—	—	—	—
T-1	25	30	15	30	4	2	—	—	—
T-2	25	30	15	30	4	4	—	—	—
T-3	25	30	15	30	4	6	—	—	—
T-4	25	30	15	30	4	8	—	—	—
Z-1	25	30	15	30	4	—	2	—	—
Z-2	25	30	15	30	4	—	4	—	—
Z-3	25	30	15	30	4	—	6	—	—
Z-4	25	30	15	30	4	—	8	—	—
C-1	25	30	15	30	4	—	—	2	—
C-2	25	30	15	30	4	—	—	4	—
C-3	25	30	15	30	4	—	—	6	—
C-4	25	30	15	30	4	—	—	8	—
S-1	25	30	15	30	4	—	—	—	2
S-2	25	30	15	30	4	—	—	—	4
S-3	25	30	15	30	4	—	—	—	6
S-4	25	30	15	30	4	—	—	—	8

D 工艺路线

不烧镁钙砖的工艺路线见图4－34。

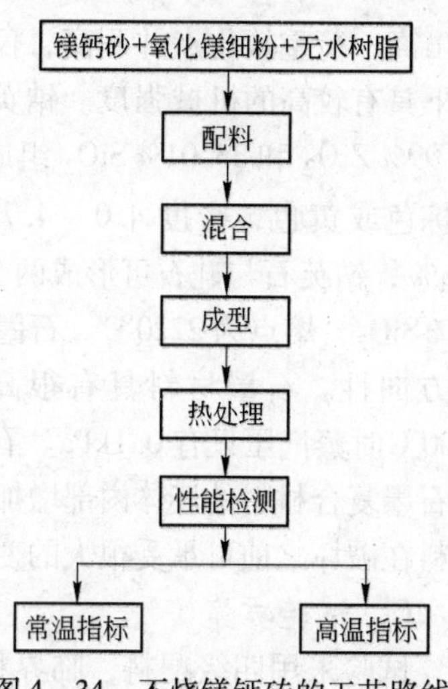

图4－34 不烧镁钙砖的工艺路线

试验确定了17组配方，每组制备成160×40×40mm的试样和外形为ϕ60mm×60mm圆柱带有ϕ36mm×25mm圆柱形凹槽的坩埚试样。

合成镁钙砂经颚式破碎机初破、经小颚式破碎机粉碎后，用振动筛筛分，得到3～5mm，1～3mm，<1mm三种粒度的料，细粉粒度要求<0.088mm。按配方称量各原料，先把添加剂加进细粉中混匀；然后把骨料放在加热炉上加热至一定温度，加入结合剂搅拌；待各颗粒全部包裹上结合剂，再将细粉加入，放入湿碾机中碾压搅拌15min；混合均匀后用200t液压机成型，将成型后的试样放入干燥箱中220℃热处理24h，然后检测各项理化指标。

4.1.4.2 结果分析

A 不同添加剂及添加量对试样热处理后体积密度的影响

图4－35为不同添加剂及添加量与试样体积密度的关系。由图可以看出，各试样体积密度总体趋势是增大的，添加锆英石的试样体积密度最大，以下依次为氧化锆、氧化钛和石墨。试样在220℃进行热处理，试样内部只有结合剂产生作用，由于所加结合剂相同，对试样体积密度不造成影响。由此可知试样体积密度主要受制于添加剂的密度。由于锆英石和氧化锆的密度都很大，比氧化镁又大得多，所以必然会出现试样的体积密度随其添加量的增加而增大。加入8%锆英石的试样体积密度达到了2.94g/cm^3，是这四种添加剂中最高的。空白样体积密度为2.79g/cm^3，与添加锆英石的试样相差很多。单从体积密度看，以加入量为8%的锆英石添加剂为佳。

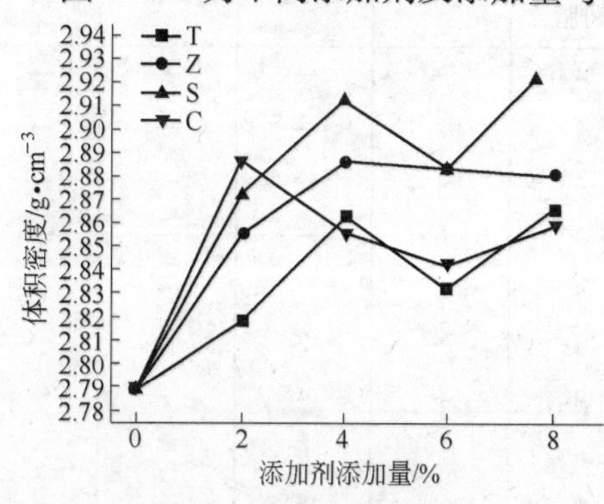

图4－35 不同添加剂添加量与体积密度的关系

B 不同添加剂及添加量对试样热处理后显气孔率的影响

图4－36为不同添加剂及添加量与试样显气孔率的关系。由图可知，添加氧化钛的试样随着其添加量的增加显气孔率减小，当含量超过6%后，对显气孔率

几无影响。添加氧化锆的试样，其显气孔率随着添加量增加而增大，以添加 4% 时为最小。添加锆英石的试样，其显气孔率随添加量增加而增大，当添加量增大到 6% 时，其显气孔率开始下降。添加石墨的试样显气孔率相对较低，添加量 6% 时显气孔率出现峰值，然后开始下降。添加石墨的试样气孔率小，其原因是石墨密度相对较小，各添加剂添加同样量，自然石墨体积要大很多，加进试样后填充在骨料间隙中，使其试样更致密。从显气孔率结果看，以石墨为添加剂较好，并且以添加量为 8% 的最优。

C　不同添加剂及添加量对试样热处理后常温抗折强度的影响

图 4－37 为不同添加剂及添加量与试样常温抗折强度的关系。由图可见，各试样的常温抗折强度均很好，超过空白样 10MPa 的常温抗折强度。添加剂为氧化锆和锆英石的试样抗折强度全部大于 14MPa，在图中以 14MPa 表示，这时的试样结构密实，用砖敲击地面可以听到清脆的响声。当石墨含量为 2% 和 4% 时，抗折强度均大于 14MPa；6% 和 8% 时小于 14MPa，原因为石墨含量的增加导致树脂不能很好地润湿颗粒表面，致使树脂结合强度降低。

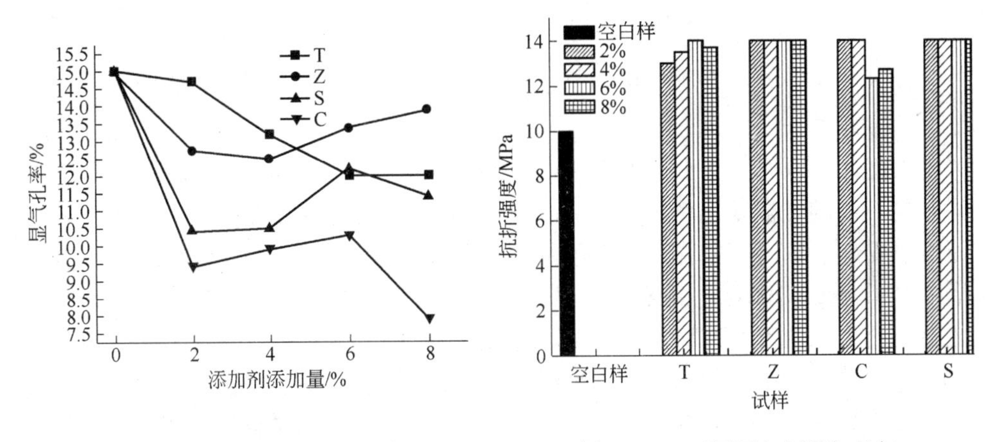

图 4－36　不同添加剂添加量与显气孔率的关系

图 4－37　不同添加剂添加量与常温抗折强度的关系

D　不同添加剂及添加量对试样热处理后常温耐压强度的影响

图 4－38 为不同添加剂及添加量与试样常温耐压强度关系。由图可见，添加氧化锆和锆英石的试样常温耐压强度都非常高，各添加量之间几无差别，这是因为试样颗粒料被结合剂更好地包裹，颗粒料与颗粒料之间结合得更加密实。经过热处理后，结合剂固化，其耐压强度得到很大提高。添加石墨的试样常温耐压强度相对较低，主要是因为石墨具有一种层状结构，层间由范德华力约束。并且石墨也有润滑作用，它填充在骨料之间，骨料结合相对来说不够稳定，致使试样结构疏松，耐压强度低。所有试样均能达到 YB/T 4116—2003 镁钙砖理化指标中

规定的常温耐压强度，氧化锆和锆英石这两种添加剂均很有益。

E 不同添加剂对试样烧后线变化率的影响

不烧制品在窑炉上使用时，要经过一次烧成过程，这就要求其有较高体积稳定性。本试验对添加剂含量为4%的各试样在1600℃进行了研究，并与空白样进行了比较。图4-39为各试样烧后线变化率。

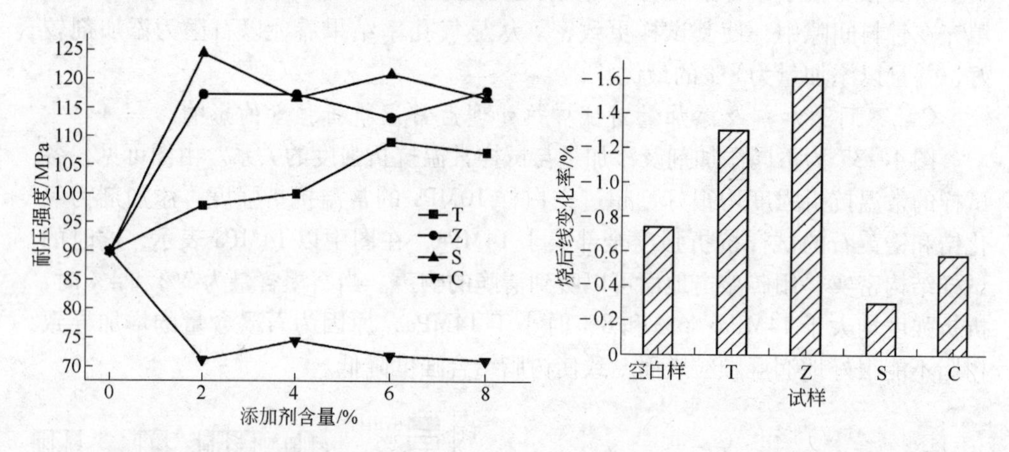

图4-38 不同添加剂添加量与常温耐压强度关系

图4-39 各试样烧后线变化率

由图4-39可见，试验中添加剂量都为4%，所有试样体积都发生了收缩。添加锆英石的试样变化率最小，-0.3%；添加氧化锆的最大，-1.6%。T样和Z样的线变化率比空白样大，S样和C样均比其小。试样中加入ZrO_2后，其与砖中CaO生成$CaZrO_3$，能够促进试样烧结，导致试样有较大收缩率。试样中加入锆英石后，锆英石在高温下分解，生成ZrO_2和SiO_2，在$MgO-CaO-ZrO_2-SiO_2$系统中，生成高熔点相$CaZrO_3$以及C_2S和C_3S等。由于$CaZrO_3$的生成和C_2S的晶型转变都伴有体积膨胀，产生较多微裂纹，导致材料结构疏松，显气孔率升高，体积密度下降，大致能与砖烧结时产生的收缩相抵消。由此看出锆英石的添加对不烧镁钙砖一次烧结时的体积稳定是非常有益的。T样中TiO_2能与镁钙砂中的f-CaO发生反应生成$CaTiO_3$，$CaTiO_3$体积密度较TiO_2和CaO都高得多，使体积收缩。

F 不同添加剂对试样烧后常温性能的影响

图4-40~图4-42显示了试样烧结后各项性能指标。所有试样的常温耐

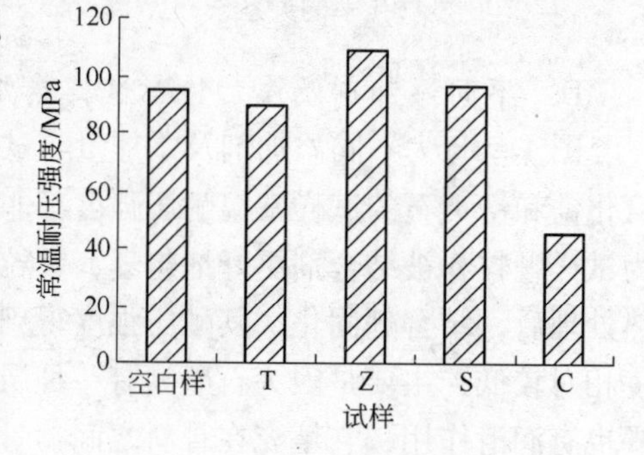

图4-40 各试样烧后耐压强度

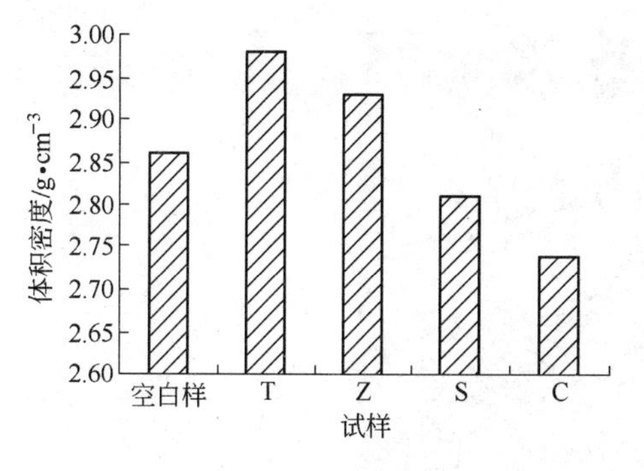

图 4-41 各试样烧后体积密度

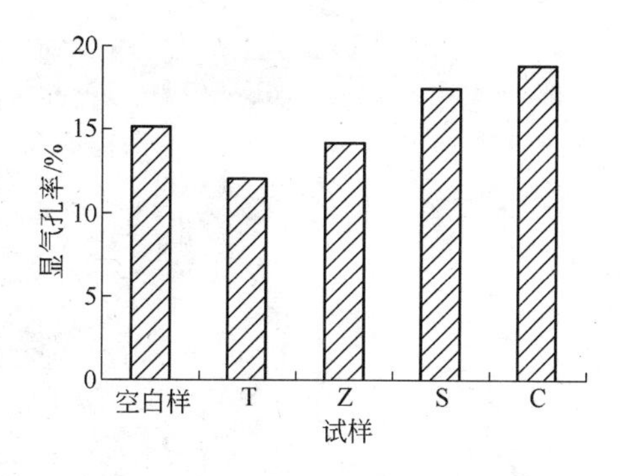

图 4-42 各试样烧后显气孔率

压强度除添加碳试样的较低之外，其余都很高。添加 ZrO_2 和锆英石的试样耐压强度较空白样稍高。由图 4-41 和图 4-42 可知，T 样的烧后体积密度最大，显气孔率最小，其原因是 TiO_2 添加剂能与镁钙砂中的 f-CaO 发生反应生成 $CaTiO_3$，其反应方程式为：$TiO_2 + CaO = CaTiO_3$。$CaTiO_3$ 的体积密度高达 4.0 g/cm^3，而 CaO 的体积密度仅为 3.32g/cm^3，因此 CaO 与 TiO_2 反应生成 $CaTiO_3$ 后，会产生体积收缩。Z 样的体积密度和显气孔率均较空白样优越，因为其添加了 ZrO_2，与砖中 CaO 生成 $CaZrO_3$，能够促进试样烧结。S 样内部有晶型转换过程，会带来体积膨胀，致使结构疏松，所以其烧后体积密度不如空白样，添加剂的预期效果不明显。由这几项指标中又可以看出 TiO_2 添加剂的优越性。

G 不同添加剂对不烧镁钙砖抗渣性的影响

耐火材料抗渣侵蚀性能的好坏是影响耐火材料使用寿命长短的一个重要因素，也是判断耐火材料性能优劣的一个主要指标。抗渣侵蚀性能受诸多因素的影响，包括耐火材料的种类和材质，耐火材料的化学性能和物理性能、微观组织结构，以及耐火材料的使用温度、炉内气氛和熔渣的化学性质等。

试验所用侵蚀渣为 LF 精炼炉渣，化学组成见表 4-15。将装有 LF 精炼炉渣的镁钙坩埚加热至 1600℃保温 3h，研究不同添加剂对砖的侵蚀情况。

表 4-15 LF 精炼炉渣的化学组成

组 成	SiO_2	Al_2O_3	CaO	MgO	Fe_2O_3
含量/%	5.6	40.99	43.2	2.85	0.88

镁钙坩埚渣侵后显微结构分析结果如下：

（1）图 4-43 为空白样渣侵后反应带显微结构。从图 4-43 中可以看出，方镁石颗粒被侵蚀成浑圆状，其棱角被侵蚀掉，生成了低熔点硅酸盐相；CaO-MgO 连续网络结构被破坏，说明其抗 $CaO-Al_2O_3$ 渣的能力较弱。图 4-44 为图 4-43 中“+”位置的能谱图，可知该处为钙镁橄榄石相。

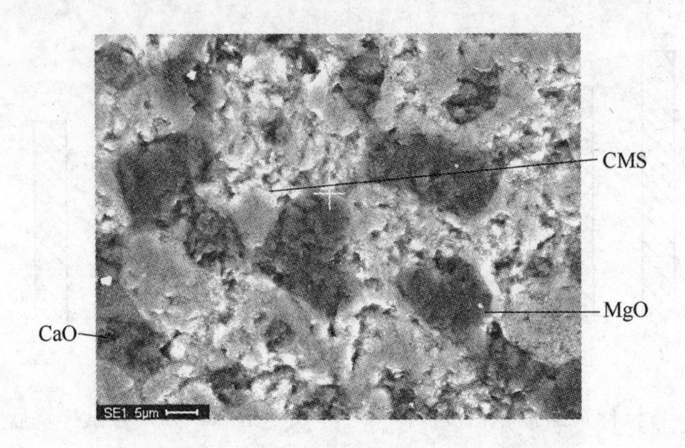

图 4 - 43　空白样渣侵后反应带显微结构

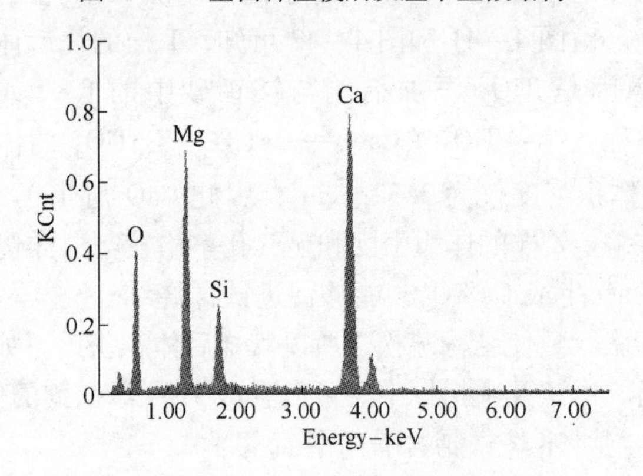

图 4 - 44　图 4 - 43 中“ + ”位置能谱图

（2）图 4 - 45 为添加 4% 氧化锆试样渣侵后反应带显微结构。图 4 - 46 为图 4 - 45 中“□”位置能谱图，分析可知添加剂氧化锆与氧化钙生成了 $CaZrO_3$，它是高温矿物相。在图中“□”所示区域里，炉渣侵入生成了 $C_{12}A_7$、C_3A、低温相，产生大量液相渗透入砖中，使砖的高温性能下降。

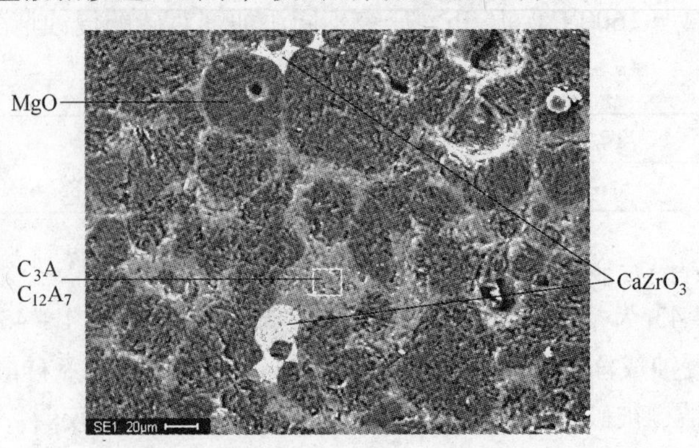

图 4 - 45　添加 4% 氧化锆试样渣侵后反应带显微结构

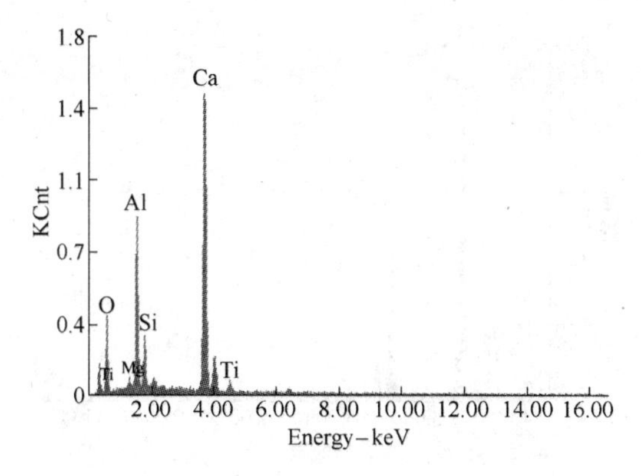

图4－46 图4－45中"□"位置能谱图

（3）图4－47为添加8%氧化钛试样渣侵后反应带显微结构。由图可知，添加剂TiO_2与CaO反应生成了CaO·TiO_2，使砖结构致密，阻碍了熔渣的进一步侵蚀。

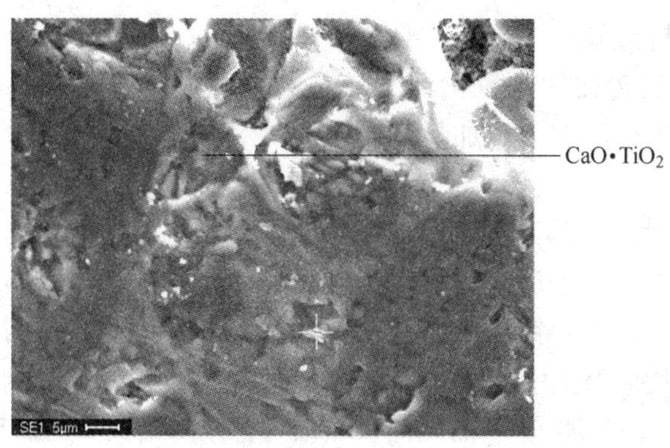

图4－47 添加8%氧化钛试样渣侵后反应带显微结构

（4）图4－48为添加4%锆英石试样渣侵后反应带显微结构。图4－49为图4－48中"□"位置能谱图，通过分析可知，锆英石分解后氧化锆与CaO反应

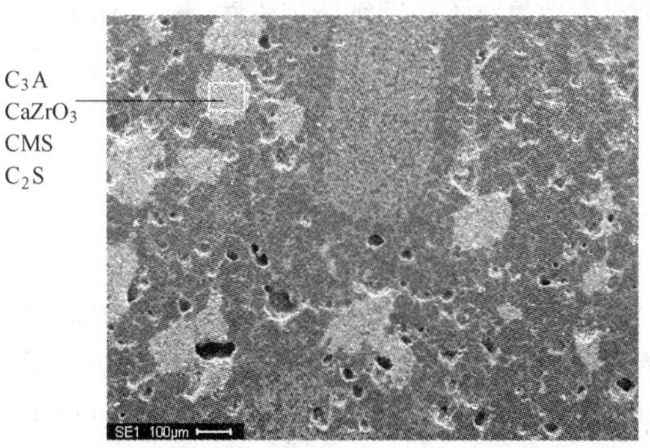

图4－48 添加4%锆英石试样渣侵后反应带显微结构

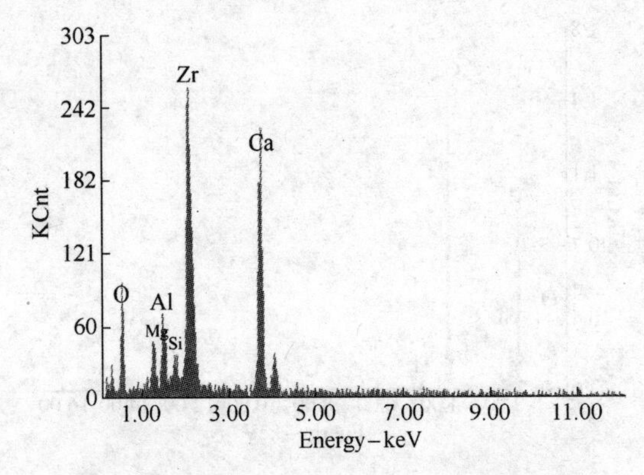

图4-49 图4-48中“□”位置能谱图

生成了$CaZrO_3$、C_2S高温相，它们存在于镁钙颗粒间，能有效地防止熔渣的侵入。但同时也在镁钙颗粒间产生了C_3A、CMS低温相，填充了气孔，使砖结构更致密。

通过上面分析可知：

(1) 不烧镁钙砖在加入氧化钛、氧化锆、石墨和锆英石添加剂时，常温抗折强度均很高；同种添加剂添加量的影响不大，添加剂为石墨的试样强度较小，其他差别不大。

(2) 不烧镁钙砖的体积密度及显气孔率受添加剂影响较大。随着氧化钛、氧化锆、石墨和锆英石添加量的增大，各试样体积密度均增大，相差不大，以添加锆英石的最大，不烧镁钙砖的显气孔率均随添加剂量的增加而减小。

(3) 不烧镁钙砖烧后线变化率亦受添加剂种类和数量的影响，各试样均发生收缩但变化均不大，添加ZrO_2的试样收缩最大，添加锆英石的试样体积最稳定。

(4) 不烧镁钙砖的烧后常温抗折强度及耐压强度都很大，添加剂的影响不大。烧后体积密度及显气孔率受添加剂影响很大，添加TiO_2及ZrO_2的试样两指标均优于空白样，添加锆英石的试样与空白样相当，添加4% TiO_2的试样最好。

(5) 添加剂种类及数量对不烧镁钙砖抗渣性有很大影响，添加ZrO_2及锆英石的试样，以4%的添加量为最好。添加了氧化钛的试样，也能提高抗侵蚀能力。

4.1.5 不烧镁钙碳耐火材料

不烧镁钙碳耐火材料是在不烧镁钙耐火材料中引入一定量石墨制成的。石墨具有层状结构，石墨材料具有很高的热稳定性，升华温度为3800℃，能经受住温度的剧烈变化而不致破坏；温度突变时，石墨的体积变化不大，不会产生裂纹；在3000℃时蒸汽压只有0.1kPa；具有良好挠性、化学稳定性、耐酸、耐碱和耐有机溶剂的腐蚀；强度随温度提高而加强，在2000℃时，强度提高一倍。石墨的优良性质，给含碳材料性能的提高带来很大益处。不烧镁钙碳耐火材料主要用于炉外精炼钢包中，从净化钢液角度看，提高砖中 CaO 含量是有益的。但由于 CaO 容易水化，必须做好防水化措施才行，如抽真空热塑包装，这无疑增加了生产的难度与成本。因此，怎样选择一种 CaO 含量低且使用效果可以和高 CaO 含量媲美的镁钙碳砖成为新的课题。本试验主要研究镁钙砂不同加入量对炉外精炼钢包包壁用不烧镁钙碳砖性能的影响。

4.1.5.1 试样制备

主要原料为：优质镁钙砂、电熔镁砂骨料（骨料粒径为：5～3mm、3～1mm，≤1mm）、电熔镁砂细粉（≤0.088mm）、鳞片石墨（粒径小于 0.149mm，固定碳含量为 96.21%，灰分含量为 2.59%）、无水热塑性酚醛树脂、乌洛托品及金属硅粉（Si 含量为 98.07%）。镁钙砂、电熔镁砂原料的理化指标见表 4－16，无水树脂的指标见表 4－13，试样的配料组成见表 4－17。

表 4－16 镁钙砂原料的化学组成及体积密度

项 目	化学组成/%						颗粒体积密度 /g·cm^{-3}
	MgO	Al_2O_3	SiO_2	CaO	Fe_2O_3	IL	
优质镁钙砂	76.68	0.32	0.54	21.63	0.61	0.22	3.25
电熔镁砂	97.07	0.21	0.92	0.93	0.60	0.27	3.47

按照表 4－17 配料，配料前，先将骨料和无水树脂进行预热，用 10kg 的行星式混练机进行混料。混料过程为：将骨料预混 2min 后加入无水树脂一起混练 3min，接着加入石墨混练 3min，最后加入粉料混练 5～7min 后出料。混好料后，将泥料用 630t 的摩擦压砖机成型为 230mm×115mm×65mm 的试样，成型体积密度为 2.97～2.99g/cm^3。试样于 260℃热处理 12h 后将其在 70℃石蜡中浸泡半小时，以防水化。

表 4－17 试样的配料组成 (%)

项 目	SL_1	SL_2	SL_3	SL_4
电熔镁砂骨料	40	30	15	—
优质镁钙砂骨料	30	40	55	70
电熔镁砂粉	22	22	22	22
－196 鳞片石墨	8	8	8	8
无水树脂（外加）	4	4	4	4
乌洛托品（外加）	0.4	0.4	0.4	0.4
金属硅粉（外加）	0.5	0.5	0.5	0.5
总体 CaO 含量	6	8	11	14

4.1.5.2 常规性能分析

图4-50是优质镁钙砂的含量对镁钙碳砖常规性能的影响。由图可见，在260℃×12h的热处理条件下，随着CaO含量的增加：（1）显气孔率先降低后增加，当CaO含量为8%时，其值最小；（2）体积密度逐渐降低，但变化的幅度较小；（3）常温耐压强度与抗折强度皆先增加后减小，其变化的幅度也不大，当CaO含量为8%时，常温耐压强度与抗折强度最大。

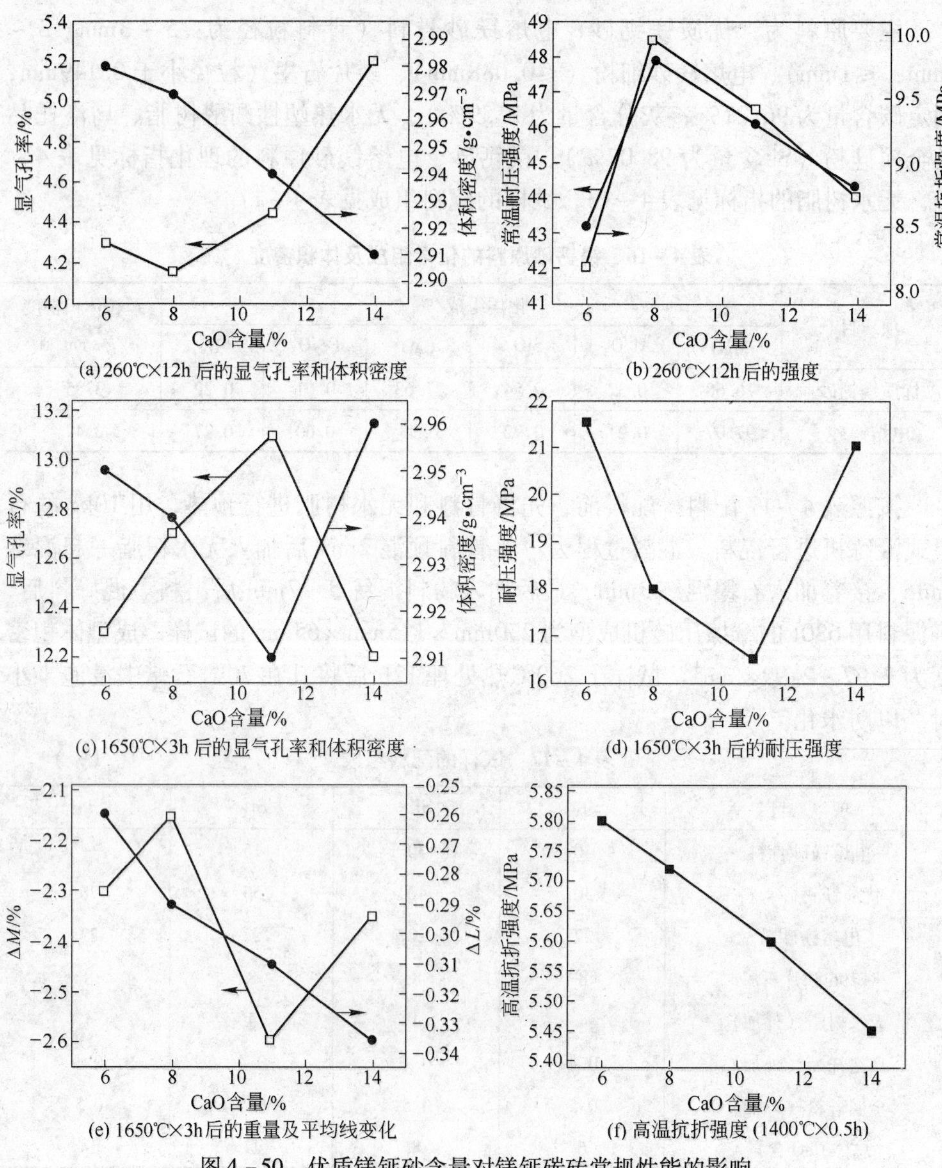

图4-50 优质镁钙砂含量对镁钙碳砖常规性能的影响

由图4－50（c）~（e）可见，在1650℃×3h的热处理条件下，随着CaO含量的增加：（1）显气孔率先增加后减小，而体积密度与常温耐压强度皆先减小后增加，当CaO含量为11%时，显气孔率最高，耐压强度最低；（2）质量变化（ΔM）不大，平均线变化率小于0，其绝对值呈逐渐增加的趋势，但变化的幅度很小。对照图4－50（a）~（b）可以发现，1650℃×3h热处理后的显气孔率增加了一倍，对应的耐压强度也降低了一半，但是体积密度变化不大。

由图4－50（f）可见，随着CaO含量的增加，高温抗折强度逐渐降低，但是降低的幅度非常小。这主要是因为优质镁钙砂取代电熔镁砂后，致密度变小，方镁石的晶粒粒径变小，其断裂能也变小。

4.1.5.3 对热震稳定性的影响

随着CaO含量的增加，升、降温线膨胀率曲线及抗折强度损失率变化见图4－51。

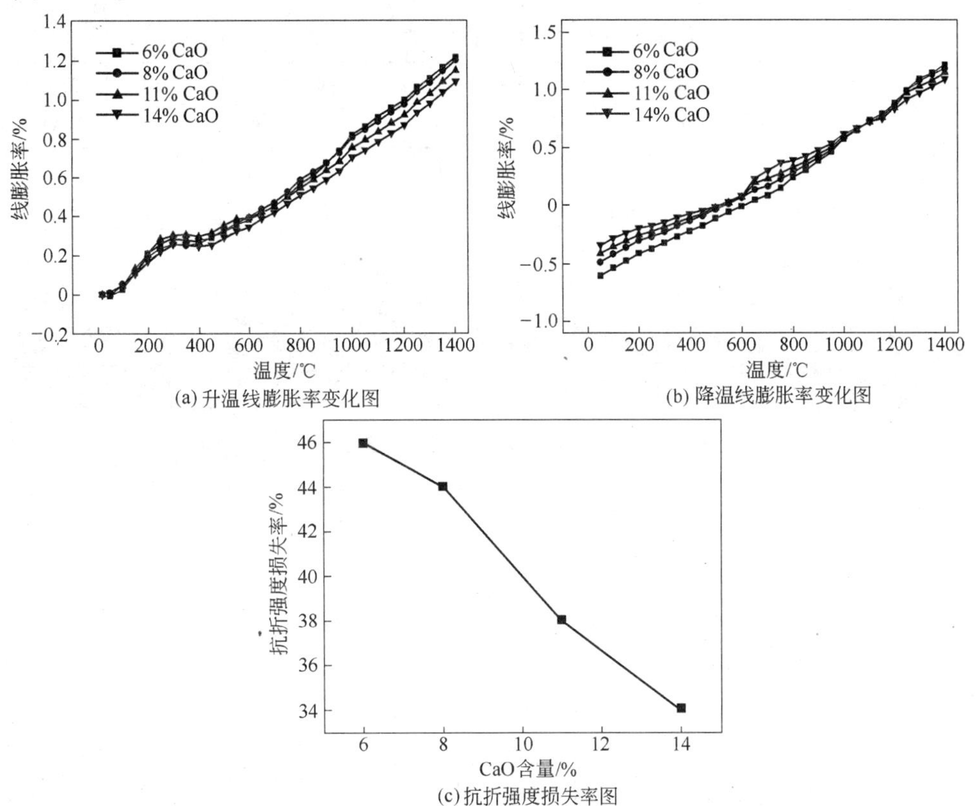

图4－51 优质镁钙砂含量对镁钙碳砖线膨胀率及抗折强度损失率的影响

由图4－51（a）、（b）可见，当温度高于800℃时，随着CaO含量的增加，升温线膨胀率逐渐减小，但变化的幅度不大；当温度由 1400℃冷却到常温时，线膨胀率随着温度的降低逐渐减小，到室温时，皆小于 0，可见试样有所收缩，但收缩不大，随着 CaO 含量的增加，收缩逐渐减小。当温度低于 800℃时，随着 CaO 含量的增加，升、降温线膨胀率的最大差距逐渐减小，因此，在急冷急热的过程中受温度的波动的影响逐渐减小，热震稳定性能也就逐渐增强。

由图 4－51（c）可见，随着 CaO 含量的增加，常温抗折强度损失率逐渐减小，因此，其对应的热震稳定性能也逐渐增强。当 CaO 含量为 14%时，热震稳定性能最强。

4.1.5.4 对抗渣性的影响

试验用渣为某钢厂低碱度炉外精炼钢包渣，其化学成分见表 4－18。将盛满钢渣的坩埚在高温隧道窑中于 1770℃保温 3h 烧成，冷却后，沿坩埚中心线对称切开，用环氧树脂将渣与残砖固化，进行分析。

表 4－18 试验用渣的主要化学成分 （%）

项 目	CaF_2	MgO	Al_2O_3	SiO_2	CaO	Cr_2O_3	MnO	Fe_2O_3	碱度
$CaO-SiO_2$ 渣	2.49	4.19	0.97	61.4	30.4	0.11	0.15	0.21	0.50

注：碱度 $= w(CaO)/w(SiO_2)$。

试样 $SL_1 \sim SL_4$ 受 $CaO-SiO_2$ 渣侵蚀后的截面图及侵蚀指数图分别见图 4－52 与图 4－53。

图 4－52 试样 $SL_1 \sim SL_4$ 受 $CaO-SiO_2$ 渣侵蚀后的截面图

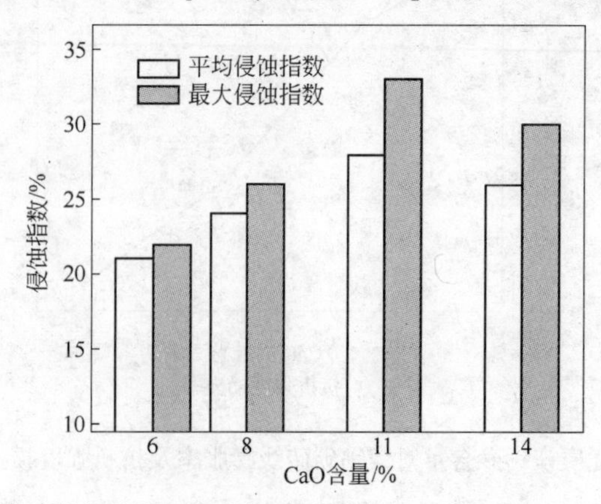

图 4－53 优质镁钙砂含量对镁钙碳砖抗 $CaO-SiO_2$ 渣侵蚀指数的影响图

由图4－52与图4－53可以看出，随着优质镁钙砂含量的增加，抗渣侵蚀性能先降低，直到优质镁钙砂含量为70%时，抗渣侵蚀性能才有所增强。从总体上来看，随着CaO含量的变化，抗渣侵蚀性能变化不大。优质镁钙砂含量对镁钙碳砖抗$CaO-SiO_2$渣侵蚀性能的变化规律与高钙镁钙砂含量对镁钙碳砖抗$CaO-SiO_2$渣侵蚀性能的变化规律一致，只是前者致密度较后者高，随着镁钙砂加入量的增加，前者抗$CaO-SiO_2$渣侵蚀性能下降的幅度较小。

综合各项性能的分析可知，优质镁钙砂的含量对包壁用镁钙碳砖的常规性能影响不大，当优质镁钙砂的加入量为70%时，热震稳定性能最好，且其抗渣性能与其加入量为30%的相差不大。因此，对于包壁用镁钙碳砖，优质镁钙砂的加入量以70%为最佳。

通过上面分析可知：

（1）在260℃×12h的热处理条件下，当CaO含量为8%时，常温耐压强度与抗折强度最高。1650℃×3h热处理后的显气孔率增加了一倍，对应的耐压强度也降低了一半，但是体积密度变化不大。

（2）随着优质镁钙砂含量的增加，镁钙碳砖热震稳定性能逐渐增强。当CaO含量为14%时，热震稳定性能最强。

（3）抗$CaO-SiO_2$渣侵蚀性能先降低后增高，但变化的幅度较小。综合考虑包壁用砖的性能，优质镁钙砂的加入量以70%为宜。

4.2 不定形镁钙系耐火材料

不定形耐火材料与烧成耐火材料相比，具有工艺简单，节约能源，整体性好，适应性强等优点，近些年发展迅速。不定形耐火材料产量占总耐火材料产量比例逐年提高。由于其质量的提高，应用范围不断扩大，可在高温与熔体接触条件下使用。随着优质钢需求量的增加，连铸比例不断增加，炉外精炼技术得到蓬勃发展，精炼钢包和中间包工作衬的性能是保证精炼和连铸技术的关键所在，连铸中的钢包、中间包冶炼条件更加苛刻，对耐火材料质量的要求越来越高，在保证一定使用寿命的同时，要求对钢液有一定的净化作用（至少不污染钢液）。尽管净化钢液的各种精炼技术被广泛使用，精炼后钢液的纯净度大幅度提高，但在后续的运送过程中，包衬耐火材料与钢液长时间接触，不可避免地会发生侵蚀、化学反应及吸附等现象，仍然能影响钢液的纯净度。含碳、含铬及含氧化铝材料都在不同程度上对钢液有污染，这就需要不断开发新品种，更新优化工艺，从而生产出适合钢铁生产要求的优质耐材产品，以适应各种苛刻的使用条件。只有选用高性能耐火材料，才能与连铸、精炼的操作条件相适应，既提高使用寿命，又能保证对钢液纯净度的要求。因此，对冶炼纯净钢来说，研究不定形镁钙系耐火材料具有重要的实际意义。

4.2.1 镁钙浇注料

最近十几年，不定形耐火材料的品种连年增加，质量不断提高，应用领域逐步扩大并进入了高温精炼炉。因此，不定形耐火材料被喻为第二代耐火材料，是耐火材料的重要发展方向。人们在钢包用浇注料上也进行了大量研究并取得了不少成就。钢包整体浇注是提高包龄、降低耐火材料消耗、减少耐火材料对钢液污染的有效途径；同时实现了钢包砌筑的机械化作业，大大减轻了劳动强度，改善了作业环境。目前在大型钢包上应用的浇注料都是低水泥或超低水泥结合的高纯铝镁系（含尖晶石）浇注料。

考虑到耐火材料与钢液的作用，开发含 f - CaO 的镁钙系浇注料对冶炼洁净钢有重要意义。但是长期以来，镁钙质浇注料却没有得到广泛应用，其原因主要有：

（1）镁钙系材料易于水化，尤其是 CaO 的水化，伴有很大的体积膨胀，从而导致施工体在养生特别是烘烤过程中产生开裂，严重时会导致无法使用。

（2）如果以活性氧化铝或硅灰等做结合剂，由于容易从主原料中溶出 Mg^{2+} 使硅灰等活性物质凝聚，导致硬化速度过快，施工时间太短，操作时间得不到保证，难以获得致密的施工体。

因此，镁钙质浇注料是有待开发的具有广阔应用前景的不定形耐火材料。

4.2.1.1 镁钙质浇注料结合剂选择

由于镁钙系材料中含有的游离 CaO 易同其他氧化物生成低熔液相的特点，因此，必须慎重选择结合剂的类型，以形成有利的矿相及组织结构，提高材料的性能，发挥游离 CaO 的组分特性作用，将不利的负面影响降低到使用条件下允许的范围，提高筑体使用寿命。碱性浇注料的抗水化性取决于在骨料和基质内的结合剂与镁（钙）砂之间的结合特性，考虑到 CaO 在镁钙系材料中不是杂质，而且有关 $MgO - CaO - Al_2O_3$ 的浇注料已有报道和 $MgO - SiO_2 - H_2O$ 结合的优点，本试验选用了硅灰和纯铝酸钙水泥（铝 80 水泥）两类结合剂，对不同变量条件试样的性能做了分析，以确定适合镁钙系浇注料的结合剂种类和加入量。

A 试验

试验主要原料有镁钙砂、中档镁砂、高纯镁粉，结合剂为硅灰和铝酸钙水泥，其理化指标见表 4 - 19。

镁钙砂选用 5 ~ 1mm，使用前经过表面处理，颗粒粒度级别为 5 ~ 3mm，3 ~ 1mm，1 ~ 0mm 及 ≤0.088mm 四级，其中 ≤0.088mm 细粉中含添加的结合剂，配比为 36:16:20:28，减水剂为三聚磷酸钠和六偏磷酸钠的复合物，并加入适量的缓凝剂。

不同结合剂的镁钙质浇注料的原料配比见表 4 - 20。

表 4－19 原料的理化性能 (%)

原 料	CaO	MgO	SiO_2	Al_2O_3	Fe_2O_3	灼减	体积密度 /$g \cdot cm^{-3}$
镁钙砂	20.95	75.86	1.32	0.51	0.59	3.26	0.24
中档镁砂	1.68	95.19	1.71	0.54	0.61	3.25	0.25
高纯镁粉	0.27	97.15	1.28				0.34
硅 灰			96.2				1.5
铝酸钙水泥	18.2			79.9			

表 4－20 不同结合剂的镁钙质浇注料配比 (%)

<table>
<tr><th rowspan="3">结合剂种类</th><th colspan="3">骨料部分</th><th colspan="4">细粉部分</th></tr>
<tr><th colspan="2">镁钙砂</th><th rowspan="2">中档镁砂
1～0mm</th><th rowspan="2">高纯镁粉
≤0.088mm</th><th colspan="3" rowspan="2">结合剂
加入量</th></tr>
<tr><th>5～3mm</th><th>3～1mm</th></tr>
<tr><td>铝酸钙水泥</td><td>36</td><td>16</td><td>20</td><td rowspan="2">随结合剂加入量而变，保持细粉总量为28%</td><td>2</td><td>4</td><td>6</td></tr>
<tr><td>硅 灰</td><td>36</td><td>16</td><td>20</td><td>2</td><td>3</td><td>4</td></tr>
</table>

试验过程中，将配好的料混合均匀后加水搅拌制得拌和物，振动成型为 160×40×40mm 试验条样，常温养护 24h 后脱模干燥，烧成处理，按照国家标准检测显气孔率、体积密度、耐压强度、抗折强度及烧后线变化等指标。

B 试验结果及分析

a 铝酸钙水泥结合剂对镁钙质浇注料性能影响

图 4－54 和图 4－55 为水泥加入量对显气孔率和体积密度的影响。由图可见，水泥加入量的变化对常温和中温状况下的体积密度和显气孔率指标影响较小，但对高温烧结后的影响较大。经 1100℃ 烧后，由于水泥水合物失去化合水使结构破坏以及物料没有达到烧结，使制品疏松，导致显气孔率同常温相比

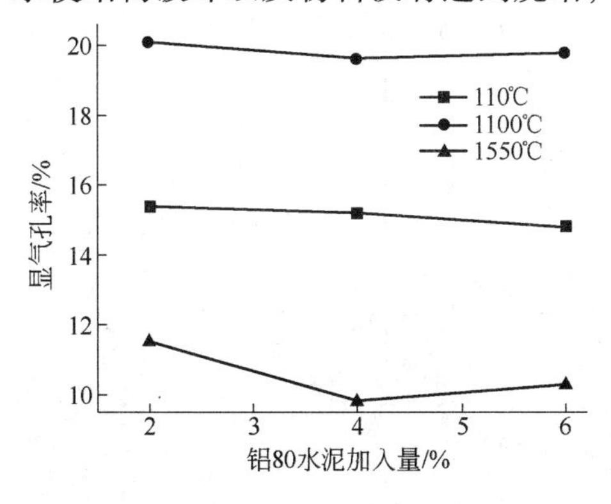

图 4－54 水泥加入量对材料显气孔率的影响

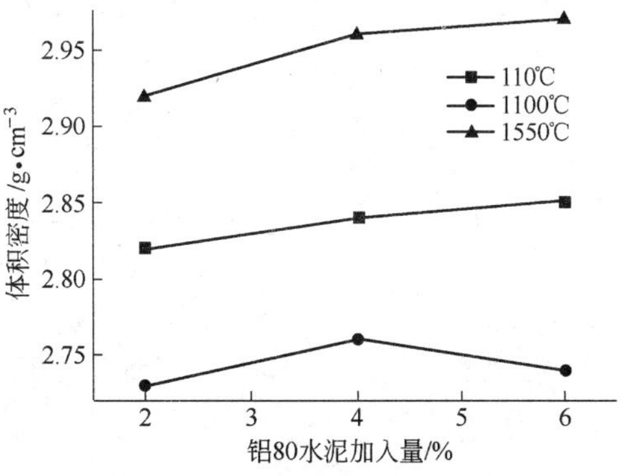

图 4－55 水泥加入量对体积密度的影响

有大幅度上升，增加近 30%。经 1550℃烧后，随水泥加入量的增加体积密度增加，显气孔率降低。因为高温下材料中生成 $C_{12}A_7$、CA 等低熔物，出现液相，促进了烧结。

图 4－56 为水泥加入量对线变化率的影响，可见 1100℃烧后试样均表现为残余膨胀，而且随水泥加入量的增多膨胀量也增大。经 1550℃烧后试样均收缩，且有的收缩值超过了 2%。

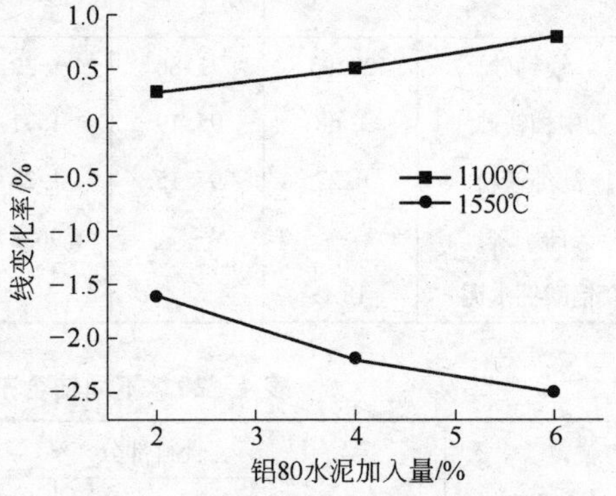

图 4－56 水泥加入量对线变化率的影响

在 1100℃时，水泥络合物中的结合水失去，使制品疏松，产生线膨胀；低水泥浇注料在高温时有较大收缩是由于铝酸盐高温产生较多的液相量造成的，如 $CaO-Al_2O_3$ 二元相图（见图 4－57）所示，在 $C_{12}A_7$组成点范围是低共熔区域，共熔温度在 1360℃左右。以下是造成较大收缩原因的具体说明：

（1）首先，铝酸盐水泥水化物在加热过程中脱水分解有低熔相 $C_{12}A_7$，其熔点仅 1455℃。浇注料经 110℃干燥后水泥水化物以 C_3AH_6和 AH_3 为代表，在升温过程中 800℃左右开始生成 CA、CF、C_2S；800 ~ 900℃生成 $C_{12}A_7$、C_2F；900 ~ 1100℃生成的 C_2AS 分解形成 C_3A、C_4AF；1100 ~ 1200℃生成大量 C_3A、C_4AF 和 C_2S；1250℃以上生成 C_3S。

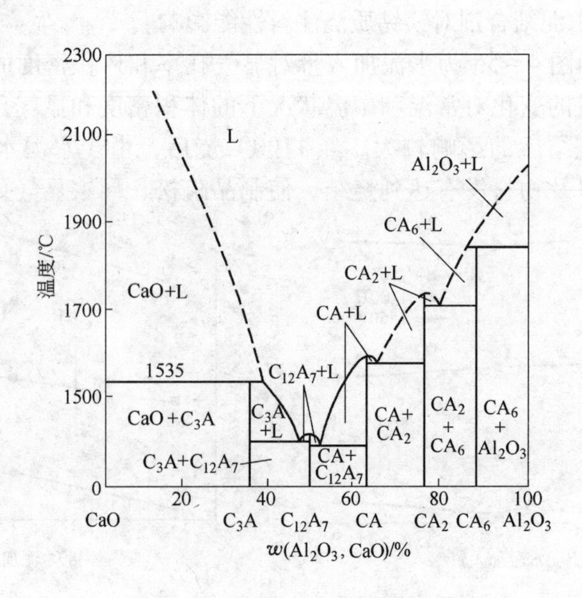

图 4－57 $CaO-Al_2O_3$ 系统相图

从上面的分析可见，$C_{12}A_7$在水泥水化物加热过程中不可避免地会出现。它的存在位置随水泥细颗粒分布的位置而定，分布在整个基质范围。尤其是在较低温度下，$C_{12}A_7$形成液相后更容易促使反应发生。水泥量越多，该效应越大。

（2）水泥水化物形成液相后，液相润湿铺展颗粒，其表面张力使颗粒间靠近接触，可促进镁钙砂同基质成分的反应。

可见，钙铝反应过程中，水泥水化物的分解产物起着相当大的促进作用。随水泥加入量的增多，反应程度加大，钙铝液相量增多，烧结程度加深，容易造成较大收缩。

图4－58和图4－59为水泥加入量与耐压强度和抗折强度的关系，可见水泥结合的浇注料的常温、中温结合强度均不大。随水泥加入量的增大，常温耐压强度只有小幅度增长，而中温耐压强度变化不明显，表明水泥胶结中温强度不足；常温水泥水化物胶结形成水合结合结构，中温下发生晶型转化、脱水而遭破坏；陶瓷结合需在高温阶段形成，在中温无新结合结构形成，因而强度很低。

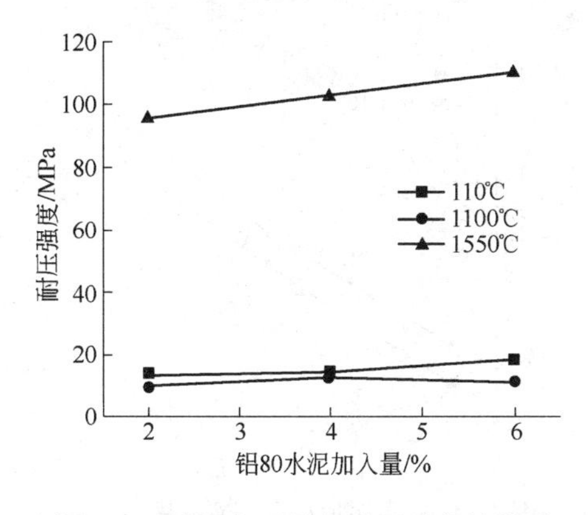

图4－58 水泥加入量与耐压强度的关系

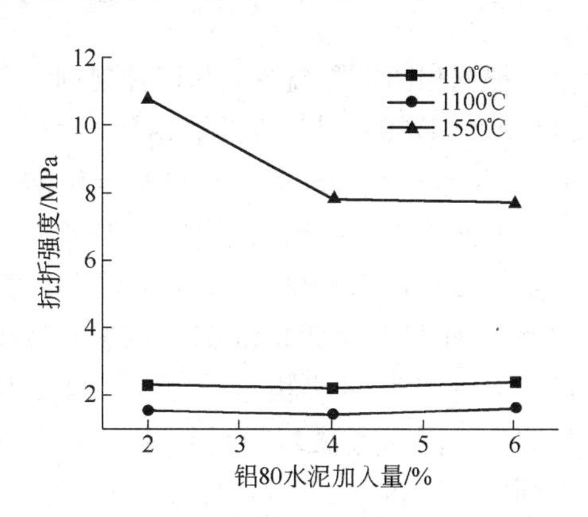

图4－59 水泥加入量与抗折强度的关系

1550℃烧后的烧结强度上升，但其抗折强度却随水泥量增大而呈下降趋势。反映高温下基质中有 $MgO-CaO-Al_2O_3$ 系低熔相，随水泥加入量增多，生成的液相量增多，使常温抗折强度降低。

从前面表4－19（主要原料理化指标）和表4－20（不同结合剂的镁钙质浇注料配比），可以用 $CaO-MgO-Al_2O_3$ 三元系统相图（见图4－60），计算不同水泥加入量的 MgO－CaO 浇注料的液相量。其中 CaO 的质量分数为 11.3%，Al_2O_3 的质量分数依次为2.0%、3.7%和5.3%。三个配方的浇注料的组成点依次为 m、b、n，处于 $MgO-CaO-C_3A$ 分三角形中。以水泥加入量为4%的浇注料（对应组成 b 点）为例，计算1700℃时产生的液相量。如图4－60所示，点 a 为1700℃等温线与MgO－CaO 界限的交点，连接 a、b 两点并延长交 MgO－CaO 边于 c

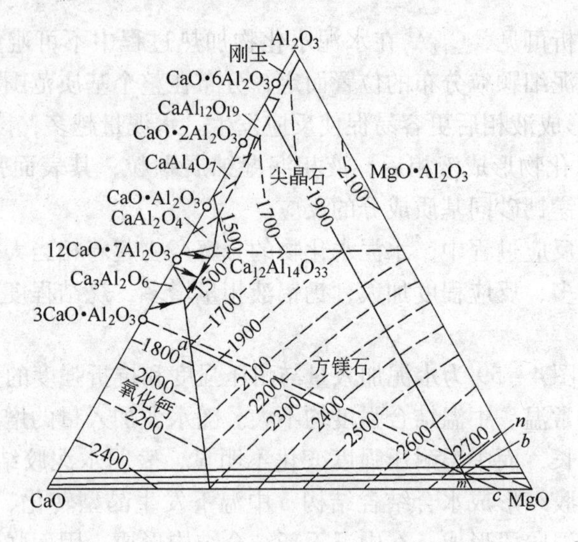

图 4-60 CaO-MgO-Al_2O_3 三元系统相图

点，根据相图中等温截面和杠杆规则，可以计算出1700℃时产生的液相量 $L=(\overline{bc}/\overline{ac})\times100\%=(9.3/97)\times100\%=9.6\%$。即水泥加入量为4%的浇注料在1700℃时产生的液相量为9.6%；同理，可以计算出水泥加入量为2%和6%的浇注料在1700℃时产生的液相量分别为5.1%和15.3%；同样方法可以计算水泥加入量不同的浇注料在1600℃时产生的液相量分别为3.5%、8.3%、13.6%。绘制曲线如图4-61所示。可见，水泥加入量越多，产生的液相量也越多，从而对高温使用性能产生不利影响。如果单独考虑基质，经计算，1700℃时三个配方产生的液相量分别为4.8%、9.0%、12.1%，很难满足冶炼条件下的高温使用要求。

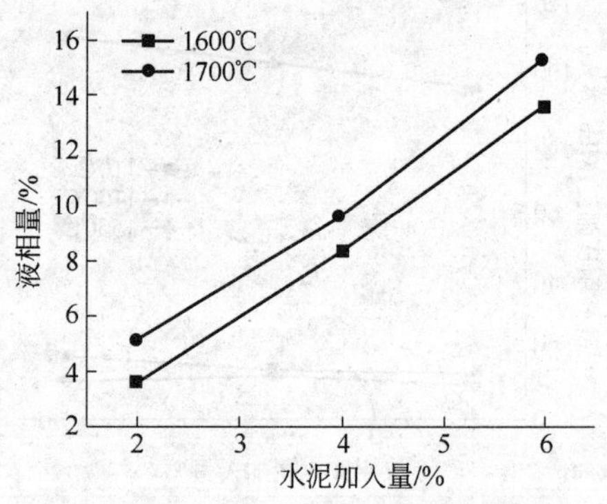

图 4-61 水泥加入量与液相量的关系

b 硅灰对镁钙质浇注料性能影响

图4-62和图4-63为硅灰加入量与显气孔率和体积密度的关系。

由图4-62和图4-63可见，随着硅灰加入量增加，显气孔率降低，体积密度增加，原因是硅灰自身可作为分散剂改善流动性，加之其以微米级颗粒充填气孔，填充效果较好。

图4-64为硅灰加入量与线变化率的关系，可见1100℃烧后试样均表现为微收缩，收缩的原因是由于水分的挥发引起的收缩；1550℃下烧后试样均收缩，收缩值较1100℃的有较大增加。

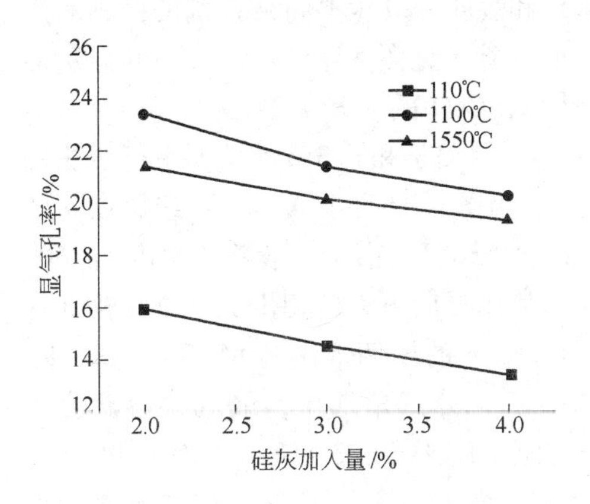

图 4-62 硅灰加入量与显气孔率的关系

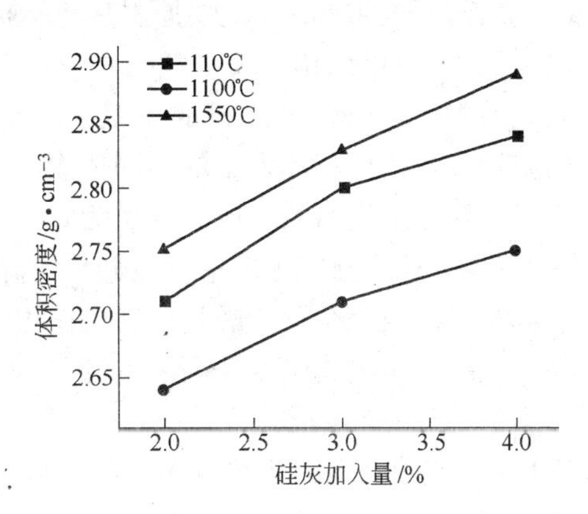

图 4-63 硅灰加入量与体积密度的关系

图 4-65 和图 4-66 为硅灰加入量与耐压强度和抗折强度的关系，由图可见，硅灰结合的浇注料有良好的常温、中温强度，随硅灰加入量增大，常温和中温强度有明显提高，其中常温强度增幅尤其显著，特别是同水泥结合浇注料的中温强度相比具有很明显的优势。这和硅灰水合物缩聚形成链网状结构、加强强度的特性有关，且其网状结构能够维持至中温阶段而不被破坏。这也是满足实际使用要求所期望的。1550℃烧后试样的抗折强度随着硅灰加入量的增加而增加，当含量超过 3% 时，强度值超过 11.7MPa。

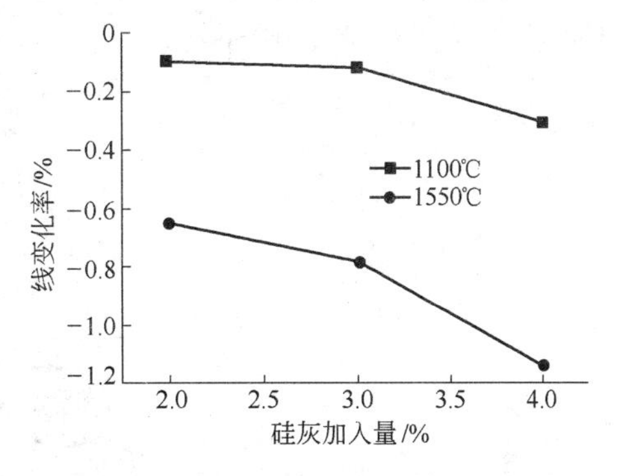

图 4-64 硅灰加入量与线变化率的关系

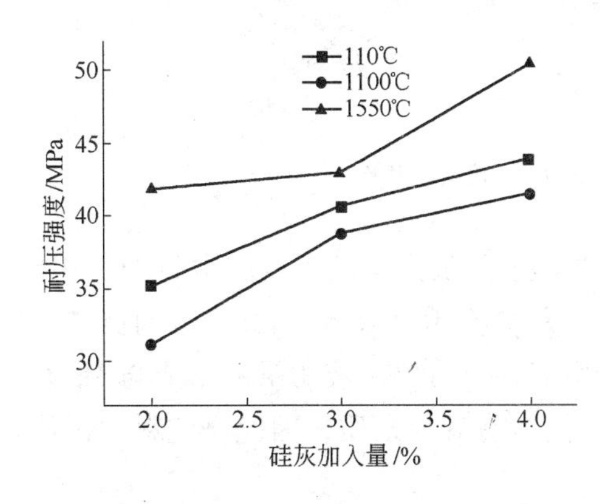

图 4-65 硅灰加入量与耐压强度的关系

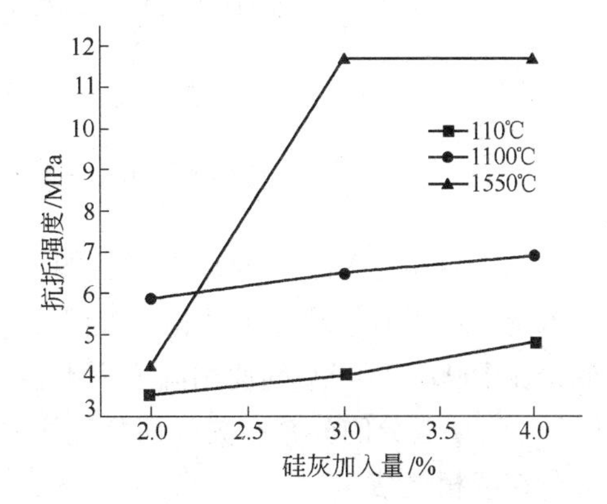

图 4-66 硅灰加入量与材料抗折强度的关系

从前面表4－19（主要原料理化指标）和表4－20（不同结合剂的镁钙质浇注料配比），可以用 CaO－MgO－SiO_2 三元相图（见图4－67）计算不同硅灰加入量的 MgO－CaO 浇注料的相组成。经计算，CaO 的质量分数为11.5%，SiO_2 的质量分数按硅灰加入量的不同依次为3.3%、4.3%和5.3%，根据平行线法确定三个配方浇注料的组成点依次为 *a*、*b*、*c*。由图4－67可知：（1）组成点 *a* 处于 C－M－C_3S 分三角形中，最低共熔温度为1850℃。由于一般精炼温度为1600～1700℃，因此在不考虑其他杂质作用时，使用温度下无液相生成，具有较好的高温性能。相组成以方镁石相为主，M、C、C_3S 的比例依次为85.7%、2.7%、11.6%。（2）组成点 *b*、*c* 处于 M－C_2S－C_3S 分三角形中，最低共熔温度为1790℃，组成点 *b* 的相组成 M、C_2S、C_3S 的比例依次为83.8%、1.9%、14.3%。（3）组成点 *c* 的相组成 M、C_2S、C_3S 比例依次为82.7%、8.7%、8.6%，在使用温度下无液相生成。若仅考虑基质的作用，基质以 MgO、SiO_2 为主，MgO 含量分别为84.9%、88.3%、91.8%。

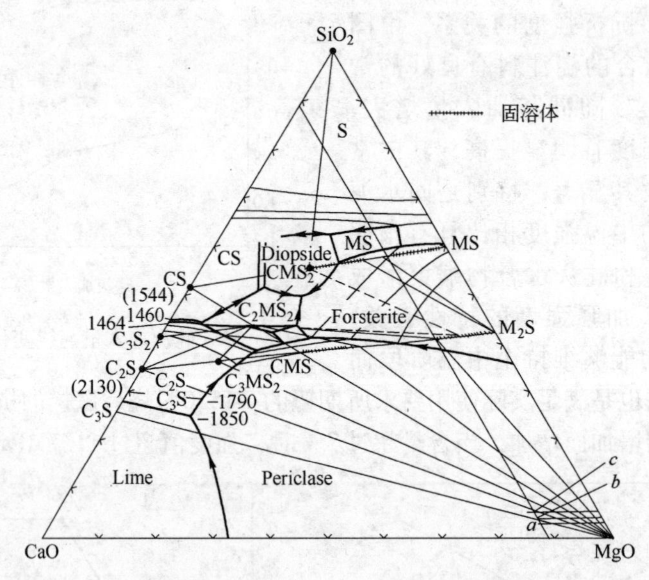

图4－67 CaO－MgO－SiO_2 三元系统相图

图4－68为 MgO－SiO_2 二元相图。可见基质组成点均处于相图中 MgO－M_2S 分系统，1860℃开始出现液相，该温度以下为 MgO 和 M_2S 两相共存。因此基质成分在1600～1700℃的使用温度下不会产生液相。另外，液相量的形成与 MgO、CaO、SiO_2 成分的分布有关，而且浇注料中还含有其他杂质，因此浇注料中仍然会存在液相烧结。

综合以上分析，以硅灰作为浇注料的结合剂可以获得较为理想的性能，尤其是硅灰加入量为3%的镁钙浇注料，可满足炼钢温度下的使用要求。

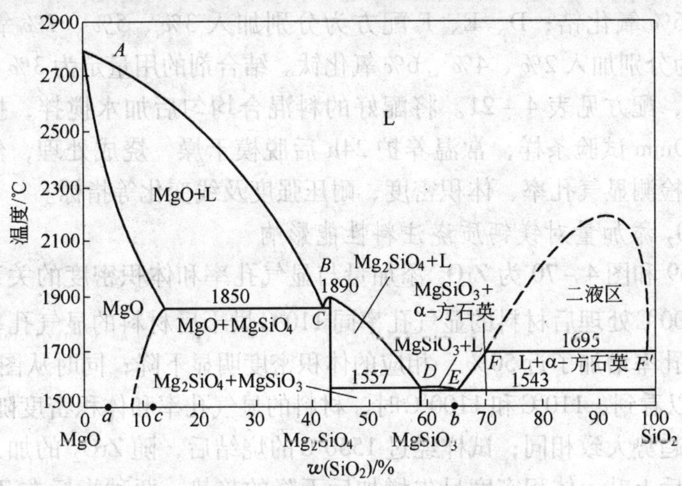

图4-68 MgO-SiO_2二元相图

4.2.1.2 添加剂对镁钙质浇注料性能的影响

本试验以镁钙砂（5~2mm、2~1mm）、中档镁砂（1~0mm）为骨料，以高纯镁砂（180目）为细粉，研究不同添加剂，氧化锆、氧化钛、氧化铝对镁钙质浇注料性能的影响。以硅灰做结合剂，并加入适量的外加剂。其中氧化锆、氧化钛均为化学纯试剂，氧化铝为纯度不低于98.5%，细度为200目的电熔白刚玉细粉及1~0mm的细颗粒，其他所用原料理化指标同表4-21。

表4-21 试验配方 （%）

原料	镁钙砂		镁砂	高纯镁粉	二氧化锆	刚玉	二氧化钛	刚玉
规格	5~3mm	3~1mm	1~0mm	≤0.088mm	≤0.088mm	≤0.074mm	≤0.088mm	1~0mm
O	36	16	20					
A	36	16	20		2			
B	36	16	20		4			
C	36	16	20		6			
D	36	16	20	随结合剂等添加成分变化而变，保持细粉总量在28%		3		
E	36	16	18			5		2
F	36	16	16			7		4
H	36	16	20				2	
P	36	16	20				4	
K	36	16	20				6	

试验设计了10组配方，其中O配方为空白样，A、B、C配方为分别加入2%、4%、6%氧化锆；D、E、F配方为分别加入3%、5%、7%氧化铝；H、P、K配方为分别加入2%、4%、6%氧化钛。结合剂的用量定为3%，外加减水剂和缓凝剂，配方见表4-21。将配好的料混合均匀后加水搅拌，振动成型为160×40×40mm试验条样，常温养护24h后脱模干燥，烧成处理，然后按照国家检测标准检测显气孔率、体积密度、耐压强度及线变化等指标。

A ZrO_2 添加量对镁钙质浇注料性能影响

图4-69和图4-70为ZrO_2添加量与显气孔率和体积密度的关系。从图可以看出，1100℃处理后材料的显气孔率同110℃烘干后材料的显气孔率相比明显变大，显气孔率增加了近50%，相应的体积密度明显下降；同时从图4-69、图4-70中可以看到，110℃和1100℃时，材料的显气孔率和体积密度随ZrO_2的加入量的变化趋势大致相同；试样经过1550℃的烧结后，随ZrO_2的加入，显气孔率呈先下降后上升，体积密度呈先增加后下降的趋势，两种指标在ZrO_2含量为4%时均出现峰值，即试样B的显气孔率最低，体积密度最大。1100℃下ZrO_2与CaO没有发生反应，水分的排除留下了气孔，因而气孔率较高，体积密度较低。1550℃下ZrO_2与CaO生成锆酸钙，使结构致密，因而，高温烧结后显气孔率降低，体积密度增大。

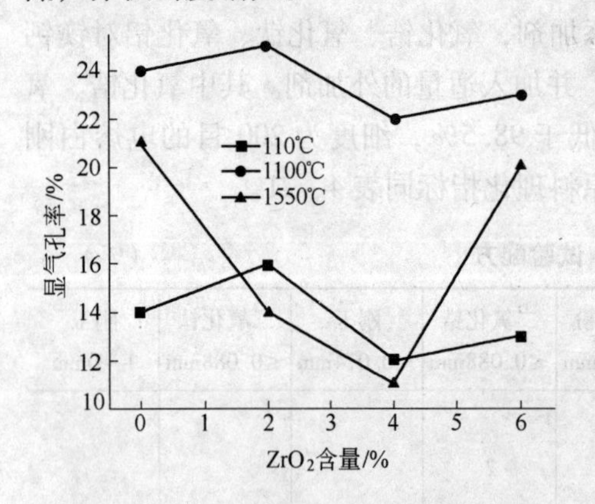

图4-69 ZrO_2含量与显气孔率的关系

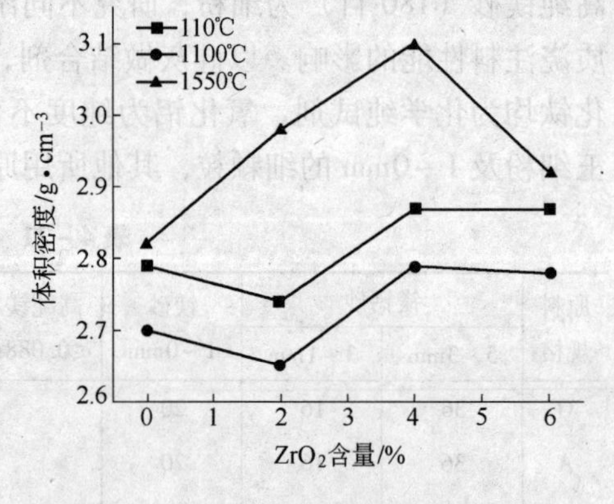

图4-70 ZrO_2含量与体积密度的关系

图4-71和图4-72为不同ZrO_2添加量的材料耐压强度和抗折强度的变化。由图4-71可见，耐压强度总体来说波动较大。中温烧结后的耐压强度较低，因为此温度下没有烧结，其变化趋势则与110℃相同，随ZrO_2的加入先降低再升高，然后再降低；而经高温即1550℃烧结后的变化趋势则是由升高到降低。三种情况下，ZrO_2含量为4%时的耐压强度最高，该含量下材料的显气孔率最低，体积密度最大，材料结构致密。

从图4-72可以看出，试样经过110℃烘干和中温烧结后，抗折强度随着ZrO_2

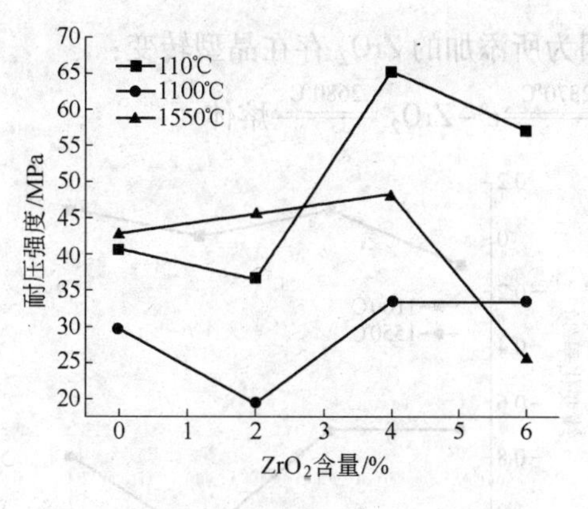

图4-71 ZrO_2 含量与耐压强度的关系

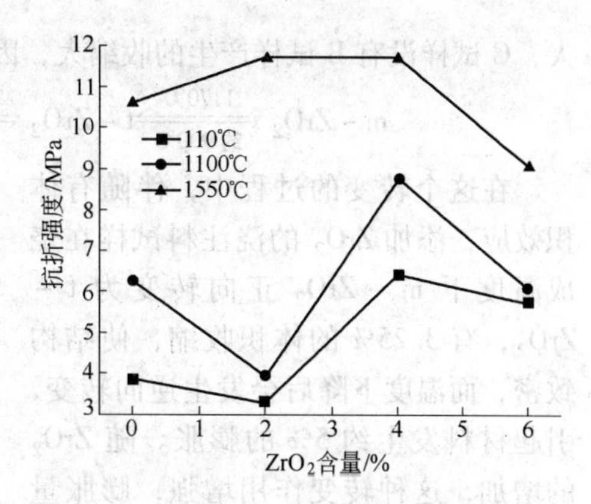

图4-72 ZrO_2 含量与抗折强度的关系

的增加而先降低再升高，然后又降低。1550℃时，材料的抗折强度有很明显的提高，含 ZrO_2 为2%、4%的试样抗折强度最高，都大于11.7MPa。ZrO_2 可以孤立硅酸盐相，减少其对MgO的润湿；还可以吸收CaO，增加液相黏度，使高温强度提高。并且随 ZrO_2 含量增加，生成的锆酸钙的含量增加，促进烧结，使材料强度提高。但较多 ZrO_2 存在时，由于晶型转变，产生裂纹，使气孔增多，强度也随之下降。

图4-73为1550℃烧后含4% ZrO_2 的浇注料显微结构照片，由图可见，含4% ZrO_2 的浇注料的微观结构比较致密，方镁石晶体发育较好，有部分锆酸钙生成，直接结合程度较高。

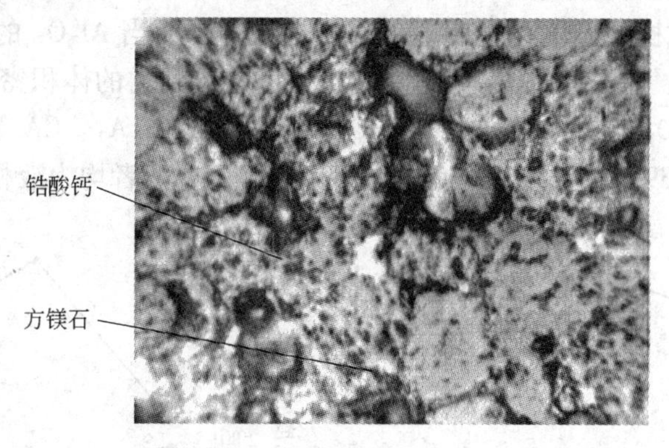

图4-73 含4% ZrO_2 的浇注料显微照片（反光，500×）

图4-74为 ZrO_2 含量与浇注料线变化率的关系，由图可见，空白样O经过1100℃烧后产生线收缩，添加了 ZrO_2 的试样则发生微膨胀，该温度下没有烧结，线变化的原因在于 ZrO_2 的体积效应；不同 ZrO_2 加入量的试样经过1550℃烧后都产生了线收缩，添加了4%、6% ZrO_2 的B、C试样要比空白样O所产生的收缩

大，C 试样没有 B 试样产生的收缩大，因为所添加的 ZrO_2 存在晶型转变：

$$m-ZrO_2 \xrightleftharpoons[\text{约}900℃]{1170℃} t-ZrO_2 \xrightleftharpoons{2370℃} c-ZrO_2 \xrightleftharpoons{2680℃} \text{熔体}$$

在这个转变的过程中，伴随有体积效应，添加 ZrO_2 的浇注料试样在烧成温度下 $m-ZrO_2$ 正向转变为 $t-ZrO_2$，有 3.25% 的体积收缩，使结构致密，而温度下降后会发生逆向转变，引起材料发生约 5% 的膨胀。随 ZrO_2 的增加，这种转变作用增强，膨胀量相对增大，因此，C 试样产生的收缩比 B 试样小。

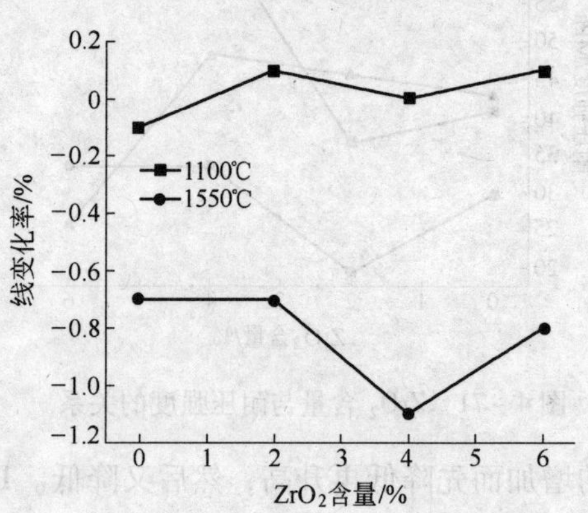

图 4-74 ZrO_2 含量与材料线变化率的关系

综上所述，在镁钙质浇注料中加入适量 ZrO_2 可显著降低显气孔率，使材料结构致密，提高体积密度和材料的高温烧后强度。由本试验来看，ZrO_2 含量为 4% 时，镁钙质浇注料的性能最理想。

B Al_2O_3 添加量对镁钙质浇注料性能的影响

图 4-75 和图 4-76 为 Al_2O_3 含量与显气孔率和体积密度的关系。从图 4-75 中可以看出，经 110℃ 烘干和 1100℃ 烧结后，材料的显气孔率随 Al_2O_3 含量的变化不明显，中温的显气孔率高于低温，约为低温时的两倍；经 1550℃ 烧结后，加入 Al_2O_3 的试样的显气孔率明显低于空白试样。而当 Al_2O_3 的含量为 3% 时，浇注料试样的显气孔率最小，从图 4-76 中可以看到它的体积密度也是最大的。因为加入的 Al_2O_3 与原料中的游离 CaO 反应，生成 $C_{12}A_7$、CA 等，它们的熔点较低，分别为 1395℃、1539℃，在本试验温度下，两者均为液相，因此，材料

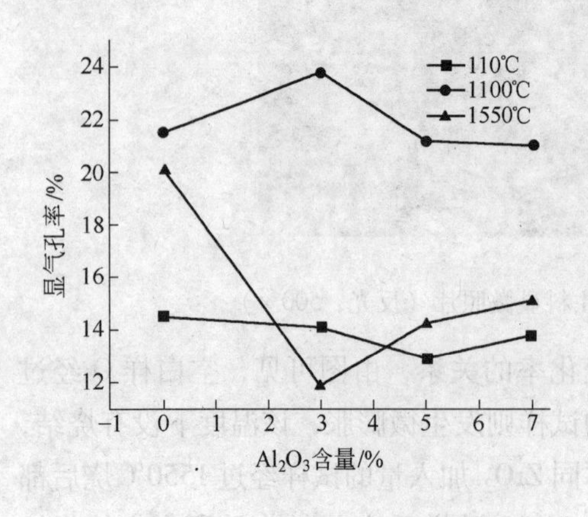

图 4-75 Al_2O_3 含量与显气孔率的关系

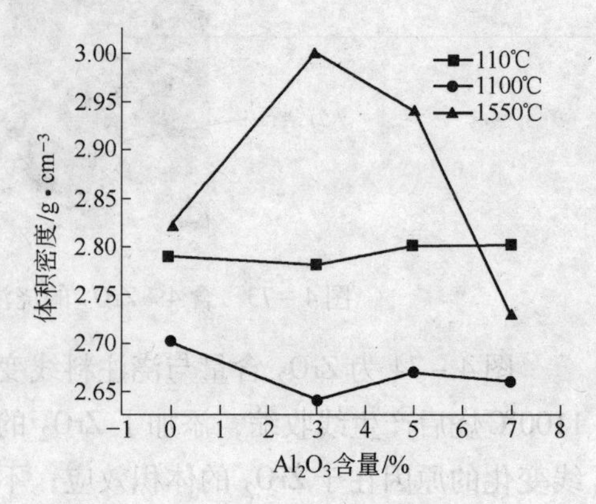

图 4-76 Al_2O_3 含量与体积密度的关系

中的液相较多，从而有利于气孔的填充，在表面张力作用下，颗粒之间的距离被拉近，降低了显气孔率。当 Al_2O_3 加入量高于 3% 时，显气孔率上升。随 Al_2O_3 加入量的增加，试样在高温下会生成少量 MA 尖晶石，产生体积膨胀。

图 4-77 和图 4-78 为 Al_2O_3 含量与耐压强度和抗折强度的关系。从图 4-77 可以看出，材料的中温耐压强度比低温时的要低，中温烧后的耐压强度随 Al_2O_3 加入量的增加而下降，110℃时的变化趋势与之相反，但变化量不大。中温时，材料没有烧结，强度低；经过 1550℃烧结后，随 Al_2O_3 含量的增加，耐压强度升高，原因为液相量随着 Al_2O_3 含量的增加而增加。

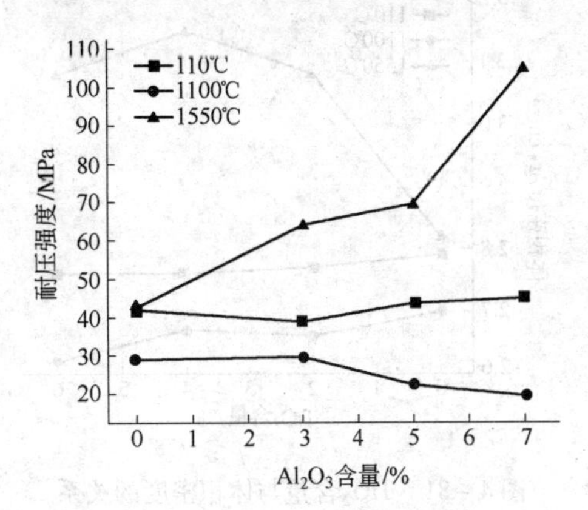

图 4-77 Al_2O_3 含量与耐压强度的关系

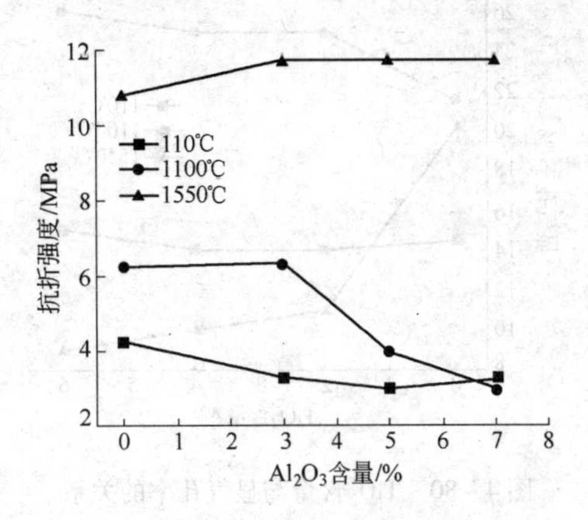

图 4-78 Al_2O_3 含量与抗折强度的关系

从图 4-78 中可以看出，110℃干燥后抗折强度最低。当 Al_2O_3 的含量在 5% 以下时，随着 Al_2O_3 含量的增加，抗折强度下降；1100℃烧后的抗折强度随着 Al_2O_3 的增加而降低；1550℃烧结后，材料的抗折强度明显增大，且随 Al_2O_3 含量的增加而升高，且每个试样的抗折强度均大于 11.7MPa。随着温度升高，烧结充分，晶体长大并形成致密的结构。

图 4-79 为 Al_2O_3 含量与线变化率的关系。由图可以看到，加入 Al_2O_3 的 D、E、F 试样经过 1100℃烧后都产生了线膨胀，且随 Al_2O_3 含量的增加，线膨胀率增大，试样没有达到烧结，使结构疏松，发生膨胀。而经过 1550℃的烧结之后，O、D、E、F 试样都产生了线收缩，随 Al_2O_3 含量的增加，这种收缩逐渐变大。1550℃时，生成较多低熔物，产生较多液相量，使试样线收缩率明显增大。

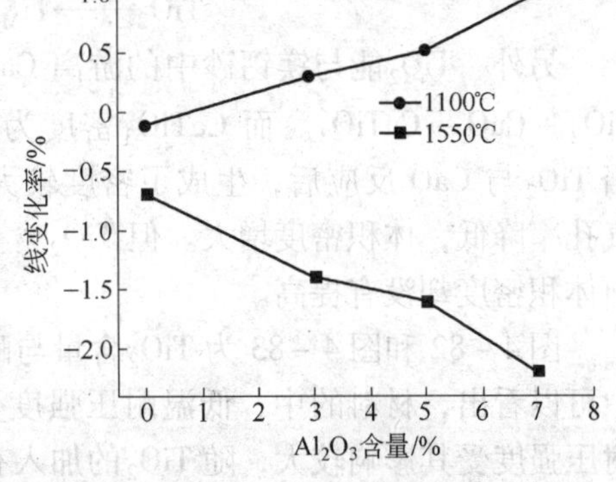

图 4-79 Al_2O_3 含量与线变化率的关系

综上所述，在镁钙浇注料中加入Al_2O_3后，材料的低温和中温性能无大的变化，但经高温烧结后，产生较大的体积收缩，降低显气孔率，提高体积密度，使结构致密，当Al_2O_3含量为7%时，可显著提高材料的常温抗折强度和耐压强度。由于高温下产生较多液相，不利于高温性能，线收缩较大，难以满足实际生产过程的需要，因此Al_2O_3含量为3%时综合性能较理想。

C TiO_2添加量对镁钙质浇注料性能的影响

图4-80和图4-81为TiO_2含量与显气孔率和体积密度的关系。

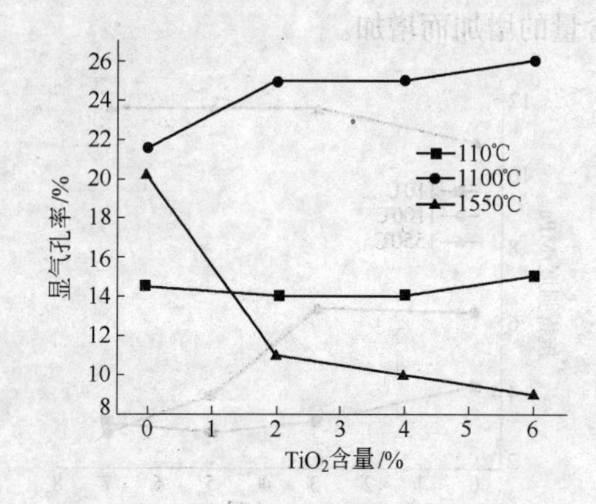

图4-80 TiO_2含量与显气孔率的关系

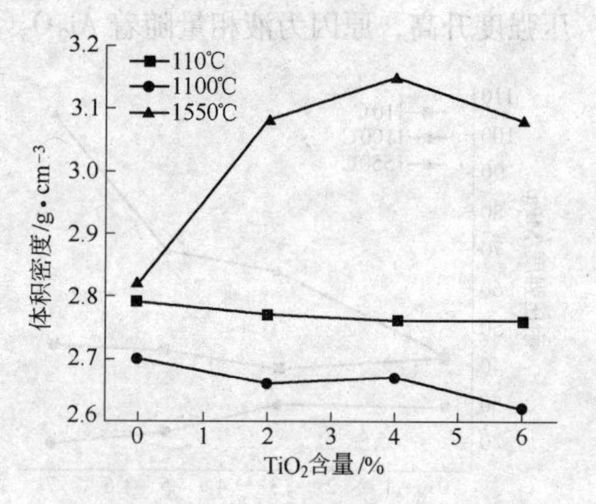

图4-81 TiO_2含量与体积密度的关系

从图4-80中可以看出，110℃烘干和1100℃烧结后材料的显气孔率随TiO_2的加入变化不大，而经过1550℃烧结后，随TiO_2含量的增加，材料的显气孔率逐渐降低。且从图4-81中看到，材料的体积密度在适量范围内有明显的提高，这是因为加入的TiO_2会进入MgO晶格，形成Mg^{2+}空位，有利于Mg^{2+}扩散，促进烧结。缺陷反应的方程式如下：

$$TiO_2 \xrightarrow{MgO} Ti_{Mg}^{\cdot\cdot} + V_{Mg}'' + 2O_O$$

另外，TiO_2能与镁钙砂中的游离CaO反应，生成$CaTiO_3$，其反应方程式为$TiO_2 + CaO \rightarrow CaTiO_3$。而$CaTiO_3$密度为4.1g/cm³，CaO的密度为3.346g/cm³，当TiO_2与CaO反应后，生成了密度较大的$CaTiO_3$，因此体积变小，产生收缩，气孔率降低，体积密度增大。但TiO_2含量超过4%时，虽然显气孔率仍会降低，但体积密度却没有提高。

图4-82和图4-83为TiO_2含量与耐压强度和抗折强度的关系。从图4-82中可以看出，材料的中、低温耐压强度受TiO_2的影响很小，而经高温烧成后的耐压强度受其影响较大，随TiO_2的加入有很大幅度的提高。因为随TiO_2的加入，材料的体积密度增大，结构致密，且TiO_2与CaO反应生成的$CaTiO_3$相，存在于主晶相的晶界中，为原子扩散提供了快速迁移的途径，促进烧结，耐压强度因此

明显提高。当TiO_2含量超过4%时，TiO_2与CaO反应生成的$CaTiO_3$也多，会阻碍烧结相颗粒的直接接触，阻碍质点的扩散，影响传质过程的进行，使烧结速率降低，材料的体积密度降低，结构致密度下降，强度下降。

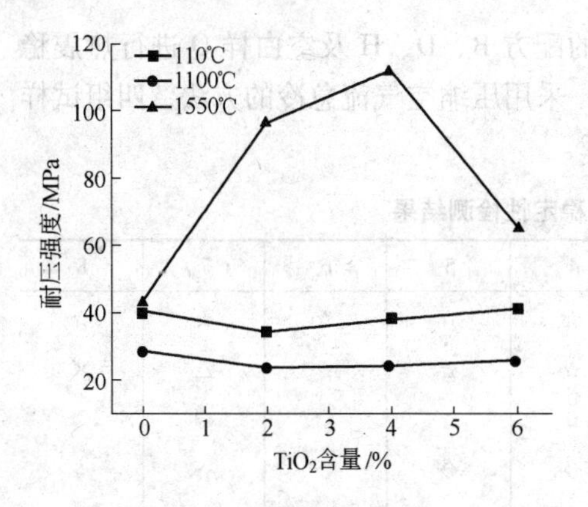

图4-82 TiO_2含量与耐压强度的关系

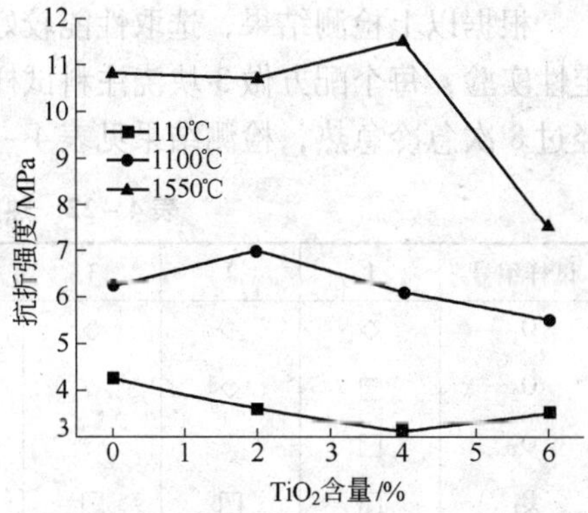

图4-83 TiO_2含量与抗折强度的关系

从图4-83中可以看出，材料经低温和中温后，抗折强度随TiO_2的加入没有产生太大的波动；而1550℃烧后，材料的抗折强度因TiO_2的加入而提高。当TiO_2含量超过4%时，抗折强度则下降。这是由于其阻碍质点扩散，降低烧结速率。

图4-84为TiO_2含量与线变化率的关系。从图可以看出，添加了TiO_2的浇注料试样经过1100℃烧后产生线膨胀，且随TiO_2含量的增加而增大。因为1100℃试样没有烧结，TiO_2存在晶型转变，造成体积效应；经过1550℃烧后，添加了TiO_2的浇注料试样产生的线收缩比空白样0要大很多，特别是TiO_2含量小于4%时，试样在1550℃条件下产生液相相对较多，有利于气孔的填充，使结构致密，耐压强度和抗折强度都有提高。但如果其所产生的收缩过大，则有可能导致整体耐火材料开裂。

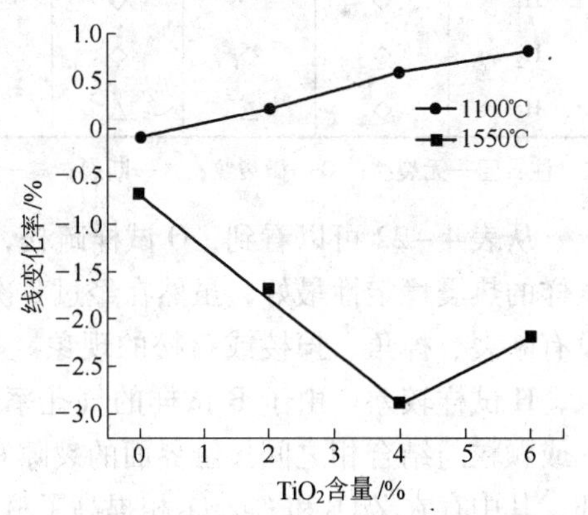

图4-84 TiO_2含量与线变化率的关系

综上所述，在MgO-CaO浇注料中加入TiO_2可显著降低显气孔率，提高体积密度，提高耐压强度。相比较而言，TiO_2含量为2%~4%时，对改善材料性能的作用较理想。

D 热震稳定性分析

抗热震性反映了耐火浇注料对温度急剧变化所产生破损的抵抗性能，常用的检测方法有水冷法和压缩空气流急冷法。由于镁钙系耐火材料的易水化性，试验采用后一种方法。

根据以上检测结果，选取性能较好的配方 B、D、H 及空白样 O 进行热震稳定性实验，每个配方做 3 块浇注料试样，采用压缩空气流急冷的方法，四组试样经过 8 次急冷急热，检测结果见表 4－22。

表 4－22 热震稳定性检测结果

试样编号	1	2	3	4	5	6	7	8
O_1	◇	◇	◇	☆	☆	☆	☆	☆
O_2	□	◇	☆	☆	☆	☆	△	×
O_3	□	☆	☆	☆	☆	◎	◎	◎
B_1	□	□	□	◇	◇	◇	☆	☆
B_2	□	□	□	□	□	□	□	◇
B_3	□	□	□	◇	◇	◇	◇	◇
D_1	◇	◇	◇	△	△	△	△	△
D_2	◇	△	△	△	△	☆	☆	☆
D_3	◇	◇	◇	◇	◇	◇	◇	☆
H_1	◇	◇	◇	◇	◇	☆	☆	☆
H_2	◇	◇	◇	☆	△	△	△	△
H_3	◇	△	△	△	×			

注：□—无裂纹；◇—微裂纹；×—断裂；◎—疏松；☆—大裂纹；○—无变化；△—掉角。

从表 4－22 可以看到，O 试样疏松，过早地产生了大裂纹，抗热震性差；B 试样的热震稳定性最好，虽然在经过 8 次风冷之后都出现不同程度的裂纹，但都没有断裂、掉角、掉棱或疏松的现象。其他三组试样都不同程度出现了这些现象，H 试样较差。由于 B 试样的气孔率适当，制品在整体断裂之前，内部的气孔或颗粒与结合相之间接触界面的裂隙对制品的断裂起到了阻止和抑制作用。另外，其中存在 ZrO_2 和 $CaZrO_3$ 相提高了材料的韧性，因为 ZrO_2 的热导率只有方镁石的一半，而 $CaZrO_3$ 的则比方镁石低得多，这种热导率的差异导致材料中出现许多微裂纹。微裂纹的存在可以吸收、分散材料内的热应力，提高韧性和热震稳定性。ZrO_2 相变产生微裂纹，在热冲击作用下，内部裂纹长度变短，数量增加，相互交错成网状的程度增强，制品断裂时需要的断裂能增加，可有效提高制品的热震稳定性；D 试样的热震稳定性要好于 H 试样，因为 Al_2O_3 可与基质中的 MgO 组成 MgO/MgO · Al_2O_3 系，MgO · Al_2O_3 在 MgO 晶粒边界沉积（主要的）和 MgO

晶粒内析出（次要的），产生了应力消除和吸收作用，从而抑制了由温度急剧变化所造成的破坏，提高了制品的抗热震性能；而 H 试样耐压强度高，结构致密，比较脆，抗热震性差。

通过上面分析可知：

（1）以铝酸钙水泥做结合剂的镁钙质浇注料，脱模干燥后的强度较低，中温强度更低，高温烧结后产生较多的液相，很难满足冶炼条件下高温使用的要求，因此不适合做镁钙质浇注料的结合剂。以硅灰做结合剂的镁钙质浇注料，在降低显气孔率及提高体积密度、常温中温强度方面有明显的优势，可选作结合剂。硅灰含量在3%能使体系有足够的常温、中温强度，并在高温下对形成一定的矿物及组织结构有影响，过高或过低均会导致在某些性能上的不理想。

（2）添加 ZrO_2、Al_2O_3、TiO_2后的镁钙浇注料的性能有了不同程度的改善：在镁钙浇注料中加入适量 ZrO_2 可显著降低显气孔率，使材料结构致密，提高体积密度和强度，其中以 ZrO_2含量 4% 时为最好。在镁钙浇注料中加入 Al_2O_3后，材料的低温和中温性能无大的变化，但经高温烧结后，产生较大的体积收缩，降低显气孔率，提高体积密度。使结构致密。当 Al_2O_3含量为 7% 时，虽然明显提高材料的常温抗折强度和耐压强度，但烧结造成的线收缩较大，难于满足实际生产过程的需要，另外，高温下产生较多液相，对高温性能不利。可见 Al_2O_3含量为 3% 时较好。在镁钙浇注料中加入 TiO_2可显著降低显气孔率，提高体积密度，提高耐压强度，相比较而言，TiO_2含量为 2% ~4% 时，对改善材料性能的作用较理想。

（3）从热震稳定性的试验看，ZrO_2加入量为 4% 的浇注料的抗热震性能明显好于加入 Al_2O_3、TiO_2的镁钙浇注料。

4.2.1.3 镁钙砂颗粒形状对镁钙质浇注料性能影响

耐火浇注料从普通浇注料发展为引入超细粉和高效减水剂的新一代高性能耐火浇注料——低水泥、超低水泥和无水泥耐火浇注料，近些年又开发出自流浇注料。浇注料流动性的好坏对施工性影响很大，也关系到浇注料使用质量，如密实性、均匀性、高温强度等。对具有特殊性质的合成镁钙系耐火材料，提高浇注料的流动性，开发出适于流动的原料，同时具有抗水化性，是极为重要的。颗粒形状对颗粒群许多性质都有影响，如比表面积、流动度、填充性、研磨性和化学活性等，不同制品为达到某些优良性能，对产品及原料颗粒形状都有不同要求。目前用于满足浇注料流动性的原材料开发很少。本试验从镁钙砂颗粒形状入手，将抗水化性与浇注料施工性结合起来，用特殊方法制得具有不同圆滑程度的颗粒，通过研究这些圆滑形颗粒与多棱角形颗粒的抗水化性及流动性等指标，来确定合成镁钙砂比较理想的形状。这对生产合成镁钙砂具有重要的实际指导意义。

A 试验测定

将合成的镁钙砂破碎、筛分，得到不同粒度的多棱角形颗粒，然后进行特殊处理，获得不同圆滑程度的颗粒，用于试验研究，其合成镁钙砂指标见表4－23。

表4－23 合成镁钙砂指标 （%）

MgO	CaO	Fe_2O_3	Al_2O_3	SiO_2	灼减	体密/$g \cdot cm^{-3}$
76.7	20.4	0.64	0.51	1.3	0.24	3.2

a 水化反应测定

将2～4mm粒度不同圆滑程度的颗粒50g，放入高压釜中，在0.3MPa下，保温2h，使水蒸气与砂进行水化反应，然后取出称重，测试样增重率。

b 安息角测定

安息角是颗粒在仅有重力作用下松散堆积时其坡度与水平面的夹角。本试验用一内壁光滑的圆筒，将物料沿筒口轻轻注满圆筒，尽量避免施加任何外力，然后将圆筒缓慢地垂直上提，物料在自身重力作用下松散堆积，根据物料铺展直径大小，算出安息角。

c 堆积密度测定

将烧杯放平，上面放圆筛，将待测物料轻轻倒在筛面上，任其自由下落，直到物料平铺筛面一层，取下圆筛，刮去多余物料，测物料与杯总重，由公式算出堆积密度。

d 镁钙浇注料流动度测定

利用搅拌器和NLD－2型水泥胶砂测定仪进行测定。将多棱角形镁钙砂与不同圆滑程度的镁钙砂，分别按镁钙系浇注料进行配比，其他条件不变，只探讨颗粒形状对浇注料流动度的影响。将配好的料搅拌混合均匀后，放入上、下底直径分别为ϕ70mm、ϕ100mm，高60mm置于振动台平面上的模型中，在平面上画有六个直径从100～180mm的同心圆，加满料后将模型移走，振动30下，然后测物料在四个方向的铺展直径，取平均值，即为流动度值。

B 试验结果及分析

a 颗粒宏观描述

将多棱角形颗粒及不同圆滑程度的颗粒进行宏观观察，可见，未处理颗粒为边缘不规则、多棱角形，在棱角处有许多发白地方，是由于水化所致，说明棱角处是易水化的部位。处理3h时，与未处理颗粒相比，棱角部分已明显被磨掉，除棱角部分外，颗粒其他部分没磨到或磨得很少，整个颗粒外形还保持未处理时颗粒的基本形状。到6h时，颗粒变得比较圆滑，整个颗粒表面都被磨到。图

4－85为不同处理时间与处理掉的小于1mm细粉之间的关系，可见随处理时间的增加，处理掉的细粉量增加，开始阶段较明显；3h以后，随处理时间增加，每小时处理掉的细粉量减少，说明颗粒已比较圆滑，颗粒间大多以点接触，相互摩擦程度减轻。

b 抗水化性

将不同处理时间的不同圆滑程度的颗粒料做抗水化实验，结果见图4－86。镁钙砂中游离氧化钙易与水或水气发生水化反应，使体积膨胀，水化部分呈白色粉状，水化程度与游离氧化钙含量有关，与颗粒比表面积大小、烧结程度、表面组织结构有关，也与形成的新表面大小有关。由图4－86可见，未处理的多棱角形颗粒，具有较高质量增加率，抗水化性不好。随颗粒圆滑程度的增加，质量增加率下降，抗水化性变好，2h左右达最低值。原因是棱角被处理掉，总表面积变小，使易水化的棱角部位和水化反应面积减少。处理时间继续增加，颗粒变得更圆滑时，抗水化性又变坏。因为这一段棱角已被处理掉，颗粒整个表面都受到作用，虽然颗粒总表面积减少，但新的表面积增加，即水化反应面积增加，活性增大，使水化反应程度增强，造成质量增加率增加。实验结果表明，处理时间为1～3h，易水化部分刚好被处理掉时抗水化性最好。

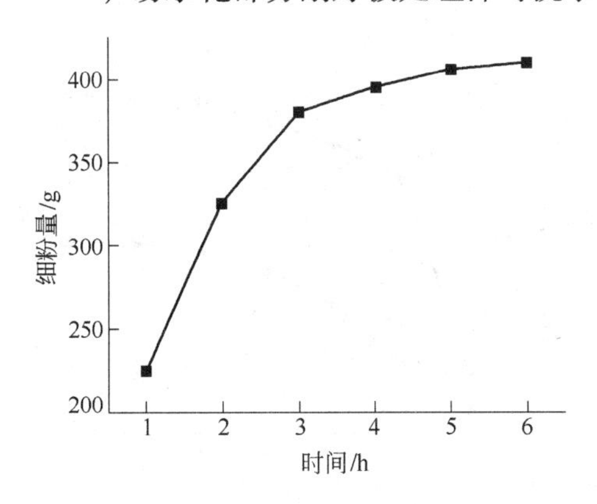

图4－85 不同处理时间与处理掉细粉量之间的关系

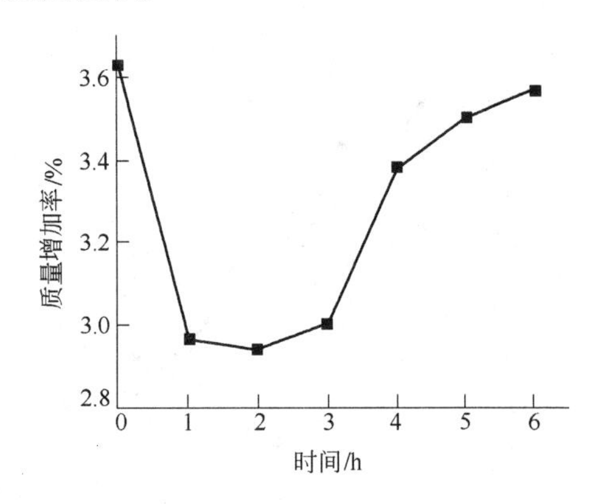

图4－86 处理时间与质量增加率的关系

c 安息角

安息角是颗粒间摩擦力和内聚力而形成的摩擦角的一种，是表征颗粒粒度状况的重要参数。本实验将1～2.5mm及2.5～5mm粒级镁钙砂，分别处理不同时间后，测安息角大小，结果见图4－87。图中B为1～2.5mm粒级，C为2.5～5mm粒级。由图可见，两个粒级多棱角形颗粒均具有较高安息角，流动性较差。随处理时间增加，不同粒级安息角都减少，说明流动性变好。这是因为，刚破碎的颗粒边缘不规则，多棱角，彼此间容易相互搭接，若颗粒在自身重力作用下，沿堆积表面流动时，必须克服较大阻力，不利于流动。而随处理时间的增加，颗粒变得圆滑，圆滑颗粒间摩擦力小，比多棱角形颗粒容易流动，所以安息角变小。

d 堆积密度

在松装堆积时，一般说气孔度随球圆度降低而增加，即有棱角的颗粒气孔度较大，说明棱角颗粒不易流动。本试验将1~2.5mm及2.5~5mm粒级镁钙砂，分别处理不同时间，测堆积密度，结果见图4-88，图中B为1~2.5mm粒级，C为2.5~5mm粒级。由图可见，两个粒级多棱角形颗粒均具有较低堆积密度，流动性不好。在本试验所定条件下，随处理时间的增加，不同粒级的颗粒变得越来越圆滑，其松散堆积密度也逐渐增加，而且在3h内增加明显，3h后趋于平缓。因为颗粒松装密度主要与颗粒形状、级配、数量有关，当级配、数量确定后，就主要取决于颗粒形状。对于破碎未经处理的物料，由于颗粒多棱角、彼此间相互搭接不易流动，很难得到致密充填。随处理时间的增加，颗粒变得圆滑，颗粒间摩擦力变小，易于流动和充填，特别是开始阶段，棱角刚磨掉时，颗粒形状变化较大，表现出堆积密度增加明显；处理3h后，颗粒形状基本圆滑，堆积密度增加不明显。

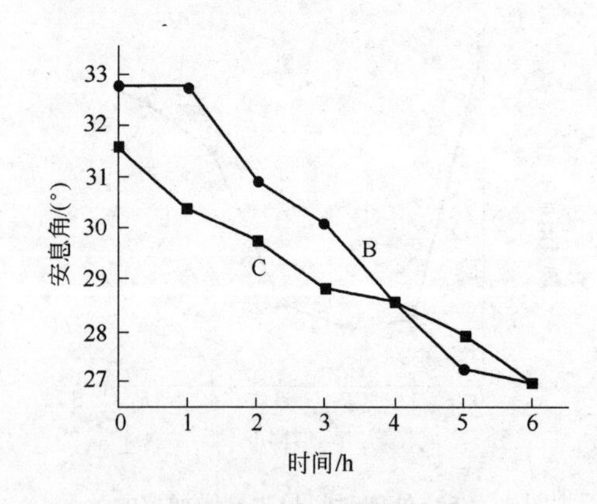

图4-87 处理时间与安息角的关系

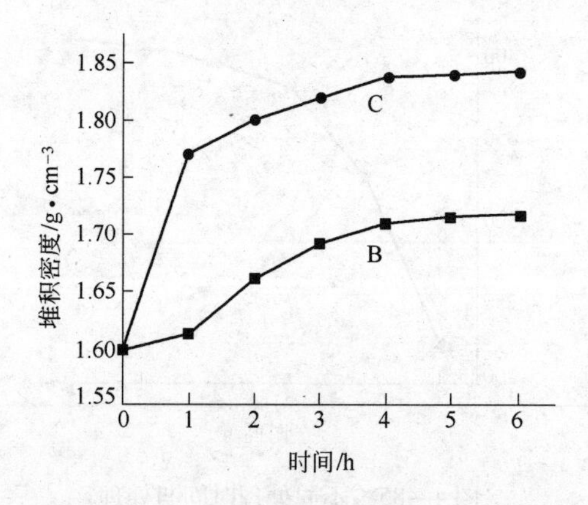

图4-88 处理时间与堆积密度的关系

e 流动度

为提高耐火材料浇注料的施工性，需要增加其流动性，减少用水量。前面探讨了不同形状颗粒的安息角及堆积密度，可知颗粒圆滑，安息角小，堆积密度大，流动性好。本试验按浇注料配方，专门探讨了不同颗粒形状对浇注料流动性的影响，结果见图4-89。由图可见，采用多棱角形颗粒配料的浇注料，流动度小，流动性较差，随处理时间的增加，颗粒逐渐变圆，浇注料流动度增加。根据流变学中Krieger和Dongherty的理论，有：

$$\eta = \eta_s \left(1 - \frac{\Phi}{\Phi_m}\right)^{[\eta]\Phi_m} \quad (4-1)$$

式中，η 为悬浮液黏度；η_s 为连续相黏度；Φ 为相体积；Φ_m 为最大堆积分数（黏度无穷大时）；$[\eta]$ 为本征黏度。

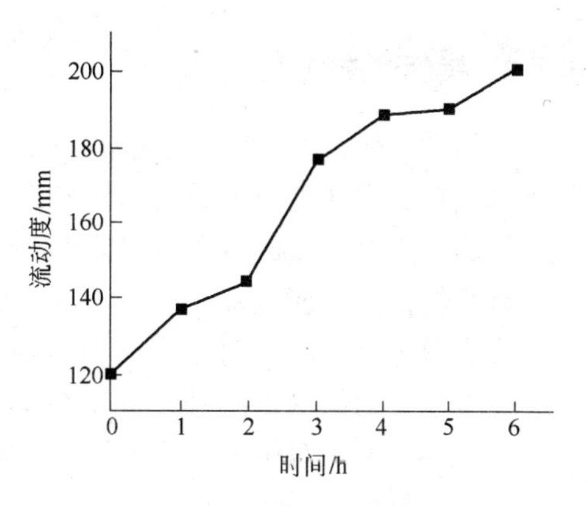

图 4-89 处理时间与流动度的关系

由上式可知：Φ_m 值越大，η 越小。对浇注料，当流动发生时，颗粒被迫离开平衡位置，与圆滑形颗粒相比，多棱角形颗粒由于相互间作用，容易互相搭接，形成“絮凝”结构。这种结构将包裹部分连续相，造成有效相体积增加，出现较大阻力，使黏度增加。另外，最大堆积分数 Φ_m 对颗粒形状的变化很敏感，球形粒子空间填充性较好，使 Φ_m 值增大，黏度变低，而多棱角形粒子空间，填充性不好，使 Φ_m 值减小，黏度增高，表现为流动性不好。而且不同形状颗粒其比表面积相差很大，表面积大，颗粒接触面积增加，移动阻力增高，导致黏度增高。球形比表面积最小，最有利于流动。耐火浇注料流动时，存在颗粒与周围流体的局部速度差，颗粒对流体产生阻力作用。根据实验资料计算，流体通过不同形状物体时的型阻系数见表 4-24。由表可知，球形颗粒对流体阻力最小，说明具有圆滑形颗粒的浇注料流动性较好。通过合适方法将镁钙砂颗粒处理成圆滑颗粒，再制成镁钙质浇注料，具有特殊意义。

表 4-24 不同形状物体的型阻系数

物体形状	立方体	菱 形	板 状	柱 状	球 形
型阻系数	1.07	0.81	1.20	0.85	0.40

通过上面分析可知：

（1）颗粒形状越圆滑，安息角越小。

（2）颗粒形状越圆滑，松装密度越大，3h 后趋于平缓。

（3）颗粒形状越圆滑，用其制成的浇注料流动性越好，开始增加明显，3h 后趋于平缓。

（4）颗粒形状比较圆滑时，处理时间在 1～3h，抗水化性最好。

综合考虑合成镁钙砂的抗水化性和流动性，处理时间在 2～3h 时的颗粒形状，既具有较好的抗水化性，又具有较好的流动性。

笔者建议：若生产镁钙系耐火材料浇注料，特别是自流浇注料，应选用具有圆滑形颗粒的镁钙砂，既可以提高抗水化性，又能提高流动性，降低加水量，改善施工性。

4.2.2 镁钙涂抹料

连铸中间包过去只起分配钢液的作用，随着冶炼技术的发展，钢包二次精炼技术的出现，现在已成为最后的精炼容器。因此，对内衬耐火材料质量要求越来越高。为适应这一新的要求，连铸中间包用耐火材料不断得到改进，开发了许多具有优良特性和功能的品种。一般来说，中间包永久层采用黏土砖或高铝砖砌筑，也有整体浇注的，而工作层多采用绝热板和耐火涂料。因绝热板抗侵蚀性差，成本高，而铝硅系涂料又易产生非金属杂质，所以，现在都使用碱性涂料，其抗侵蚀性好，易解体。目前中间包已碱性化，并逐步向使用镁钙涂抹料方向发展。随着钢材质量提高，品种改善，洁净钢需求量的增加，对耐火材料质量要求越来越高，除能满足日益苛刻的冶炼条件外，还不能污染钢液，若连铸中间包中耐火材料污染钢液，将无法排出，因此镁钙质涂抹料受到高度重视。研究开发性能优良的镁钙涂抹料，对冶炼洁净钢具有重要实际意义。

4.2.2.1 镁钙质涂抹料研制及应用

连铸中间包耐火涂料应满足下列要求：具有好的抗渣侵性，要求强度高，结构致密；保温性能好，不能冷钢，要有适当的气孔率；良好的施工性，解体性，烘烤不炸裂；不污染钢液。为满足上述要求，对影响涂抹料性质的一些参数进行了研究。

A 镁钙质涂抹料制备

连铸中间包用镁钙质涂抹料原料主要用合成镁钙砂为骨料，细粉采用烧结镁砂，原料化学成分及粒度见表 4－25，实验配方见表 4－26。

表 4－25 原料化学成分及粒度 （%）

名 称	粒度/mm	MgO	CaO	Al_2O_3	SiO_2	Fe_2O_3
镁钙砂	5～1	74.98	21.85	0.54	1.12	0.59
镁 砂	1～0	96.03	1.12	—	1.68	0.92
镁 粉	<0.088	96.03	1.12	—	1.68	0.92

表 4－26 试验配方

原料规格	镁钙砂 4～1mm	方解石 0.5～0mm	高纯氧化镁 200 目	黏土 200 目	硅粉 200 目	六偏	纤维
含量/%	55	10	25	3	3	3	1

为提高涂抹料施工性，增加黏塑性，加入适量增塑剂。黏土具有良好的分散性、可塑性、结合性和烧结性，可作为增塑剂使用，使涂抹料具有良好的施工

性，涂抹手感好；但加入量多带进杂质多，会降低材料高温性能。

中间包烘烤速度比较快，易造成涂抹料的开裂，原因是水气的快速排除。通常解决的方法是加入防爆剂，纤维在涂料中能产生间隙，成为水气排除的快速通道，可作为防爆剂使用；但纤维加入量多会产生大量间隙，造成气孔率增加，强度降低，钢液和熔渣会沿着气孔渗入到内部。纤维可根据实际选用有机纤维、纸纤维、麻纤维等。

实验室试验：

原料→破粉碎→表面改性→配料→混合→振动成型→干燥→检测

应用试验：

原料→破粉碎→表面改性→配料→混合→中间包涂抹→用后检测

将工业合成的镁钙砂，按涂抹料粒度要求破粉碎，然后进行表面改性，使砂具有良好的抗水化性，在存放、运输、使用过程中，均不必担心水化问题。将合理的颗粒级配料加入结合剂及各种外加剂，如增塑剂、防爆剂等进行混合，将混合料振动成型为 160×40×40mm 长条状，干燥、煅烧后，进行指标测试。将混好的料加入适量水，涂抹在中间包上，烘干后使用。制备的镁钙质涂抹料理化指标见表 4-27。

表 4-27　涂料理化指标

项　目		镁钙涂抹料
耐压强度/MPa	110℃×24h	4.72
	1550℃×3h	8.13
抗折强度/MPa	110℃×24h	1.45
	1550℃×3h	3.8
体积密度/$g\cdot cm^{-3}$	1550℃×3h	2.15
化学成分/%	MgO	85.5
	CaO	11.0
	Al_2O_3	—
	SiO_2	1.4
	Fe_2O_3	0.76

B　施工性、抗爆裂性及解体性研究

首先，在实验室将涂料涂抹在 100～150℃ 的直立高铝砖上，厚度 30～40mm，发现涂料可塑性好，易黏附，无塌落和流淌，具有较好的施工性；养护 6h 后，送入高温炉中，在 400℃、600℃、800℃、1000℃、1200℃不同温度下观察试样表面，并用小锤敲打，发现无剥落和爆裂产生，表明具有一定强度，有较好抗爆裂性；经 1500℃烧后冷却，发现表面出现裂纹，并有较大线收缩，涂料与砖间产生缝隙，轻敲就会使涂料脱落，推测这种涂料具有良好的解体性。

然后，将这种涂料涂抹在某特钢厂 30t 连铸中间包上，涂抹温度 100 ~ 150℃，厚度 30 ~ 50mm。该涂料易涂抹，具有良好的可塑性和附着性。自然干燥后，3h 烘到 1100℃，无裂纹，具有良好的抗爆裂性和强度，冷却后涂料与包壁有裂缝，易与包壁脱离，具有良好解体性。

镁钙质涂抹料生产最关键的问题是镁钙砂表面必须进行防水化处理，另外要注意涂抹后的烘干速度，不能慢，也不能太快，既要快速越过水化阶段，又要控制水分快速蒸发造成大量裂纹。

C 相图计算

利用相图可以大致计算涂抹料在使用温度下产生的液相量，从而可以推测该涂抹料的高温使用性能。镁钙耐火材料有五种主要成分，MgO（M）、CaO（C）、Al_2O_3（A）、Fe_2O_3（F）、SiO_2（S）。平衡相组成与 A/F 比有关，A/F < 0.64（重量比），属 C－M－C_3S－C_4AF－C_2F 系统；A/F > 0.64（重量比），属 C－M－C_3S－C_4AF－C_3A 系统；A/F = 0.64（重量比），属 C－M－C_3S－C_4AF 系统。目前还没有 CaO－MgO－C_3S－C_4AF－C_2F（C_3A）相图，合成镁钙系耐火材料涂抹料在 1550℃下存在的固相含量和出现的液相量计算可利用图 4－90 和图 4－91 进行。图 4－90 为 C－M－C_3S－C_4AF 系统热平衡图，图 4－91 为 C－M－C_2S－C_4AF 系统液相边界面在 C－C_2S－C_4AF 底面上的锥形投影图。

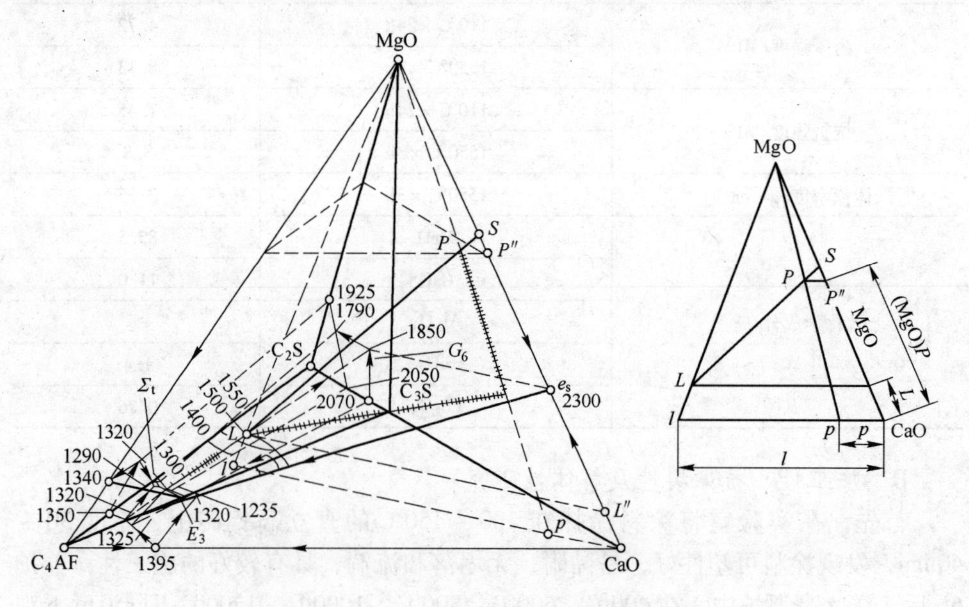

图 4－90 C－M－C_3S－C_4AF 系统热平衡图

利用原始混合物析晶过程和杠杆规则及相似三角形得到计算公式：

$$液相量(1550℃)=\frac{100-MgO_P}{100-MgO_L}\times\frac{p}{l}\times100\% \tag{4-2}$$

$$固相量(1550℃)=\left[1-\frac{100-MgO_P}{100-MgO_L}\times\frac{p}{l}\right]\times100\% \tag{4-3}$$

式中，MgO_P为耐火材料（P）中的 MgO 含量；MgO_L为液相（L）中的 MgO 含量；p、l 为在底面测得的 p 点和 l 点与 CaO 顶角距离。

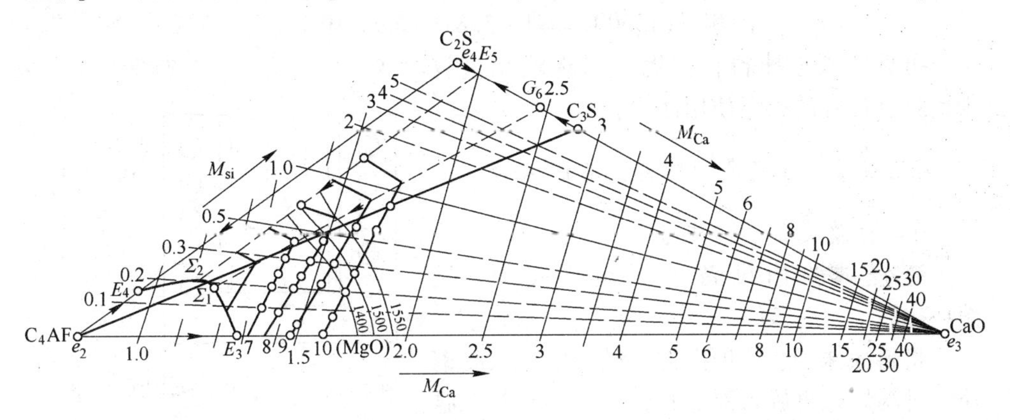

图 4－91　C－M－C_2S－C_4AF 系统液相边界面在 C－C_2S－C_4AF 底面上的锥形投影图

利用图 4－90 和图 4－91，要求原始混合物中 Al_2O_3/Fe_2O_3（重量比）为 0.64。本试验镁钙涂抹料混合物化学组成见表 4－28。

表 4－28　用于实验的合成镁钙混合物化学组成

调整前化学组成/%					调整后化学组成/%					SiO_2 模数 M_{Si}	CaO 模数 M_{Ca}
MgO	CaO	SiO_2	Al_2O_3	Fe_2O_3	MgO	CaO	SiO_2	Al_2O_3	Fe_2O_3		
85.51	11.96	1.40	0.54	0.59	85.27	11.95	1.40	0.54	0.84	4.3	1.01

为了确定原始混合物（P）在锥形投影图上的位置（p），求 p、l 值，塞里等在 1981 年提出 MgO－CaO－C_2S－C_4AF 系统液相边界面在 CaO－C_2S－C_4AF 底面上的锥形投影图，见图 4－91，并建立一套模数系统，确定原始混合物（P）在锥形投影图上的位置（p）。

对 CaO 所用模数　$$M_{Ca}=\frac{w(CaO)}{w(SiO_2)+w(Al_2O_3)+w(Fe_2O_3)} \tag{4-4}$$

对 SiO_2 所用模数　$$M_{Si}=\frac{w(SiO_2)}{w(Al_2O_3)+w(Fe_2O_3)} \tag{4-5}$$

实验求得 $M_{Ca}=4.3$，$M_{Si}=1.01$。

根据析晶路线，通过作图、测量得到 $p=21$，$l=58$，读取 $M_l=8.16$。

根据式（4-1）、式（4-2），可计算出实验用合成镁钙涂抹料在1550℃下存在的液相量和固相量：

$$液相量(1550℃) = \frac{100 - MgO_P}{100 - MgO_L} \times \frac{p}{l} \times 100\%$$

$$= \frac{100 - 82.57}{100 - 8.16} \times \frac{21}{58} \times 100\% = 5.81\%$$

$$固相量(1550℃) = 1 - 5.81\% = 94.19\%$$

可见，该涂抹料在高温下出现液相量较少，具有良好的高温使用性能。

4.2.2.2 镁钙质涂抹料抗渣侵试验

A 试验设备及渣成分

渣侵试验用设备为中频感应炉，见图4-92。

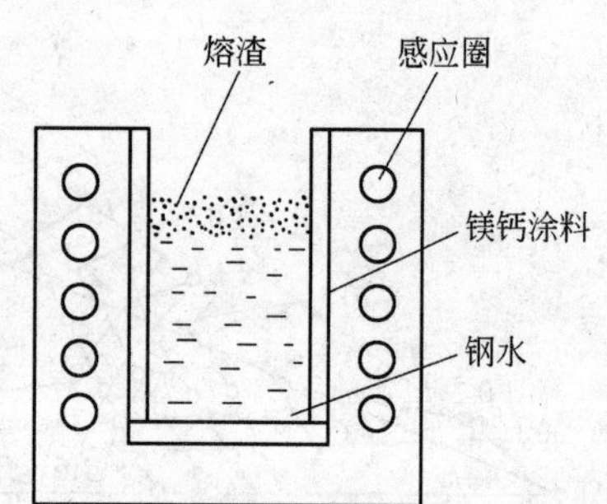

图4-92 渣侵实验感应炉示意图

将料涂抹于感应炉内衬，烘干后放入废钢块，升温熔融再放入配好的渣，于1550℃保温30min。试验用渣为某钢厂提供的连铸中包渣，成分见表4-29。

表4-29 中包渣成分

成 分	MgO	CaO	Al_2O_3	SiO_2	Fe_2O_3
含量/%	21.2	38.5	8.52	29.9	1.88

B 实验结果及分析

a 岩相分析

图4-93为从工作层到原砖带的透光显微照片，从照片上可清晰地看到挂渣层、反应层及过渡层。图4-93（a）为挂渣层，主要矿物相为3CaO · MgO · 2SiO$_2$（C_3MS_2），晶体呈长柱状或板状或纺锤状，次要矿相为CaO · MgO · SiO_2（CMS），气孔较多，呈近圆形，白色长条状为C_3MS_2，白色不规则状为CMS，黑色为气孔。图4-93（b）为反应层，主要矿相为C_3MS_2，CMS和少量2MgO · SiO_2（M_2S）。在反应层可见MgO有分散溶解部分，说明材料已被渣熔蚀，在反应层没有发现MgO和CaO的大颗粒。从反应层到过渡层，材料中主要矿相是方镁石和方钙石，基质为C_3MS_2，晶体较小，其他低熔物量比反应层低，见图4-93（c）。从上面分析发现，当熔渣侵入到有MgO、CaO颗粒时，侵蚀停止。图4-93（d）为原涂料层，主要是MgO和CaO颗粒，没有C_3MS_2矿相，说明没有熔渣侵蚀，少量CMS分布不均，气孔呈不规则状。

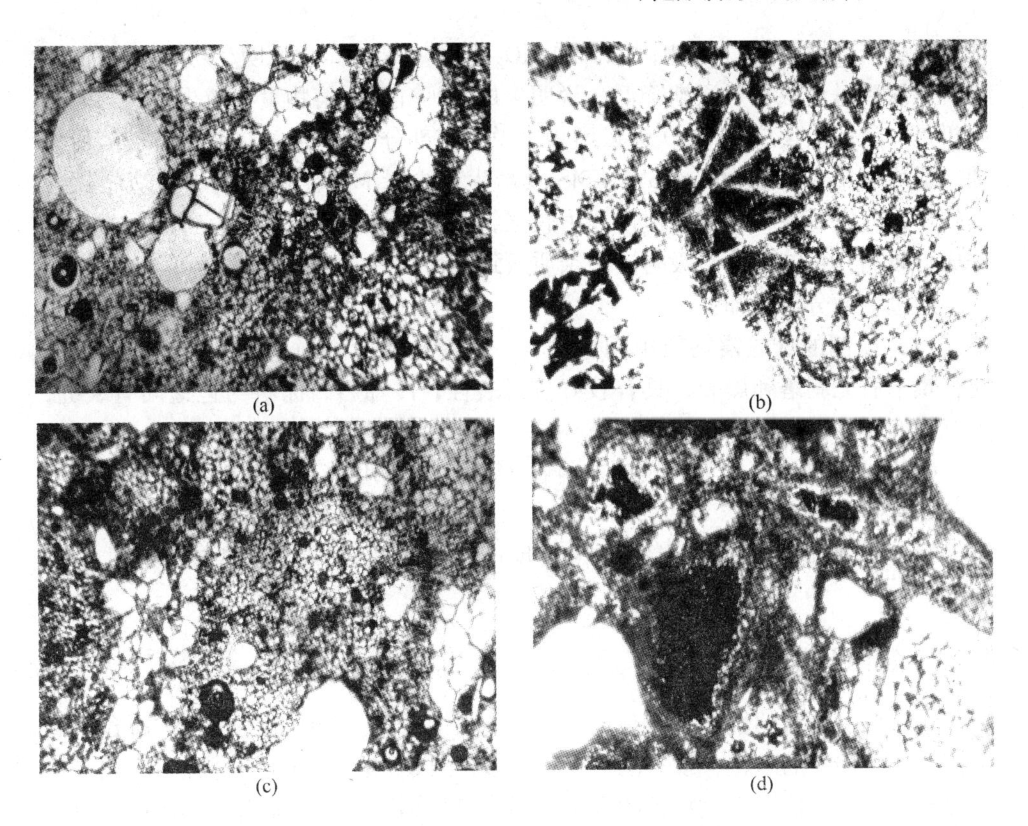

图 4 - 93 从工作层到原涂料层的显微照片（透光，40×）

中间包渣铁含量很低，主要为 CaO、MgO、SiO_2系，且 C/S 比为 1.25，渣中主要矿相为 C_3MS_2、CMS。当熔渣与涂料接触时，发生反应生成硅酸盐低熔相，主要是 C_3MS_2，其次为 CMS。由于材料中低熔物的出现，使材料得到烧结，生成致密层。致密层的形成有利于阻止渣的进一步渗透。另外生成部分 M_2S，其熔点高，可提高抗渣渗透性。过渡层得到部分烧结，而原涂料层没有得到充分的烧结，这有利于与包衬分离。

b SEM 能谱分析

将用后的镁钙涂抹料残衬取样，进行切割、粗磨、细磨、抛光，作 SEM 能谱分析，结果见表 4 - 30。

表 4 - 30 残样各带成分分布 （%）

成 分	MgO	CaO	Al_2O_3	Fe_2O_3	SiO_2
渣 层	40.28	25.48	5.60	2.83	25.24
反应层	52.71	17.65	7.98	3.82	17.28
过渡层	68.64	11.09	7.18	1.67	11.43
原涂料层	85.51	11.96	1.40	0.54	0.59

结合渣的原始成分可知，CaO 和 SiO_2 比例基本一样，说明生成钙硅系低熔物；从渣到过渡层数量逐渐降低，说明生成的钙硅系低熔物量在减少。这与岩相分析是一致的。反应层 MgO 含量增加，说明有部分 MgO 溶解在渣中，被渣所侵蚀。反应层主要矿相为 C_3MS_2、CMS 及新生成少量 M_2S。试验用中包渣中铁含量较少，且镁钙涂料抵抗铁侵蚀能力较强，铁成分没有大的变化。过渡层中，铝硅成分较高，可能是涂料吸附渣中杂质所致。

通过上面分析可知：

（1）研制的合成镁钙质中间包涂料，易涂抹，不流淌，具有良好的施工性能；烘干后无剥落和爆裂，具有较好抗暴裂性；冷却后，涂料与包壁间有裂缝，具有较好解体性。

（2）经相图计算，镁钙质涂抹料在 1550℃ 下使用时，产生 5.81% 液相，具有较好高温使用性能。

（3）镁钙质涂抹料与渣发生化学反应，生成致密层，可抑制渣的进一步侵蚀。

4.2.3 镁钙干式料

中间包工作衬的性能是提高连铸技术的关键所在。中间包工作衬中所含的氧化钙有利于钢液的净化，含有的氧化钙越多，对钢液的洁净能力越强，因此要尽量提高中间包工作衬中氧化钙的含量。但是氧化钙容易水化而引起工作衬各项性能指标下降，不利于生产和使用。镁钙质涂抹料主要以水为载体，不利于提高制品中氧化钙含量。采用干式料来制作中间包工作衬，避免了与水的接触，可以提高工作衬中的氧化钙含量，从而达到增强对钢液洁净能力的目的。

目前干式料用的结合剂都含有甲醛和游离酚，在使用过程中会产生有害烟气，对环境造成危害。另外，酚醛树脂炭化后的残碳能导致钢水增碳。因此，寻求一种新型环保型干式料是当前生产急需解决的问题。常用的环保型结合剂有硅酸钠、葡萄糖、硼酸盐、硫酸盐以及有机金属复合物等，其中硅酸钠和酯类添加剂复合使用，而葡萄糖则和酸类添加剂复合使用。

中间包干式料具有以下优点：

（1）烘烤时间短。中间包干式料不含水分，经过 1～2h 的在线烘烤就可投入使用。而中间包镁质涂料因其工作层中含有水分，至少须经过 3h 的烘烤才能满足温度和钢液质量的要求，否则中间包第一炉连铸坯将产生气孔。使用干式料，可比镁质涂料中间包提前 1h 投入使用，应对异常情况能力强。

（2）施工强度低，尺寸规范。在中间包镁质涂料的施工过程中，为保证涂料工作层中水分的充分蒸发以及分层涂抹的要求，需热态施工，即施工时中间包永久层温度不低于 100℃。在这样的高温条件下，工人的劳动强度比较大。而中间包干式料则可在冷态下施工，即施工时中间包永久层工作温度不高于60℃。中间包干式料在施工过程中受中间包振动内模尺寸的限制，可保证中间包工作层尺寸精确。

（3）使用中的温度梯度使其烧结和致密化是由表及里的，裂纹不宜扩展和贯穿。

（4）衬体易于解体。

（5）内部未烧结层的密度低于烧结层的，使衬体热导率降低，热损失减少。

干式料中间包施工流程如下：冷钢已翻出的中间包→清理、检查→安装快速更换水口→安装水口座砖和水口振动芯子→安放立板和冲击板→敷中间包包底工作层→安放中间包振动内模→填塞中间包四周工作层→振动中间包内模→振动结束→煤气小火烘烤→自然冷却→吊出中间内模→取出水口振动芯子→修补中间包溢渣口→施工结束待用。

本实验以镁钙砂、中档镁砂和高纯氧化镁粉为主要原料，研究了镁钙质干式料的性能以及影响因素。

4.2.3.1 试验

A 试验用原料

主要原料选用镁钙砂、中档镁砂和高纯镁粉，理化指标见表4－31。

表4－31 各原料理化指标 （%）

原 料	CaO	MgO	SiO_2	Al_2O_3	Fe_2O_3	灼 减	体积密度 $/g \cdot cm^{-3}$
镁钙砂	56	41	1.32	0.51	0.59	0.24	3.26
中档镁砂	1.68	95.19	1.71	0.54	0.61	0.25	3.25
高纯氧化镁粉	0.27	97.15	1.28			0.34	

B 试验配方

为研究颗粒级配对干式料性能的影响，选择CaO含量为30%的镁钙干式料；颗粒级配选择骨料：细粉＝60：40、65：35和70：30三种，按表4－32进行试验。各组配方中所需结合剂为水玻璃和多羟基糖组成的复合结合剂，按1：1比例加入，加入Fe_2O_3粉作为烧结剂。

表4－32 试验配方 （%）

组别＼原料	高钙砂 5～1mm	高钙砂 1～0mm	档镁砂 1～0mm	高纯氧化镁粉 －0.074mm	颗粒级配
1	45	10	5	40	60：40
2	50	5	10	35	65：35
3	55		15	30	70：30

C 工艺流程

按表 4 - 32 进行配料混合后，将混好的物料倒入模具中，成型压力 5t 并保压 30s，压制好的试样经 210℃ ×24h 干燥，经 1500℃烧成后，检测常温耐压强度、显气孔率、体积密度、抗水化性、抗渣性、热震稳定性及 X 射线衍射分析等。

4.2.3.2 试验结果及分析

图 4 - 94 颗粒级配对试样体积密度和显气孔率的影响。

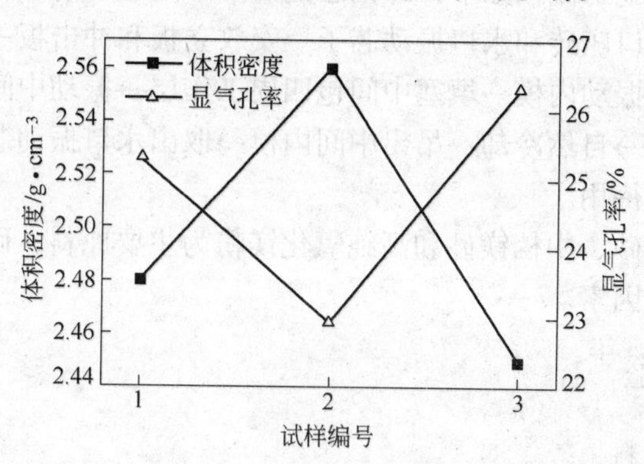

图 4 - 94 颗粒级配对体积密度和显气孔率的影响

由图 4 - 94 可见，随骨料与细粉比例的升高，试样的体积密度出现先升高后降低的现象；当骨料：细粉 = 65：35 时，体积密度达到最大值；当骨料和细粉比例最佳时，料堆积最紧密，使体积密度达到最大值。

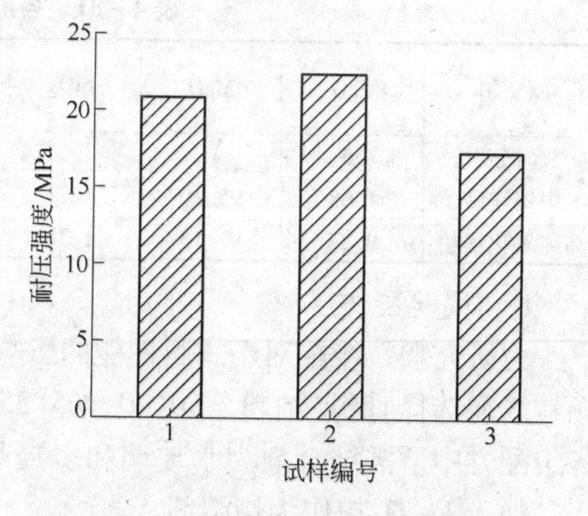

图 4 - 95 颗粒级配对耐压强度的影响

图 4 - 95 为颗粒级配对干式料耐压强度的影响。

由图 4 - 95 可见，随试样骨料与细粉颗粒级配的增加，试样的耐压强度先增加后降低，当骨料：细粉 = 65：35 时耐压强度最大，因为颗粒料与细粉配比最合理时，堆积最紧密，耐压强度最大。

为研究 CaO 含量对干式料性能的影响，颗粒级配固定为骨料：细粉 = 65：35，选择 CaO 含量为 10%、15%、20%、25% 的四组配方。试验配方见表 4 - 33。

图 4 - 96 为不同 CaO 含量对干式料体积密度和显气孔率的影响。随 CaO 含量的升高，干式料的体积密度降低，显气孔率升高。

表 4－33 试验配方 （%）

组别＼原料	高钙砂		中档镁砂		高纯氧化镁粉200目	CaO 含量
	5～3mm	3～1mm	3～1mm	1～0mm		
1	5	13	27	20	35	10
2	5	22	18	20	35	15
3	5	31	9	20	35	20
4	5	40		20	35	25

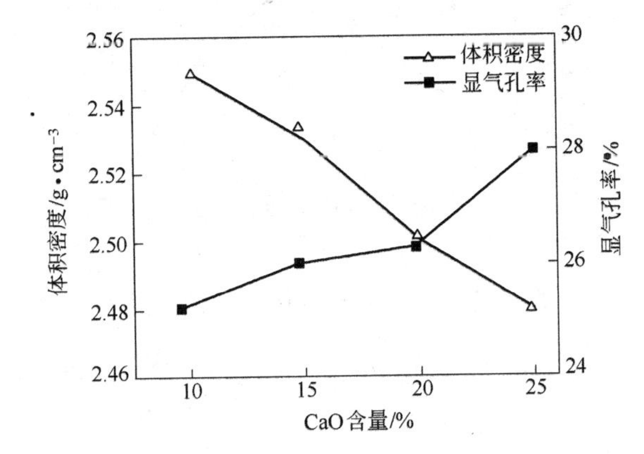

图 4－96 CaO 含量对体积密度和显气孔率的影响

图 4－97 为不同 CaO 含量对干式料耐压强度的影响。随着 CaO 含量的增加，干式料的耐压强度降低。

图 4－98 为试样经 1550℃烧结，保温 3h 后，CaO 含量对试样线变化率的影响，随 CaO 含量的增加，试样收缩率减小。

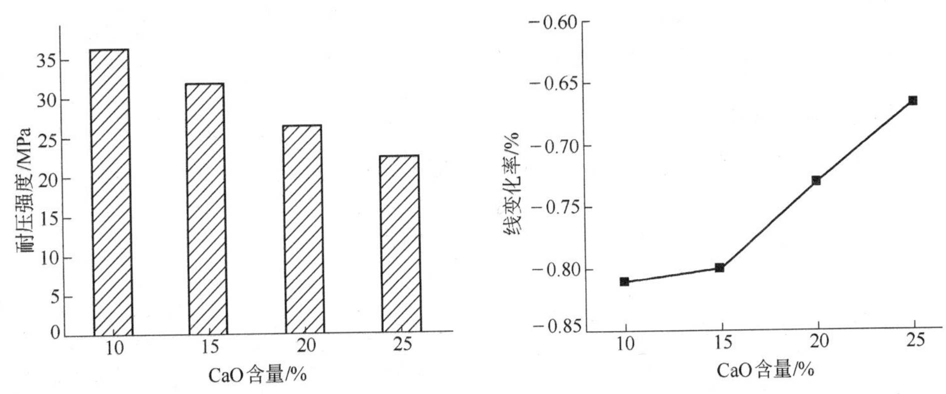

图 4－97 CaO 含量对干式料耐压强度的影响　　图 4－98 CaO 含量对试样线变化率的影响

将不同 CaO 含量的试样做成坩埚，研究中间包渣对侵蚀性的影响。中包渣成分见表 4－30。将渣侵后的坩埚取出观察，坩埚中的中包渣一部分已侵入坩埚内部，剩下的渣成圆柱状。然后将坩埚切成两半，一半用作岩相分析，另一半进行侵蚀深度检测。侵蚀深度见图 4－99。随 CaO 含量增加，渣侵蚀深度逐渐降低，抗渣侵蚀能力增加。

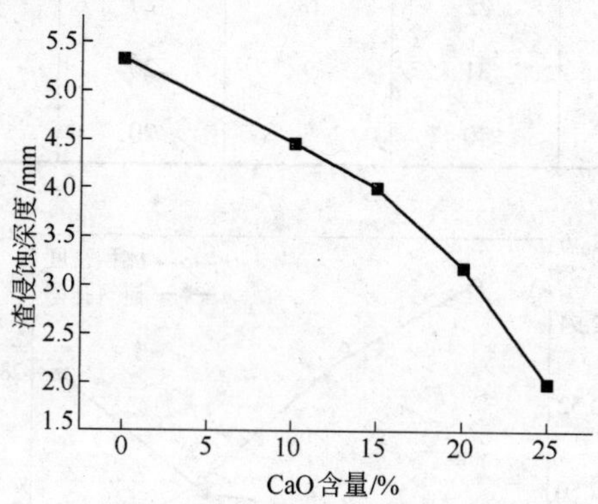

图 4－99 CaO 含量与渣侵深度的关系

利用 X 射线衍射对 CaO 含量为 30% 干式料的矿物组成进行检测，检测结果见图 4－100。

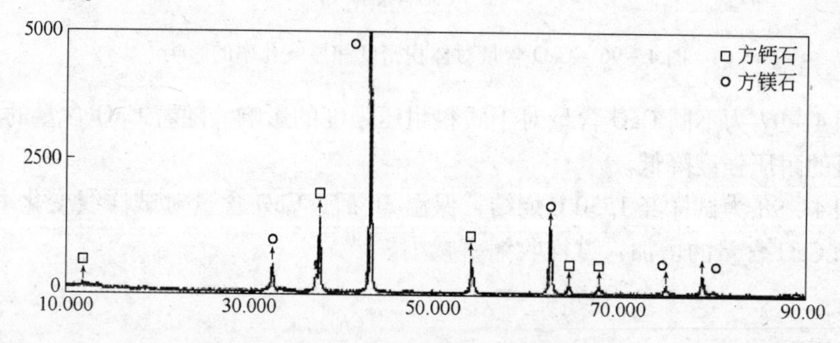

图 4－100 试样 X 射线衍射结果

从图 4－100 可见，试样中主要含有两种物质，一种是方镁石，另一种是方钙石，而其他物质含量极少，基本上看不到其他的特征峰。

5 烧成镁钙砖生产及应用实际

5.1 MgO－CaO 合成砂制备

5.1.1 实验用原料及性能指标

实验原料选用大石桥某厂生产的轻烧白云石、轻烧氧化镁和高纯氧化镁粉，各原料的化学组成见表 5－1。

表 5－1 实验原料的化学组成 （%）

原料种类	MgO	CaO	SiO_2	Fe_2O_3	Al_2O_3	灼 减
轻烧白云石	35.47	50	3.04	0.32	0.51	10.7
轻烧氧化镁粉	94.05	1.04	0.67	0.57	0.15	3.57
高纯氧化镁粉	97.15	0.27	1.28	0.5	0.3	0.34

采用优质白云石为原料，破碎粒度 20～200mm，经过 900～1200℃竖窑轻烧，经水化晒料与轻烧镁粉配合使用，经配料细磨压球干燥后经竖窑烧成。一种方法是用焦炭作燃料，要求固定碳不低于 85%，灰分不高于 10%，粒度 30～70mm，另一种方法是用重油作燃料。比较两种生产方法对镁钙砂性能的影响。用闲置后的白云灰和镁粉，按比例进行配料合成。镁粉占 60%，白云灰占 40%，合成结果 CaO 含量 19% 以上，采用机械上料。

5.1.2 实验结果及分析

5.1.2.1 两种方法生产的镁钙砂体积密度对比

表 5－2 为两种方法生产的镁钙砂性能对比。将用焦炭生产的砂定义为 A 砂，用重油生产的砂定义为 B 砂。

表 5－2 原料理化指标对比分析结果 （%）

项 目	体积密度 /$g \cdot cm^{-3}$	CaO	SiO_2	Fe_2O_3	Al_2O_3	IL	MgO	杂质量 $\sum(F+A+S)$
A 砂	3.21	21.37	0.93	0.88	0.59	0.56	75.57	2.4
B 砂	3.27	20.46	0.64	0.63	0.3	0.52	77.44	1.6

从表5－2可以看出，用焦炭生产的镁钙砂SiO_2、Fe_2O_3、Al_2O_3含量比用重油生产的镁钙砂多。两种方法生产的镁钙砂体积密度都在3.2g/cm^3以上，可满足生产使用要求。

5.1.2.2 抗水化性

按照煮沸法先将破碎好的试样干燥后称量，再放到100℃的开水中水煮1h后，测得其水化前后重量变化，计算其重量增加率，结果如图5－1所示。

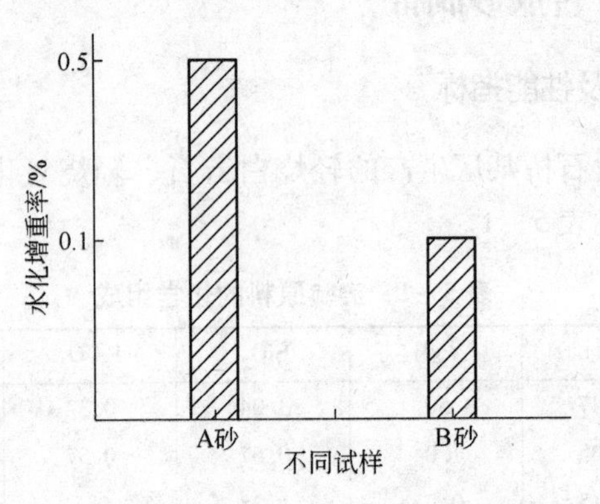

图5－1 两种燃料生产的镁钙砂水化增重率对比

由图5－1可知，B砂抗水化性优于A砂，因为A砂中气孔率较大，在进行水化实验时，与水接触面积大，所以水化程度也大。

5.1.2.3 显微结构分析

图5－2为用焦炭生产的CaO含量为20%的镁钙砂显微结构照片，图5－3为用重油生产的CaO含量为20%的镁钙砂显微结构照片。

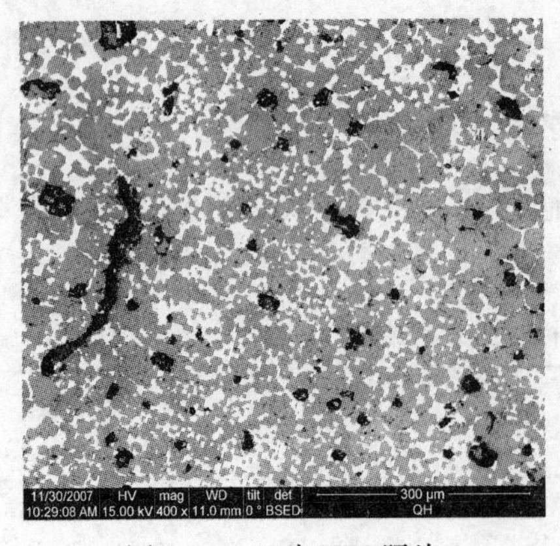

图5－2 A砂SEM照片

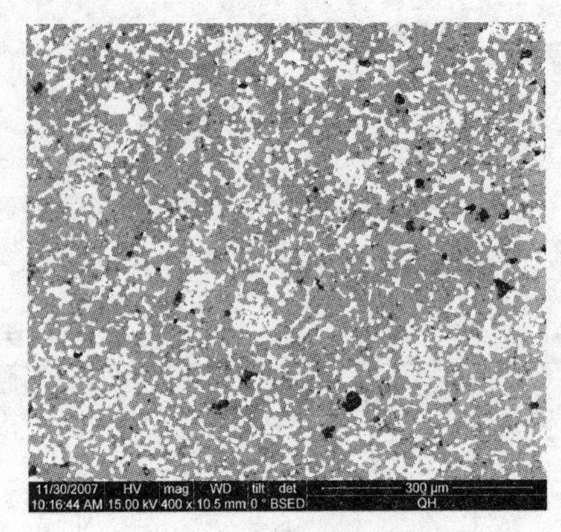

图5－3 B砂SEM照片

镁钙砂中主晶相为方镁石和方钙石。电镜下，方镁石颜色发灰，方钙石颜色发白。从上面两幅照片中可以看出 A 砂较 B 砂气孔多。B 砂中方镁石和方钙石的分布较均匀，A 砂中方钙石的分布不均匀。

5.2 合成镁钙砖制备

用上面生产的镁钙砂做原料，生产镁钙砖，并比较两种砂生产的镁钙砖的异同。

5.2.1 合成镁钙砖工艺流程及说明

图 5－4 为镁钙砖的生产工艺流程，并以一批实验砖的生产过程对其做了详细说明。

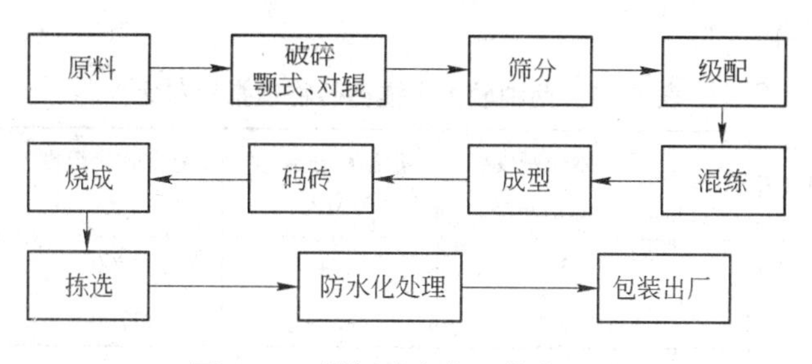

图 5－4 镁钙砖生产工艺流程图

（1）实验原料：采用合成镁白云石砂，MgO 和 CaO 分布均匀，颗粒体积密度较高。

（2）配料工艺：按照最紧密堆积原理和上述工艺思路制定配料方案，采用电脑控制配料，改变了以往人工配料带来的误差，保证了配比的准确性，从而使砖的结构均一稳定。表 5－3 为用 CaO 含量为 20% 的砂生产镁钙砖的试验配方。

表 5－3 试验配方 （%）

5～3mm 镁钙合成砂	3～1mm 镁钙合成砂	1～0mm 镁钙合成砂	≤0.088mm 镁钙细粉	石 蜡
20	25	20	35	2.5

（3）混料：混料采用无水结合剂，并在混砂时采用自动加温装置，保证了泥料的温度，从而不受季节变化的影响，加料顺序如下：

$$粗颗粒 \xrightarrow{1\sim2\mathrm{min}} 石蜡 \xrightarrow{1\sim2\mathrm{min}} 细粉 \xrightarrow{10\sim15\mathrm{min}} 出料$$

（4）成型：采用液压机双面加压成型，保证了砌筑方向尺寸的精确性。成型体积密度大于 $3.00\mathrm{g/cm^3}$。

(5) 码砖：采用机械手码砖，保证了砖坯的外形及码砖工艺制度的稳定。

(6) 烧成：采用高温隧道窑烧成，最高烧成温度 1550 ~ 1600℃，每 100min 推一车，以保证制品性能优良稳定均一。

(7) 产品的浸渍及防水化处理：烧成后拣选合格产品再进行石蜡浸渍处理，保证在成品砖表面覆盖一层石蜡膜，避免在存放、运输、砌筑等过程中与空气中的水气反应，降低产品性能。

5.2.2 实验结果及分析

5.2.2.1 常温性能的检测结果和讨论

表 5 – 4 为用两种砂生产镁钙砖物理指标对比，表 5 – 5 为用两种砂生产镁钙砖化学指标对比。

表 5 – 4 两种砂生产镁钙砖物理指标对比

项 目	显气孔率/%	体积密度 /g · cm^{-3}	常温耐压强度 /MPa	荷重软化温度 /℃	杂质量/% $\sum(F+A+S)$
A 砂镁钙砖	10.3	3.07	94	1700	2.64
B 砂镁钙砖	8.3	3.09	85.4	1700	2.09

表 5 – 5 两种砂生产镁钙砖化学指标分析结果对比 (%)

项 目	CaO	SiO_2	Fe_2O_3	Al_2O_3	IL	MgO	杂质量 $\sum(F+A+S)$
A 砂镁钙砖	21.87	1.08	1.08	0.54	2.06	73.38	2.64
B 砂镁钙砖	20.4	0.81	0.86	0.42	1.38	76.1	2.09

从表 5 – 4 可以看出，用 A 砂生产的镁钙砖（A 砖）的显气孔率比用 B 砂生产的镁钙砖（B 砖）高，体积密度小，原因为焦炭在燃烧过程中挥发分较多，在镁钙砂烧成过程中，在内部留下较多气孔，使其体积密度降低。A 砖耐压强度高于 B 砖耐压强度，因为 A 砂中含有较多量的杂质 SiO_2、Al_2O_3，会与 MgO 和 CaO 反应，生成低熔物的液相，促进材料烧结，增加材料的耐压强度。

5.2.2.2 热震稳定性的结果与分析

由于镁钙材料在常温时会与水发生水化反应，使制品损坏，所以本实验采用空气急冷法对两组试样进行 8 次风冷测试。试样外貌在风冷前后没有太大变化，说明材料具有良好的热震稳定性。现测得试样风冷前后外观变化见表 5 – 6，热震前后耐压强度变化如图 5 – 5 所示。

表 5-6 热震稳定性的检测结果

项 目	1	2	3	4	5	6	7	8
A砖	○	○	○	○	○	○	○	□
B砖	○	○	○	○	○	○	□	□

注：○—无裂纹；□—小裂纹。

从表 5-6 可知，两种试样外形在热震前后变化都不大。从图 5-5 可知，两种砖热震后耐压强度都有所下降，但下降幅度都不大，经过 1100℃ 热震后，制品中有少量微裂纹存在，使耐压强度降低。

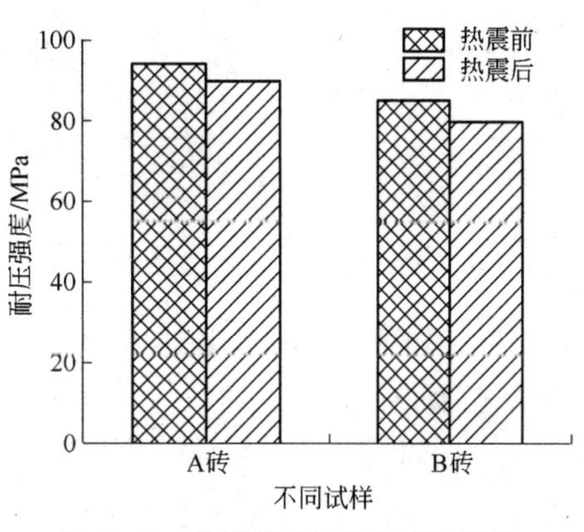

图 5-5 热震前后试样的耐压强度

5.2.2.3 荷重软化温度的检测结果与分析

检测出 A、B 试样的荷重软化温度均高于 1700℃，且各种试样的荷重变形-温度曲线变化大体相同，所以只画出 B 砖的变化曲线，如图 5-6 所示。

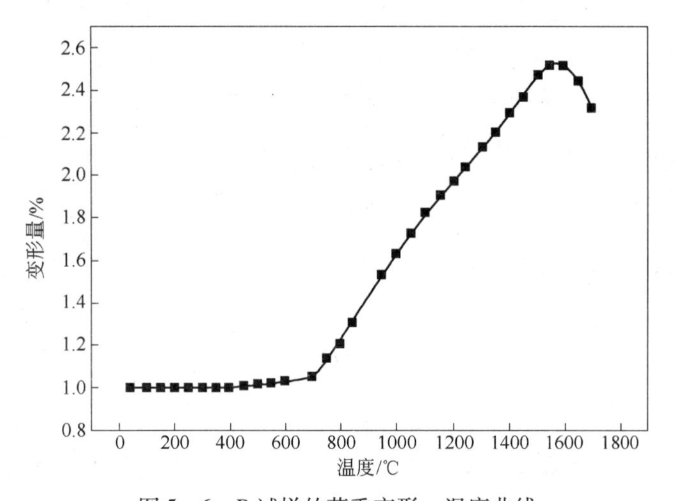

图 5-6 B 试样的荷重变形-温度曲线

5.2.2.4 抗水化性能的检测与结果

镁钙耐火材料的抗水化性对于材料的使用寿命起决定性作用。将试样按水煮法进行实验，测得其质量增加率如图 5-7 所示。

从图 5-7 可以看出，B 砖抗水化性优于 A 砖，原因是 B 砖所用砂致密，显

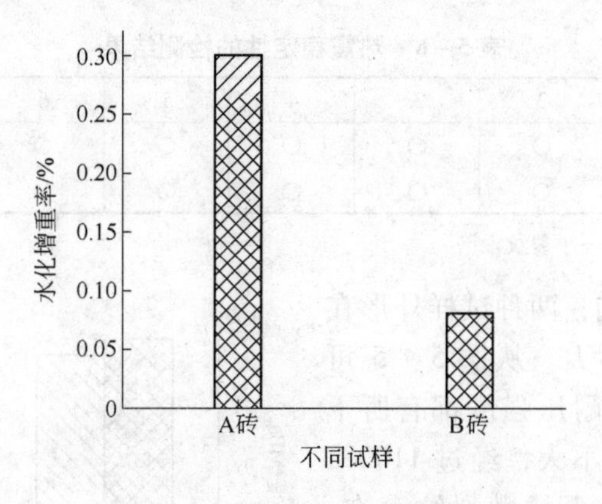

图 5-7 不同试样的抗水化性

气孔率低，较致密；另外 B 砖 CaO 含量小于 A 砖，所以抗水化性好。

通过前面分析可知：

（1）用焦炭生产的镁钙砂体积密度小于用重油生产的镁钙砂；水化增重率大于用重油生产的镁钙砂；用焦炭生产的镁钙砂较用重油生产的镁钙砂气孔多，用重油生产的镁钙砂相对来说方镁石和方钙石分布较均匀，用焦炭生产的镁钙砂中方钙石的分布不均匀。

（2）用 A 砂生产的镁钙砖（A 砖）的显气孔率比用 B 砂生产的镁钙砖（B 砖）高，体积密度小；A 砖耐压强度大于 B 砖耐压强度；两种砖的荷重软化温度都高于 1700℃；A 砖的抗水化性能低于 B 砖。

5.3 两种砂生产的镁钙砖用后情况比较

把两种砂生产的镁钙砖在某钢厂做对比实验，具体情况如下。

5.3.1 砌筑概况

砌筑时间：3~4 天（晚上基本不砌筑）；

烘烤时间：48h；

使用周期：一个炉壳周期大约为 13 天。

冶炼钢种为不锈钢，牌号为 201，201H，201B，200，200Ca，201Ca，D667，D665，304，304L，321，301。

本次实验砖型为 40/40，使用部位在出钢侧，与原焦炭竖窑镁钙砂生产的镁钙砖 40/80 配砌，配砌块数比例 40/40∶40/80 为 5∶1。

5.3.2 残砖取样情况

由于本次实验砖型为 40/40，根据实验条件、炉龄、配砖方式，从残砖厚度上观察，很难对比出原焦炭竖窑砂镁钙砖和重油竖窑砂镁钙砖的使用效果。所以，综合考虑每炉所炼钢种、冶炼制度以及钢厂冶炼经验，只能对原焦炭竖窑砂镁钙砖和重油竖窑砂镁钙砖砌筑的两个炉壳的同一砖型分别取样，分带分析其渣侵蚀和渗透深度，观察两种镁钙砖的使用效果。原焦炭竖窑砂镁钙砖取样炉龄47炉，实验砖取样炉龄47炉，取样部位都在17层，属于渣线位置，见图5-8，表5-7为两个炉役所炼钢种。表5-8为在钢厂AOD炉渣存放处取钢渣作化学分析的结果。

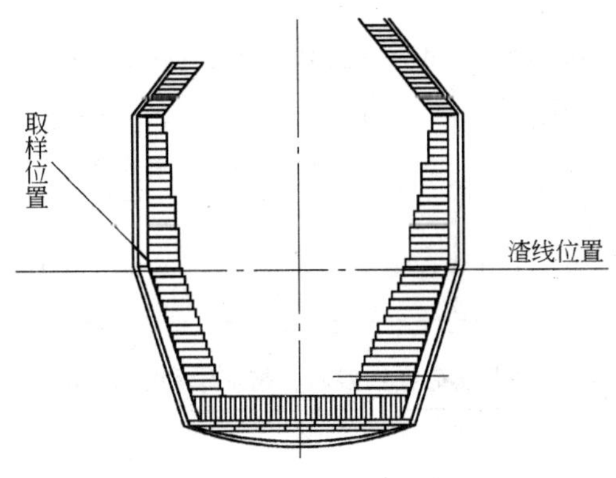

图5-8 AOD炉图

表5-7 两个炉役所炼钢种

原焦炭竖窑砂镁钙砖（47炉）	钢种	D665	D667	201B	304
	炉次	11炉	13炉	14炉	9炉
重油竖窑砂镁钙砖（47炉）	钢种	D667	201H	304	201B
	炉次	14炉	9炉	11炉	13炉

表5-8 在钢厂AOD炉渣存放处取钢渣作化学分析的结果 （%）

MgO	Al_2O_3	SiO_2	SO_3	CaO	TiO_2	Cr_2O_3	MnO	Fe_2O_3
9.44	1.73	36.0	0.54	38.8	0.41	5.5	5.9	0.79

5.3.3 实验结果及分析

5.3.3.1 残砖指标分析

分带采用荧光分析仪分析，两块残砖都从原砖层到工作层按相同尺寸（40mm、30mm、25mm、22mm、18mm）分带切砖，观察其各种指标渐变趋势。表5-9为焦炭竖窑砂镁钙残砖各带化学和物理指标变化趋势（用A表示），表5-10为重油竖窑砂镁钙残砖各带化学和物理指标变化趋势（用B表示）。

表 5-9 焦炭竖窑砂镁钙残砖各带化学和物理指标变化趋势（用 A 表示）

项 目	分析结果/%								体积密度 /g·cm^{-3}	显气孔率 /%
	MgO	Al_2O_3	SiO_2	P_2O_5	SO_3	CaO	Fe_2O_3	MnO		
40mm (95~135)	70.3	0.74	1.59	0.28	0.15	25.8	0.83	0.11	2.97	12.7
30mm (65~95)	66.8	1.33	2.67	0.61	0.31	27.0	0.8	0.1	3.21	6.2
25mm (40~65)	64.9	1.18	3.7	0.37	0.33	28.1	0.84	0.11	3.28	4.6
22mm (18~40)	63.6	0.83	4.68	0.19	0.34	29.1	0.8	0.1	3.33	3.4
工作面 18mm (0~18)	62.1	0.59	5.71	0.06	0.26	29.7	0.91	0.25	3.35	2.7

表 5-10 重油竖窑砂镁钙残砖各带化学和物理指标变化趋势（用 B 表示）

项 目	分析结果/%								体积密度 /g·cm^{-3}	显气孔率 /%
	MgO	Al_2O_3	SiO_2	P_2O_5	SO_3	CaO	Fe_2O_3	MnO		
40mm (95~135)	72.8	0.44	1.18	0.12	0.02	24.4	0.89	0.09	3.02	13.0
30mm (65~95)	71.7	0.47	1.39	0.13	0.08	25.1	0.88	0.09	3.03	12.5
25mm (40~65)	70.4	0.6	1.6	0.16	0.11	26.0	0.92	0.1	3.07	11.4
22mm (18~40)	68.4	0.84	1.97	0.2	0.22	27.1	0.91	0.12	3.10	10.5
工作面 18mm (0~18)	67.4	1.03	2.49	0.28	0.22	27.1	0.96	0.16	3.15	9.0

根据上面两表格，画出 A 残砖分带化学组成变化趋势图（见图 5-9），B 残砖分带化学组成变化趋势图（见图 5-10），残砖分带显气孔率对比图（见图 5-11），残砖分带体积密度对比图（见图 5-12）。图 5-13 为 A 砖的显微结构照片。

由图 5-9 和图 5-10 可以看出，不论是 A 砖还是 B 砖，随着距离工作面越来越远，SiO_2、Al_2O_3、P_2O_5 含量逐渐降低。B 砖中 SiO_2 含量降低速率明显低于 A 砖，由此可见，A 砖侵蚀严重程度大于 B 砖，渗透深度也大于 B 砖。究其原因：

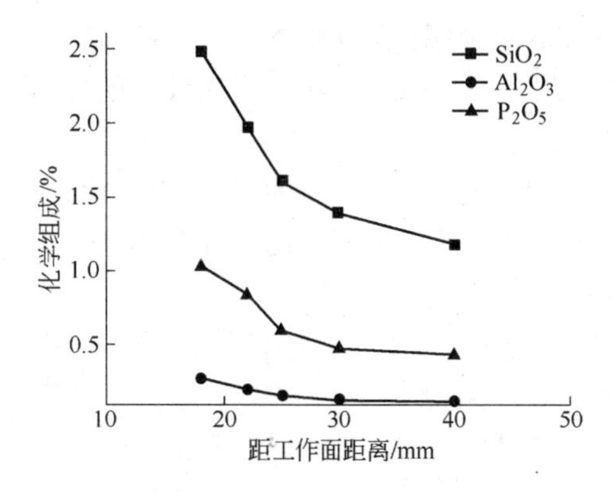

图5-9 A残砖分带化学组成变化趋势

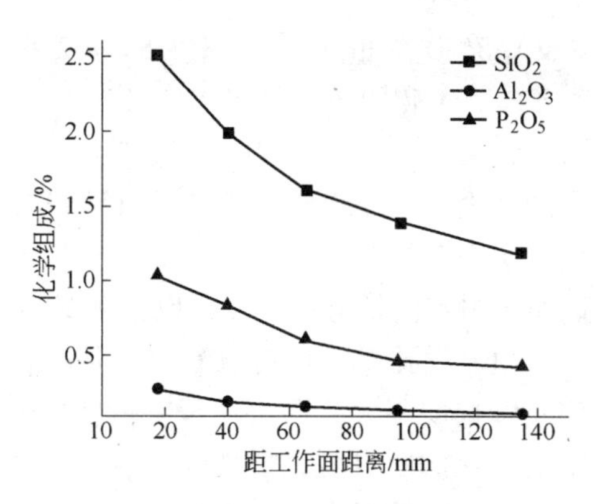

图5-10 B残砖分带化学组成变化趋势

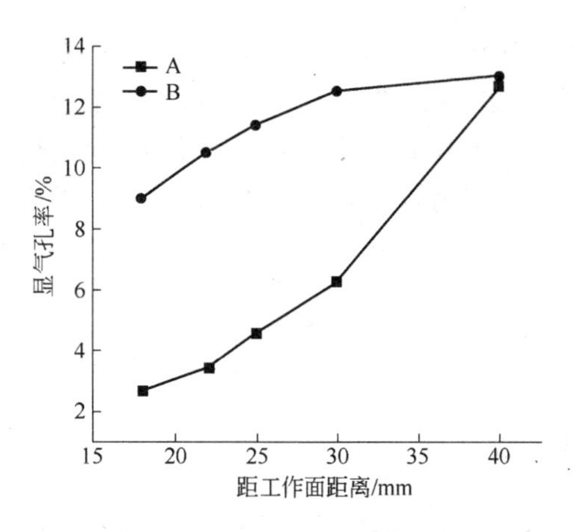

图5-11 残砖分带气孔率对比

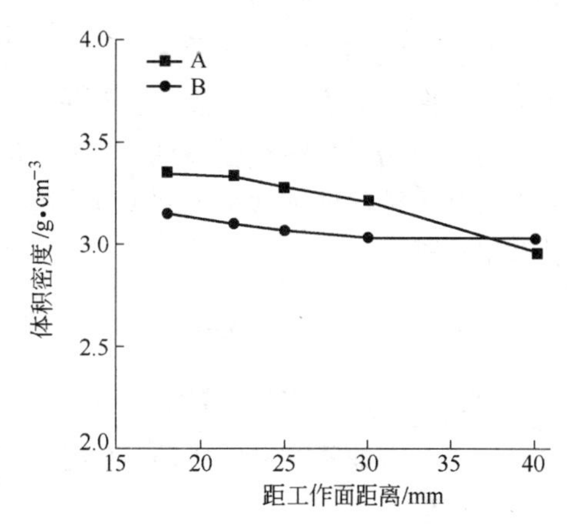

图5-12 残砖分带体积密度对比

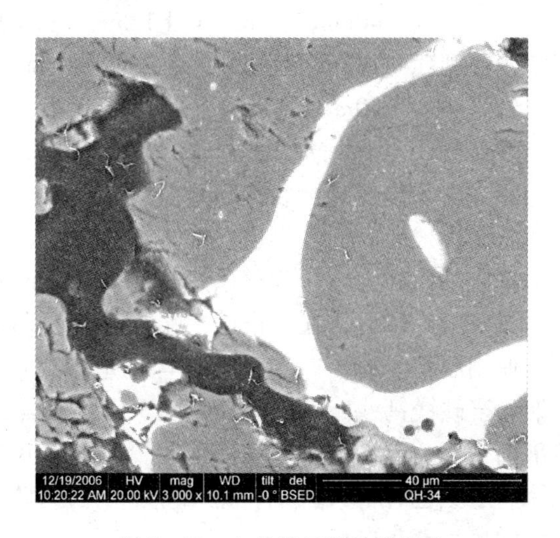

图5-13 A砖的显微结构照片

A 砖中杂质总量 $\sum(F+A+S)=2.64\%$，B 砖中杂质总量 $\sum(F+A+S)=2.09\%$，A 砖的 SiO_2、Al_2O_3、Fe_2O_3与砖中的 CaO、MgO 反应，生成较多的低熔点矿物相，如镁蔷薇辉石（C_3MS_2）、CMS 等硅酸盐相，可以从图 5－13 得出同样的结论。而 C_3MS_2 的熔点为 1575℃，为低熔点矿相，容易形成液相；此外，反应层中有很多不规则的气孔，熔渣易顺着气孔和晶界进入砖的内部，不利于提高耐火材料的抗渣侵性。所以说 B 砖的抗侵蚀能力大于 A 砖。

由显气孔率对比可以看出，从冷面到工作面，焦炭竖窑砂镁钙砖的显气孔率下降幅度很大，而重油竖窑砂镁钙砖的显气孔率下降幅度趋于平缓；从体积密度对比的图也可以发现与显气孔率相吻合的趋势，从冷面到工作面，焦炭竖窑砂镁钙砖体积密度上升的幅度很大，重油竖窑砂镁钙砖体积密度上升幅度平缓。

这些变化都是由于硅酸盐液相的渗透，从冷面到工作面，两砖均呈现出逐步致密化趋向，但焦炭竖窑砂砖体积密度增加值和显气孔率的下降值都高于重油竖窑砂砖，说明焦炭竖窑砂砖硅酸盐液相的溶解和渗透要严重一些。所以，焦炭竖窑砂镁钙砖抗侵蚀和渗透能力低于重油竖窑砂镁钙砖，从残砖显微结构也可以明显看出这种变化。

5.3.3.2 残砖渣侵分析

原砖：焦炭竖窑砂镁钙砖 SiO_2含量 1.08%

重油竖窑砂镁钙砖 SiO_2含量 0.81%

使用后：

焦炭竖窑砂镁钙残砖18mm 带 SiO_2含量 5.71%（增加了 4.63%）

40mm 带 SiO_2含量 1.59%（增加了 0.51%）

重油竖窑砂镁钙残砖18mm 带 SiO_2含量 2.49%（增加了 1.68%）

40mm 带 SiO_2含量 1.18%（增加了 0.37%）

重油竖窑砂镁钙残砖 SiO_2含量增加值低于焦炭竖窑砂镁钙残砖 SiO_2增加值，可见其抗侵蚀和渗透能力高于焦炭竖窑砂镁钙砖。

由于取样条件的限制，残砖表面渣早已经在冷却时掉落，18mm 方块层为过渡层。将两块残砖沿垂直工作面方向切割整条残砖煮胶，目的是防止在制样过程中镁钙砖过快水化。煮好胶冷却后，在工作面一端分别切下 18mm 方块，选择垂直工作面方向一面，使用酒精研磨、抛光，制成电镜所需求的光片。

图 5－14 为重油竖窑砂镁钙残砖宏观照片，图 5－15 为焦炭竖窑砂镁钙残砖宏观照片，从残砖剖面观察，重油竖窑砂镁钙砖无裂纹，而焦炭竖窑砂镁钙砖有许多微裂纹，并且原砖层颜色有很大区别，重油竖窑砂镁钙砖颜色呈暗灰白色，而焦炭竖窑砂镁钙砖颜色呈亮灰白色。

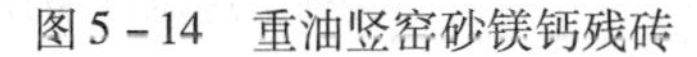
图 5-14 重油竖窑砂镁钙残砖

图 5-15 焦炭竖窑砂镁钙残砖

图 5-16 为焦炭竖窑镁钙砂生产的镁钙砖显微结构照片，图 5-17 为重油竖窑砂生产的镁钙砖的显微结构照片。

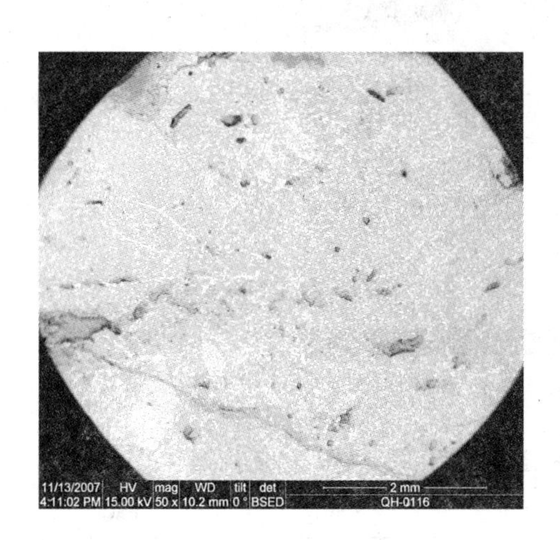

图 5-16 焦炭竖窑砂生产镁钙砖显微结构照片

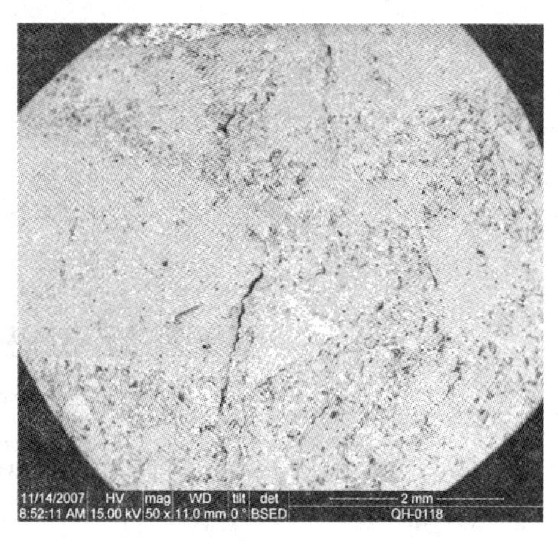

图 5-17 重油竖窑砂生产镁钙砖显微结构照片

从最表层的气孔状况分析：原砖中气孔率焦炭竖窑砂镁钙砖高于重油竖窑砂镁钙砖，经过侵蚀后，从残砖的显微结构可以看出，图 5-16 明显少于图 5-17。这主要是由于 A 砖的侵蚀比 B 砖严重，A 砖的气孔中渗入了大量的 SiO_2，生成了硅酸盐相，富集在气孔中的缘故。分别对 A 砖和 B 砖做 SEM 分析，图 5-18为 A 砖的 SEM 照片，图5-19 为 A 砖侵蚀层的 SEM 照片，并对其中的点 1 和点 2 做 EDS 分析，结果见表 5-11。图 5-20 为 B 砖的 SEM 照片。

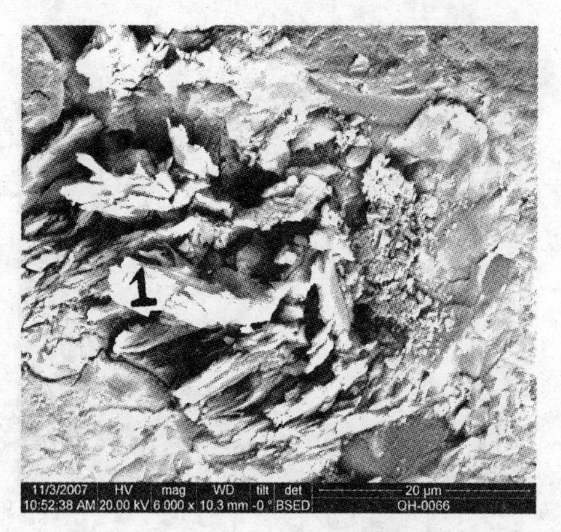

图 5－18 A 砖的 SEM 照片

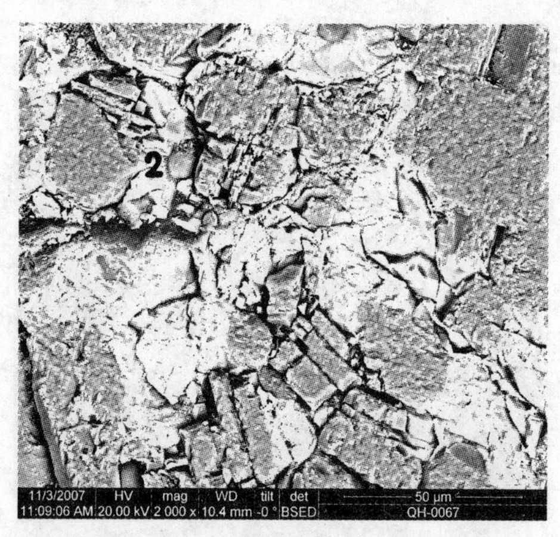

图 5－19 A 砖侵蚀层的 SEM 照片

图 5－20 B 砖侵蚀层的 SEM 照片

表 5－11 不同位置的 Ca－硅酸盐相组成（EDS 分析）

化合物	MgO	Al_2O_3	SiO_2	CaO
图 5－18 中点 1	2.81	0.73	35.58	60.88
图 5－19 中点 2	—	—	30.92	69.08

A 砖的侵蚀层孔隙中富集了大量的硅酸盐相，如图 5－19 所示；基质中也渗入了许多硅酸盐相，如图 5－19 所示，图中呈玻璃态灰白色物质即是渗入的 SiO_2 与方钙石反应生成的硅酸盐相；而 B 砖的侵蚀层孔隙中并没有富集硅酸盐相，如图 5－20 所示。

通过上面分析可知：在耐侵蚀和抗渗透性能方面，用重油竖窑砂制备的镁钙砖优于焦炭竖窑砂生产的镁钙。

参考文献

[1] 池本 正．钢中介在物と耐火物［J］．耐火物，1998，50（2）：65~75.

[2] 蒋国昌．纯净钢及二次精炼［M］．上海：上海科学技术出版社，1996.

[3] 杜挺，邓开文．钢铁冶炼新工艺［M］．北京：北京大学出版社，1994.

[4] 松田伸一．耐火物の基础科学：构成成分の结晶化学と物性 マグネシアその1［J］．耐火物，1993，45（9）：546~599.

[5] 小田康义．石灰および苦土石灰质クレンカ－の水和防止［J］．耐火物，1989，（12）：38~48.

[6] 吉田 毅，川本英司，小岛智宏．セメントキルン烧成带用 MgO－CaO 系れんがの开发［J］．耐火物，1995，47（7）：361~366.

[7] M. A. Serry. Effent on property and structure of Zircon for some CaO/MgO refractoies［J］. Silicates Indastriels，1990，(3~4)：107~111.

[8] Y. Liu，Y. Zhou，B. Shang. Effect of oxides on the sintering process and the hydration resistance of CaO clinkers［J］. Interceram，1996，(2)：76~80.

[9] Hitoshi Nakagawa，Yukihiro Nakamura. Development of MgO－CaO－Al_2O_3 castable for steel teeming ladle slag line［C］. Electric Furnace Conference Proceedings，1997，475~480.

[10] 李正邦．钢铁冶金前沿技术［M］．北京：冶金工业出版社，1997.

[11] 江体乾．工业流变学［M］．北京：化学工业出版社，1995.

[12] 程相君，王春宁，陈生潭．神经网络原理及其应用［M］．北京：国防工业出版社，1995.

[13] 赵子庄．化学反应动力学原理［M］．北京：高等教育出版社，1984.

[14] 饶东生．硅酸盐物理化学［M］．北京：冶金工业出版社，1991.

[15] 西山 伸，服部豪夫．分かり易い耐火物反应［J］．耐火物．1997，49（1）：39~47.

[16] 王维邦．耐火材料工艺学［M］．北京：冶金工业出版社，1994，167~178.

[17] Hisao Kozuka. Further Improvements of MgO－CaO－ZrO_2 Bricks for Burning Zone of Rotary Cement Kiln［C］. Proceedings of the International Symposium on Refractories，1995：256~263.

[18] Shujiang Chen，Jijian Cheng，Fengreng Tian. Effect of Additives on the Hydration Resistance of Materials Synthesized from the Magnesia－Calcia System［J］. Journal of the American Ceramic Society. 2000，7（83）1810~1812.

[19] 陈树江，陈继健，田凤仁．合成 MgO－CaO 砂的水化反应动力学研究［J］，耐火材料，1999，33（6）316~319.

[20] 陈树江，陈继健，田凤仁．铁钛复合添加剂对提高合成镁钙砂抗水化性的研究［J］．华东理工大学学报，2000，26（2）165~167.

[21] 陈树江，陈继健，田凤仁．精炼钢包渣对合成镁钙系耐火材料侵蚀研究［J］．华东理工大学学报，1999，26（3）：302~308.

[22] 陈树江，程继健，田凤仁．合成 MgO－CaO 砂的 CO_2 表面处理［J］．耐火材料，1998，

32 (2) 92 ~ 93, 96.

[23] 陈树江，陈继健，田凤仁．颗粒形状对合成镁钙砂性能的影响 [J]．耐火材料，2000，34 (3) 169 ~ 171.

[24] 陈树江，陈继健，田凤仁．BP 神经网络在合成镁钙砂中的应用 [J]．耐火材料，2001，35 (1) 43 ~ 44，55.

[25] 朱伯铨，钱忠俊，盛敏琪．组成对 $MgO - ZrO_2 - CaO$ 系合成砂结构与性能的影响 [J]．耐火材料，2005，39 (2) 81 ~ 84.

[26] 韩行禄．不定形耐火材料 [M]．北京：冶金工业出版社，2004.

[27] Shujiang Chen, Jijian Cheng, Fengren Tian. Study on MgO - CaO Coating Refractory of Pouring Basket during Continuous Casting [J]. Journal of Iron and Steel Reaearch. 2002, 22 ~ 26, 118 ~ 121.

[28] Shujiang Chen, Pingge Lu, Guorong Chen. Surface modification of a synthetic magnesia - calcia clinker [J]. Journal of the American Ceramic Society. 2004, 87 (12) 2164 ~ 2167.

[29] 陈树江，姜茂华．镁钙质中间包涂料的抗渣性研究 [J]．耐火材料，2003，37 (1) 48 ~ 49.

[30] 张芸，陈树江，窦叔菊．TiO_2对烧成镁钙砖烧结性能的影响 [J]．耐火材料，2003，37 (1) 38 ~ 39.

[31] 王学达，陈树江，张红鹰．镁钙耐火材料对钢水净化作用研究 [J]．耐火材料，2004，38 (2)，88 ~ 90.

[32] 田琳，陈树江，张玲．镁钙质耐火材料脱硫反应动力学研究 [J]．耐火材料，2006，10，40 (5)，358 ~ 361.

[33] 张锡平，陈树江．耐火材料对钢水杂质的影响 [J]．硅酸盐学报，2006，34 (7)，891 ~ 893.

[34] TIAN Lin, CHEN Shujiang, ZHANG Ling. Study on Remove Inclusion of Molten Steel by Basic Refractory [J]. Supplementary issue of CHINA'S REFRACTORIES - Proceedings of the Fifty International Symposium on Refractories, Vol. 16, 2007: 273 ~ 276.

[35] CHEN Shujiang, LI Guohua, ZHANG Ling. Study of $MgO - CaO - ZrO_2$ Synthetic Clinker [C]. Supplementary issue of CHINA'S REFRACTORIES - Proceedings of the Fifty International Symposium on Refractories, Vol. 16, 2007: 327 ~ 330.

[36] 陈树江，赵伟，李国华．添加剂对 MgO - CaO 浇注料性能的影响 [J]．耐火材料，2007，41 (5)：332 ~ 335.

[37] 陈树江，李国华，刘艳．AOD 炉用高钙镁钙砖研究 [J]．冶金能源，2009，28 (3)，51 ~ 54.

[38] 潘波．炉外精炼用砖的性能及应用研究 [D]．北京：北京科技大学，2009.

[39] 陈树江，田凤仁，李国华，等．相图分析及应用 [M]．北京：冶金工业出版社，2007.

[40] 李红霞．耐火材料手册 [M]．北京：冶金工业出版社，2007.

[41] 全跃．镁质材料生产与应用 [M]．北京：冶金工业出版社，2008.